高等职业教育路桥工程类专业系列教材

混凝土结构设计计算

HUNNINGTU JIEGOU SHEJI JISUAN

主编　张　秀　李书芳　/　副主编　张　丽　/　参编　麻文燕

主审　张　立　张　建

重庆大学出版社

内容提要

本书根据交通运输部发布的最新规范编写,涵盖钢筋混凝土结构的基本概念及材料的物理力学性能、结构设计原则以及钢筋混凝土受弯构件、钢筋混凝土受压构件、钢筋混凝土受拉构件、预应力混凝土结构、圬工结构的设计计算原理,主要内容包括如何合理选择结构构件截面尺寸及配筋、力学计算图示的拟订,以及构件承载力、稳定性、刚度和裂缝计算。

本书可作为高等职业教育道路桥梁工程技术、建设工程监理、道路养护与管理及其他相关专业教材,也可供中职有关师生使用,以及在职培训或供从事公路与桥梁工程设计、施工人员参考。

图书在版编目(CIP)数据

凝土结构设计计算 / 张秀,李书芳主编. -- 重庆:
重庆大学出版社,2020.8
高等职业教育路桥工程类专业系列教材
ISBN 978-7-5689-2380-4

Ⅰ. ①混… Ⅱ. ①张… ②李… Ⅲ. ①混凝土结构—
结构设计—高等职业教育—教材②混凝土结构—结构计算
—高等职业教育—教材Ⅳ. ①TU370.4②TU370.1

中国版本图书馆 CIP 数据核字(2020)第 140271 号

混凝土结构设计计算

主 编 张 秀 李书芳
主 审 张 立 张 建

责任编辑:肖乾泉　版式设计:肖乾泉
责任校对:王 倩　责任印制:赵 晟

*

重庆大学出版社出版发行
出版人:饶帮华
社址:重庆市沙坪坝区大学城西路 21 号
邮编:401331
电话:(023) 88617190　88617185(中小学)
传真:(023) 88617186　88617166
网址:http://www.cqup.com.cn
邮箱:fxk@ cqup.com.cn(营销中心)
全国新华书店经销
中雅(重庆)彩色印刷有限公司印刷

*

开本:787mm×1092mm　1/16　印张:12.75　字数:321 千
2020 年 8 月第 1 版　　2020 年 8 月第 1 次印刷
印数:1—2 000
ISBN 978-7-5689-2380-4　定价:36.00 元

前　言

随着我国社会主义市场经济的高速发展和"一带一路"建设的兴起,培养快速适应社会需要的理论基础扎实、实践水平高、创新意识强的高素质技术型人才成为高等职业教育的首要任务。

本书以高职高专学生就业为导向,着力贯彻以实践能力为本位,注重技能培养,注重结构基本概念、基本原理、基本方法和基本构造的介绍;在内容取舍上,注重针对性和实用性,坚持以必需和够用为原则,并努力做到理论联系实际。全书在讲清基本概念、基本设计原则基础上,介绍了工程设计中实用的设计方法,列举了较多的计算实例,力求对涉及的各个环节做到面面俱到,达到举一反三的效果。本书编写的主要依据为:《公路桥涵设计通用规范》(JTG D60—2015)、《公路钢筋混凝土及预应力混凝土桥涵设计规范》(JTG 3362—2018)(以下简称《公路桥规》)、《公路圬工桥涵设计规范》(JTG D61—2018）、《混凝土结构设计规范》(GB 50010—2010)。

全书共分为 10 个部分,主要内容包括绪论,钢筋混凝土结构的材料及力学性能,结构设计原则,受弯构件正截面承载力计算,受弯构件斜截面承载力计算,受压构件承载力计算,受拉构件截面承载力计算,钢筋混凝土构件的应力、变形和裂缝,预应力混凝土结构,圬工结构。各章均附有本章导读、本章小结与思考练习题,并提供思考练习题参考答案。各章有关重要知识点配有相关动画与视频,可通过扫描封底二维码获取。

本书由重庆工程职业技术学院张秀、李书芳担任主编,重庆工程职业技术学院张丽担任副主编。具体编写分工为:绪论、第 1 章、第 2 章、第 3 章、第 4 章由张秀编写,第 5 章、第 6 章、第 7 章由李书芳编写,第 8 章、第 9 章由张丽编写,重庆工程职业技术学院麻文燕为本书提供信息化资源素材,全书由张秀统稿、修改,由校企合作企业人员高级工程师张立、张建担任主审。本书在编写过程中得到了重庆大学出版社的大力支持与协助,在此深表感谢!

在编写本书过程中,参考了一些公开发表的文献,在此对这些文献的作者们一并表示衷心感谢。由于编者的理论水平和实践经验有限,在对规范的深入理解和使用经验等方面多有欠缺,书中疏漏和不足之处在所难免,恳求专家、同仁及广大读者批评指正。

编　者

2020 年 3 月

目 录

绪　论

【本章导读】

通过本章学习,应掌握混凝土结构的有关概念;熟悉钢筋和混凝土这两种性质不同的材料共同工作的条件及混凝土结构的优缺点;了解混凝土结构在房屋建设工程、交通运输工程、水利工程及其他工程中的应用。

【重点】

混凝土结构的有关概念;钢筋和混凝土这两种性质不同的材料共同工作的条件;混凝土结构的优缺点。

【难点】

该课程的特点与学习方法探究。

0.1　混凝土结构的有关概念

以混凝土为主制成的结构称为混凝土结构。混凝土结构包括素混凝土结构、钢筋混凝土结构、预应力混凝土结构。素混凝土结构一般无筋或者不配置受力钢筋;钢筋混凝土结构配置受力的普通钢筋、钢筋网或钢筋骨架;预应力混凝土结构是由配置预先张拉的钢筋制成的混凝土结构。

0.1.1　素混凝土结构

混凝土是一种人造石料,其抗压能力很高,而抗拉能力很弱。采用素混凝土制成的构件(指无筋或不配置受力钢筋的混凝土构件),当它承受竖向荷载作用时[图0.1(a)],在梁的垂直截面(正截面)上受到弯矩作用,截面中性轴以上受压、以下受拉。当荷载达到某一数值 F_c 时,梁截面的受拉边缘混凝土的拉应变达到极限拉应变,即出现竖向弯曲裂缝。这时,裂缝处截面的受拉区混凝土退出工作,该截面处受压高度减小,即使荷载不增加,竖向弯曲裂缝也会急速向上发展,导致梁骤然断裂[图 0.1(b)]。这种破坏是很突然的。也就是说,当荷载达到 F_c 的瞬间,梁立即发生破坏。F_c 为素混凝土梁受拉区出现裂缝的荷载,一般称为素混凝土梁的抗裂荷载,也是素混凝土梁的破坏荷载。由此可见,素混凝土梁的承载能力是由混凝土的抗拉强度控制的,而受压混凝土的抗压强度远未被充分利用。

0.1.2　钢筋混凝土结构

在制造混凝土梁时,倘若在梁的受拉区配置适量的纵向受力钢筋,就构成钢筋混凝土梁。

试验表明,和素混凝土梁有相同截面尺寸的钢筋混凝土梁承受竖向荷载作用时,荷载略大于F_c时,受拉区混凝土仍会出现裂缝。在出现裂缝的截面处,受拉区混凝土虽退出工作,但配置在受拉区的钢筋将可承担几乎全部的拉力。这时,钢筋混凝土梁不会像素混凝土梁那样立即裂断,而能继续承受荷载作用[图0.1(c)],直至受拉钢筋的应力达到屈服强度,继而截面受压区的混凝土也被压碎,梁才破坏。因此,混凝土的抗压强度和钢筋的抗拉强度都能得到充分的利用,钢筋混凝土梁的承载能力较素混凝土梁提高很多。

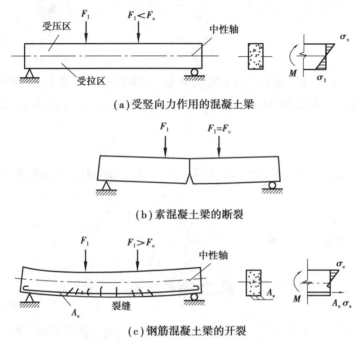

(a)受竖向力作用的混凝土梁

(b)素混凝土梁的断裂

(c)钢筋混凝土梁的开裂

图0.1　素混凝土梁和钢筋混凝土梁

钢筋混凝土结构由一系列受力类型不同的构件所组成,这些构件称为基本构件。钢筋混凝土基本构件按其主要受力特点的不同分为以下几种:

①受弯构件,如梁、板及由梁组成的楼盖、屋盖等。

②受压构件,如柱、剪力墙、屋架的压杆等。

③受拉构件,如屋架的拉杆、水池的池壁等。

④受扭构件,如带有悬挑雨篷的过梁、框架边梁等。

⑤其他复杂构件,如弯扭构件、压弯构件、拉弯构件等。

钢筋混凝土结构能在土木工程结构中得到广泛应用,主要是因为它具有以下优点:

①强度高。和传统的木结构、砌体结构相比,在一定强度下可代替钢结构,节约钢材、降低造价。

②耐久性好。由于其结构密实,且有一定厚度的混凝土保护层,钢筋不易生锈,维护费用较少,耐久性也好。

③耐火性好。由于有混凝土层的包裹,发生火灾时钢筋不会很快软化破坏,相比木结构和钢结构,耐火性较好。

④便于就地取材。混凝土结构用到的钢筋和水泥两大工程材料占比低,所用砂、石材料虽

然占比大但属于地方材料,可就地取材,且矿渣、粉煤灰等工业废料也能被充分利用。

⑤整体性好。整体式现浇和整装时,混凝土结构具有很好的整体性,抗震、抗爆能力强。

⑥可模性好。可根据需要浇筑成不同形状和尺寸的结构。

当然,钢筋混凝土结构也存在一些缺点,主要有:

①结构自重较大,容易开裂,尤其是大体积混凝土浇筑时。因此,对大跨度结构和高层抗震结构不利,这就使钢筋混凝土结构的应用范围受到限制。

②受弯受拉构件正常工作时往往是带缝工作,对某些对裂缝宽度有严格限制的结构就要采用预应力混凝土结构。

针对上述缺点,可采用轻质混凝土减轻结构自重;采用预应力混凝土提高结构的抗裂性能,延缓其开裂和破坏。对于已经发生破坏的混凝土结构或构件可用植筋或粘钢等技术进行修复。

0.1.3　预应力混凝土结构

预应力混凝土结构,是在结构构件受外力荷载作用前,先人为地对钢筋施加拉力,由此对混凝土产生的预加压应力用以减小或抵消外荷载所引起的拉应力,即借助混凝土较高的抗压强度来弥补其抗拉强度的不足,达到推迟受拉区混凝土开裂的目的。以预应力混凝土制成的结构,因以张拉钢筋的方法来达到预压应力,所以也称为预应力钢筋混凝土结构。

与钢筋混凝土结构相比,预应力混凝土结构的优点:由于采用了高强度钢材和高强度混凝土,预应力混凝土构件具有抗裂能力强、抗渗性能好、刚度大、强度高、抗剪能力和抗疲劳性能好的特点,对节约钢材(可节约钢材40%~50%、节约混凝土20%~40%)、减小结构截面尺寸、减轻结构自重、防止混凝土开裂和减少结构挠度都十分有效,可以使结构设计得更为经济、轻巧与美观。

预应力混凝土结构的缺点:预应力混凝土结构的生产工艺比钢筋混凝土结构复杂,技术要求高,需要有专门的张拉设备、灌浆机械和生产台座等,以及专业的技术操作人员;预应力混凝土结构的开工费用较大,对构件数量少的工程成本较高。

详细的预应力混凝土结构施工工艺及受力特点可参见本书第8章。

0.2　本课程的特点与学习方法建议

本课程从学习钢筋混凝土材料的力学性能和极限状态设计方法开始,然后对各种钢筋混凝土受力构件的受力性能、设计计算方法及配筋构造进行研究。其主要内容包括如何合理选择构件截面尺寸及配筋计算,并根据承载情况验算构件的承载力、稳定性和刚度等问题,是介于基础课和专业课之间的专业基础课。它是在学习建筑材料、工程力学等先导课程的基础上,结合道路桥梁工程中实际构件的工作特点来研究结构构造设计的一门学科。学好该门课程将为今后的桥梁工程和其他道路构造物的设计与计算奠定良好的理论基础。

学习本课程应把握以下几点：

①本教材的主要内容结合现行《公路桥涵设计通用规范》(JTG D60—2015)《公路圬工桥涵设计规范》(JTG D61—2018)《公路桥规》编写而成，学习时应熟悉上述规范。对规范条文不必强加记忆，只有充分理解规范条文的概念、实质，才能正确使用，从而发挥设计者的主动性和创造性。

②与以往力学中单一理想的弹性材料不同，钢筋混凝土是由两种力学性能不同的材料组合而成的复合材料，故材料力学中可直接使用的公式不多。因此，必须对钢筋混凝土结构的受力性能和破坏特征进行充分的理解。

③如前所述，钢筋混凝土是一种复合材料，两种材料的数量比例和强度搭配将会直接影响结构的受力性能，因此许多公式都是在大量试验资料基础上用统计分析方法得出的半理论半经验公式，使用时应特别注意计算公式的适用条件。

④学习本课程的目的是进行混凝土结构的设计计算，包括材料选择、截面形式尺寸计算、配筋计算、构造措施等。同一构件在相同荷载下，可以有不同的截面形式尺寸、不同的配筋方法。设计时要学会对多种因素进行综合分析，尽量做到安全适用、技术先进、经济合理，结合具体情况确定最佳方案。

本章小结

1.钢筋混凝土结构作为一种复合材料，充分发挥了两种材料的各自优点。在混凝土中配置一定数量的钢筋后，构件的承载力大大提高，构件的使用性能也得到显著改善。

2.钢筋混凝土结构的主要优点是强度高、耐久性好、耐火性好、整体性好、可模性好、易于就地取材等。其主要缺点是自重大、易开裂、修复困难、施工受季节影响较大等。应用时应扬长避短，避开不良因素，充分发挥其结构特点。

3.本课程的特点决定了结构设计方案的多样性。只要满足结构设计要求，答案常常也不是唯一的，而且设计工作也不可能一次成功，设计中可能需要多次演练计算，因此必须很好地认识它，并通过不断实践才能掌握本课程的内容。

思考练习题

简述学习本课程应当注意的问题。

第1章　钢筋混凝土结构材料及力学性能

【本章导读】

通过本章学习,熟悉钢筋的主要力学性能、混凝土强度的定义与分类;了解钢筋的种类与冷加工、混凝土的变形特点;掌握钢筋与混凝土的各自受力特点及共同工作的机理。

【重点】

钢筋与混凝土的强度指标和变形机理。

钢筋混凝土结构由钢筋和混凝土两种不同的材料组合而成,两种材料的性能有着本质区别。熟悉掌握两种材料的特点及力学性能是理解钢筋混凝土结构的受力特征、进行结构设计与计算的基础。

1.1　钢　筋

1.1.1　钢筋的化学成分和种类

钢筋是由铁、碳、锰、硅、硫、磷等元素组成的合金,其主要成分是铁元素。碳元素含量越高,钢筋的强度越高,但塑性和可焊性越低。

1) 按化学成分分

钢材按化学成分可分为碳素钢和普通低合金钢两大类。

(1) 碳素钢

碳素钢为铁碳合金。根据含碳量的多少,可分为低碳钢(俗称"软钢")、中碳钢和高碳钢(俗称"硬钢")。一般把含碳量小于0.25%的称为低碳钢;含碳量为0.25% ~ 0.6%的称为中碳钢;含碳量大于0.6%的称为高碳钢。

(2) 普通低合金钢

在碳素钢的成分中加入少量合金元素就成为普通低合金钢,如20MnSi、20MnSiV、20MnTi等,其中名称前面的数字代表平均含碳量(以万分之一计)。由于加入了合金元素,普通低合金钢虽含碳量高、强度高,但是其拉伸应力-应变曲线仍具有明显的流幅。

2) 按生产工艺、机械性能和加工条件分

根据生产工艺、机械性能和加工条件的不同,钢筋可分为热轧钢筋、余热处理钢筋、冷轧带肋钢筋及钢丝。热轧钢筋按照外形特征可分为热轧光圆钢筋和热轧带肋钢筋(图1.1)。

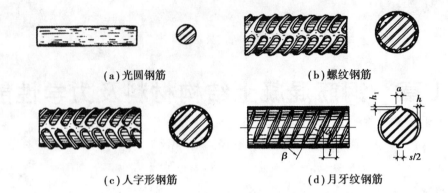

（a）光圆钢筋　　　　　　　　（b）螺纹钢筋

（c）人字形钢筋　　　　　　　　（d）月牙纹钢筋

图 1.1　热轧钢筋的外形

（1）热轧光圆钢筋

热轧光圆钢筋是经热轧成型并自然冷却的表面平整、截面为圆形的钢筋[图 1.1(a)]。其牌号为 Q235,强度等级代号为 R235。

（2）热轧带肋钢筋

热轧带肋钢筋是经热轧成型并自然冷却且其圆周表面通常带有两条纵肋和沿长度方向有均匀分布横肋的钢筋。其中,横肋斜向一个方向而成螺纹形的,称为螺纹钢筋[图 1.1(b)];横肋斜向不同方向而成"人"字形的,称为人字形钢筋[图 1.1(c)];纵肋与横肋不相交且横肋为月牙形状的,称为月牙纹钢筋[图 1.1(d)]。

热轧带肋钢筋按牌号分为 HRB335、HRB400、HRB500 3 种。H、R、B 分别为热轧(Hot-rolled)、带肋(Ribbed)、钢筋(Bars)3 个词的英文首字母。钢筋的牌号由 HRB 和钢筋的下屈服点组成。

（3）冷轧带肋钢筋

冷轧带肋钢筋是用热轧盘条经多道冷轧减径,一道压肋并经消除内应力后形成的一种带有两面或三面月牙形的钢筋。冷轧带肋钢筋在预应力混凝土构件中,是冷拔低碳钢丝的更新换代产品;在现浇混凝土结构中,则可代换 Ⅰ 级钢筋,以节约钢材,是同类冷加工钢材中较好的一种。

冷轧带肋钢筋牌号由 CRB 和钢筋的抗拉强度最小值组成。C、R、B 分别为冷轧(Cold-rolled)、带肋(Ribbed)、钢筋(Bars)3 个词的英文首字母。冷轧带肋钢筋分为 CRB550、CRB650、CRB800 和 CRB970 4 个牌号。CRB550 为普通钢筋混凝土用钢筋,其他牌号为预应力混凝土钢筋。

（4）余热处理钢筋

余热处理钢筋是利用热处理原理进行表面控制冷却,并利用芯部余热自身完成回火处理所得的成品钢筋。余热处理钢筋有多种牌号,需要焊接时,应选用 RRB400WK 可焊接余热处理钢筋。

（5）钢丝

钢丝是钢材的板、管、型、丝四大品种之一,是用热轧盘条经冷拉制成的再加工产品。

钢丝按外形分为光圆、螺旋肋、刻痕 3 种,代号分别为 P、H、I。

钢丝按照加工状态分为冷拉钢丝(WCD)和消除应力钢丝两类。消除应力钢丝按照松弛性能又分为低松弛级钢丝(WLR)和普通松弛级钢丝(WNR)。钢丝的直径越小,极限强度越高,其均可用于预应力混凝土结构。

1.1.2　钢筋的主要力学性能

钢筋的力学性能有强度和变形(包括弹性变形和塑性变形)等。单向拉伸试验是确定钢筋力学性能的主要方法。通过试验可以看到,钢筋的拉伸应力-应变关系曲线可分为两大类,即有明显流幅(图 1.2)和没有明显流幅(图 1.3)。

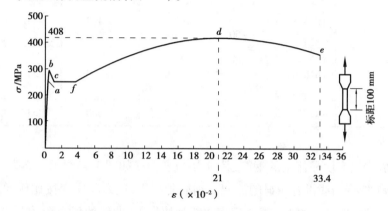

图 1.2　有明显流幅的钢筋拉伸应力-应变曲线

图 1.2 为有明显流幅的钢筋拉伸应力-应变曲线。在达到比例极限 a 点之前,材料处于弹性阶段,应力与应变的比值为常数,即为钢筋的弹性模量 E_s。此后应变比应力增加快,到达 b 点进入屈服阶段,即应力不增加,应变却继续增加很多,应力-应变曲线图形接近水平线,称为屈服台阶(或流幅)。对于有屈服台阶的钢筋来说,有两个屈服点,即屈服上限(b 点)和屈服下限(c 点)。屈服上限受试验加载速度、表面光洁度等因素影响而波动;屈服下限则较稳定,故一般以屈服下限为依据,称为屈服强度。过了 f 点后,材料又恢复部分弹性进入强化阶段,应力-应变关系表现为上升的曲线,到达曲线最高点 d,d 点的应力称为极限强度。过了 d 点后,试件的薄弱处发生局部

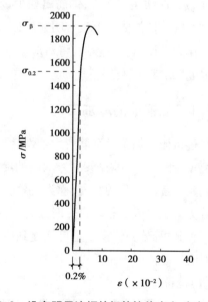

图 1.3　没有明显流幅的钢筋拉伸应力-应变曲线

"颈缩"现象,应力开始下降,应变仍继续增加,到 e 点后发生断裂,e 点所对应的应变(用百分数表示)称为伸长率,用 δ_{10} 或 δ_5 表示(分别对应于量测标距为 $10d$ 或 $5d$,d 为钢筋直径)。

有明显流幅的钢筋拉伸应力-应变曲线显示了钢筋主要物理力学指标,即屈服强度、抗拉极限强度和伸长率。屈服强度是钢筋混凝土结构计算中钢筋强度取值的主要依据,屈服强度与抗拉极限强度的比值称为屈强比。屈强比可以代表材料的强度储备,一般要求不大于 0.8。伸长率是衡量钢筋拉伸时的塑性指标。

表 1.1 为我国国家标准对钢筋混凝土结构所用普通热轧钢筋(具有明显流幅)的机械性能作出的规定。

表 1.1　普通热轧钢筋机械性能的规定

品种		强度等级 代号	直径 /mm	屈服应力 σ_s /MPa	抗拉强度 σ_b /MPa	伸长率 δ_5 /%	冷弯 $D=$ 弯心直径 $d=$ 钢筋直径
外形	强度级别						
光圆钢筋	I	R235	8 ~ 20	≥235	≥370	≥25	180° $D=d$
带肋钢筋	II	HRB335	6 ~ 25	≥335	≥490	≥16	180° $D=3d$
			28 ~ 50				180° $D=4d$
	III	HRB400	6 ~ 25	≥400	≥570	≥14	180° $D=4d$
			28 ~ 50				180° $D=5d$
		KL400	8 ~ 25	≥440	≥600	≥14	90° $D=3d$

在拉伸试验中没有明显流幅的钢筋,其应力-应变曲线如图 1.3 所示。高强度碳素钢丝、钢绞线的拉伸应力-应变曲线没有明显的流幅。钢筋受拉后,应力与应变按比例增长,其比例(弹性)极限约为 $\sigma_e = 0.75\sigma_b$。此后,钢筋应变逐渐加快发展,曲线的斜率渐减。当曲线到顶点极限强度 f_b 后,曲线稍有下降,钢筋出现少量颈缩后立即被拉断,极限延伸率较小,为 5% ~ 7%。

这类钢筋拉伸曲线上没有明显的流幅,在结构设计时,需对这类钢筋定义一个名义上的屈服强度作为设计值。一般地,将对应于残余应变为 0.2% 时的应力 $\sigma_{0.2}$ 作为屈服点(又称"条件屈服强度"),现行《公路桥规》取 $\sigma_{0.2} = 0.85\sigma_b$。

1.1.3　钢筋的冷加工

经过机械冷加工使钢筋产生塑性变形从而提高钢筋的屈服强度和抗拉极限强度,同时塑性和弹性模量降低,这种现象称为钢筋的冷加工硬化(冷作硬化或变形硬化)。冷加工后的钢材随时间延长逐渐硬化的倾向,称为时效。常温下产生的时效称为自然时效,人工加热后出现的时效称为人工时效。相较自然时效,人工时效的时间大大缩短。冷加工钢筋经人工时效后,不仅强度得到提高,弹性模量也可恢复到冷加工之前的数值。

对有明显流幅的钢筋进行冷加工,可以改善钢材内部组织结构,提高钢材强度。

(1)冷拉

冷拉是在常温条件下,以超过原来钢筋屈服点强度的拉应力,强行拉伸钢筋,使钢筋产生塑性变形以达到提高钢筋屈服点强度和节约钢材的目的。

冷拉可提高屈服度节约材料,将热轧钢筋用冷拉设备加力进行张拉,经冷拉时效后使之伸长,冷拉后,屈服强度可提高 20% ~ 25%,可节约钢材 10% ~ 20%。

(2)冷拔

冷拔是细光圆钢筋通过带锥形孔的拔丝模的强力拉拔工艺。细光圆钢筋在常温下通过钨合金的拔丝模受到兼有拉伸与压缩的强力冷拔,钢筋内晶格变形而产生塑性变形,提高强度但塑性降低,呈硬钢性质。光圆钢筋冷拔后称为冷拔低碳钢丝。

此工艺比纯拉伸作用强烈,钢筋不仅受拉,而且同时受到挤压作用,经过一次或多次冷拔后得到的冷拔低碳钢丝,其屈服强度可提高 40% ~ 60%,抗拉强度高,塑性低,脆性大,具有硬质钢材特点。

相较而言,冷拉只能提高钢筋的抗拉强度,冷拔则可同时提高抗拉及抗压强度。

(3)冷轧

冷轧是将圆钢在轧钢机上轧成断面形状规则的钢筋,可提高其强度及与混凝土的黏结力。通常有冷轧带肋钢筋和冷轧扭钢筋。

①冷轧扭钢筋:将低碳热轧圆盘条(Q235)经钢筋冷轧扭机组调直、冷轧扁、冷扭转一次成型、具有规定截面尺寸和节距的连续螺旋状钢筋。经过冷轧扭后钢筋强度比原材料强度提高近一倍,但延性较差,主要用于钢筋混凝土板的受力钢筋。

②冷轧带肋钢筋:与冷轧扭工艺相比少了冷扭转,其在钢筋表面形成肋状条纹,外形有两面肋和三面肋,黏结力增强,多用于板的受力钢筋,也适用于预应力混凝土构件的配筋。

建筑工程中大量使用的钢筋采用冷加工强化具有明显的经济效益,但冷加工后钢筋的屈强比较大,安全储备较小,尤其是冷拔钢丝,因此在强调安全性的重要建筑物的施工现场,已越来越难见到钢筋的冷加工车间。

1.1.4　钢筋混凝土结构对钢筋性能的要求

(1)钢筋强度

普通钢筋是钢筋混凝土结构和预应力混凝土结构中的非预应力钢筋,主要有 HPB235、HRB335、HRB400、RRB400 等热轧钢筋。

(2)屈强比

设计中应选择适当的屈强比,对于抗震结构,钢筋应力在地震作用下可考虑进入强化段。为了保证结构在强震下"裂而不倒",对钢筋的极限抗拉强度与屈服强度的比值有一定的要求,一般不应小于 1.25。

(3)延性

在工程设计中,要求钢筋混凝土结构承载能力极限状态为具有明显预兆,避免脆性破坏;抗震结构则要求具有足够的延性,钢筋的应力-应变曲线上屈服点至极限应变点之间的应变值反映了钢筋延性的大小。

(4)黏结性

黏结性是指钢筋与混凝土的黏结性能。黏结力是钢筋与混凝土得以共同工作的基础,其中钢筋凹凸不平的表面与混凝土间的机械咬合力是黏结力的主要部分,所以变形钢筋与混凝土的黏结性能最好,设计中宜优先选用变形钢筋。

(5)耐久性

混凝土结构耐久性是指在外部环境下材料、构件、结构随时间的退化,主要包括钢筋锈蚀、冻融循环、碱-骨料反应、化学作用等的机理及物理、化学和生化过程。混凝土结构耐久性的降低可引起承载力的降低,影响结构安全。

(6)适宜施工性

施工时钢筋要弯转成型,因而应具有一定的冷弯性能。钢筋弯钩、弯折加工时,应避免出现裂缝和折断。热轧钢筋的冷弯性能很好,而性脆的冷加工钢筋较差。预应力钢丝、钢绞线不能弯折,只能以直条形式使用。同时,要求钢筋具备良好的焊接性能,焊接后不应产生裂纹及过大的变形,以保证焊接接头性能良好。

(7)经济性

衡量钢筋经济性的指标是强度价格比,即每元钱可购得的单位钢筋的强度。强度价格比高的钢筋比较经济,不仅可以减少配筋率,方便施工,还可减少加工、运输、施工等一系列附加费用。

1.2   混凝土

1.2.1   混凝土的强度

混凝土是以水泥、骨料和水为主要原材料,根据需要加入矿物掺合料和外加剂等材料,按一定配合比,经拌和、成型、养护等工艺制作,硬化后具有强度的工程材料。混凝土的种类根据混凝土的强度等级划分。混凝土的强度除与所选水泥等级、混凝土配合比、水灰比大小、骨料质量有关,还与试件制作方法、养护条件、试件尺寸、试验方法等有密切关系。在实际工程中,常用的混凝土强度有立方体抗压强度、轴心抗压强度、轴心抗拉强度等。

(1)混凝土立方体抗压强度

混凝土立方体抗压强度是规定的标准试件和标准试验方法得到的混凝土强度基本代表值。我国取用的标准试件为边长相等的混凝土立方体。这种试件的制作和试验均比较简便,而且离散性较小。

《混凝土物理力学性能试验方法标准》(GB/T 50081—2019)规定,以边长为 150 mm 的立方体为标准试件,温度在 (20 ± 2)℃,相对湿度为 95% 以上的标准养护室中养护,或在温度为 (20 ± 2)℃的不流动的氢氧化钙饱和溶液中养护 28 天,依照标准制作方法和试验方法测得的抗压强度值(以 N/mm^2 为单位)作为混凝土的立方体试件抗压强度,用符号 f_{cc} 表示。按这样的规定,就可以排除不同制作方法、养护环境等因素对混凝土立方体强度的影响。影响混凝土强度等级的因素主要与水泥等级、水灰比、骨料、龄期、养护温度和湿度有关。依照标准实验方法测得的具有 95% 保证率的拉压强度作为混凝土强度等级,并冠以"C"。例如,C25 释义为 25 级混凝土,该级混凝土立方体抗压强度标准值为 25MPa。用于公路桥梁承重部分的混凝土强度等级有 C15、C20、C25、C30、C35、C40、C45、C50、C55、C60、C65、C70、C75、C80。钢筋混凝土构件中混凝土等级不宜低于 C20;预应力混凝土等级不宜低于 C40;采用 HRB400、KL400 级钢筋时,混凝土强度等级不宜低于 C25。

混凝土立方体抗压强度与试验方法有着密切的关系。通常情况下,试件的上下表面与试验机承压板之间将产生阻止试件向外自由变形的摩阻力,阻滞了裂缝的发展[图 1.4(a)],从而提高了试块的抗压强度。破坏时,远离承压板的试件中部混凝土所受的约束最少,混凝土也剥落得最多,形成两个对顶叠置的截头方锥体[图 1.4(b)]。若在承压板和试件上下表面之间涂以油脂润滑剂,则试验加压时摩阻力将大为减少,所测得的抗压强度较低,其破坏形态为开裂破坏[图 1.4(c)]。规定采用的方法是不加油脂润滑剂的试验方法。

混凝土的抗压强度还与试件尺寸有关。试验表明,立方体试件尺寸越小,摩阻力的影响越大,测得的强度也越高。在实际工程中也有采用边长为 200 mm 和边长为 100 mm 的混凝土立方体试件,则所测得的立方体强度应分别乘以换算系数 1.05 和 0.95 来折算成边长为 150 mm 的混凝土立方体抗压强度。

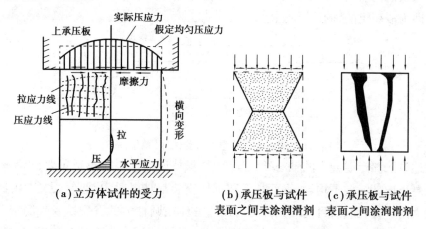

图 1.4　立方体抗压强度试件

（2）混凝土轴心抗压强度（棱柱体抗压强度）

通常,钢筋混凝土构件长度比它的截面边长要大得多,因此棱柱体试件(高度大于截面边长的试件)的受力状态更接近于实际构件中混凝土的受力情况。按照与立方体试件相同条件下制作和试验方法所得的棱柱体试件的抗压强度值,称为混凝土轴心抗压强度,用符号 f_{cp} 表示。

试验表明,棱柱体试件的抗压强度较立方体试块的抗压强度低。棱柱体试件高度 h 与边长 b 之比越大,则强度越低。当 h/b 由 1 增至 2 时,混凝土强度降低很快。但是当 h/b 由 2 增至 4 时,其抗压强度变化不大(图 1.5)。因为,在此范围内既可消除垫板与试件接触面间摩阻力对抗压强度的影响,又可以避免试件因纵向初弯曲而产生的附加偏心距对抗压强度的影响,故所测得的棱柱体抗压强度较稳定。因此,《混凝土物理力学性能试验方法标准》(GB/T 50081—2019)规定,混凝土的轴心抗压强度试验以 150 mm × 150 mm × 300 mm 的试件为标准试件。通常来说,棱柱体试件的抗压强度低于同等立方体抗压强度。

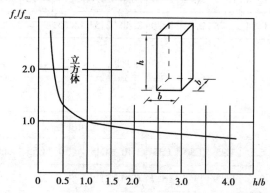

图 1.5　$\dfrac{h}{b}$ 对抗压强度的影响

（3）混凝土轴心抗拉强度

混凝土抗拉强度和抗压强度一样,都是混凝土的基本强度指标,用符号 f_t 表示。但是混凝土的抗拉强度比抗压强度低得多,它与同龄期混凝土抗压强度的比值在 1/8 ~ 1/18。这项比值随混凝土抗压强度等级的增大而减少,即混凝土抗拉强度的增加慢于抗压强度的增加。

混凝土轴心受拉试验的试件可采用在两端预埋钢筋的混凝土棱柱体(图1.6)。试验时,用试验机夹具夹紧试件两端外伸的钢筋施加拉力,破坏时试件在没有钢筋的中部截面被拉断,其平均拉应力即为混凝土的轴心抗拉强度。

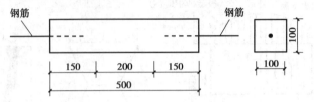

图1.6 混凝土抗拉强度试验试件(单位:mm)

在用前述方法测定混凝土的轴心抗拉强度时,保持试件轴心受拉很重要,也不容易完全做到。由于混凝土内部结构不均匀,钢筋预埋和试件安装都难以对中,而偏心又对混凝土抗拉强度测试有很大的干扰,因此,目前国内外常采用立方体或圆柱体的劈裂试验来测定混凝土的轴心抗拉强度。劈裂试件平放在压力机上,通过垫条施加集中力,破坏时在破裂面上产生与该面垂直且均匀分布的拉应力。当拉应力达到混凝土的抗拉强度时,试件被劈裂破坏成两半。

(4)混凝土抗压(拉)强度标准值与设计值

材料强度的标准值是通过试验取得统计数据后,根据其概率分布,并结合工程经验,取其中的某一分位值(不一定是最大值)确定的。而设计值是在标准值的基础上乘以一个分项系数确定的,《建筑结构可靠性设计统一标准》(GB 50068—2018)中有说明。混凝土的材料分项系数是1.4。

不同强度等级的混凝土强度设计值与标准值如表1.2、表1.3所示。

表1.2 混凝土强度标准值

单位:MPa

强度种类	符号	混凝土强度等级													
		C15	C20	C25	C30	C35	C40	C45	C50	C55	C60	C65	C70	C75	C80
轴心抗压	f_{ck}	10.0	13.4	16.7	20.1	23.4	26.8	29.6	32.4	35.5	38.5	41.5	44.5	47.4	50.2
轴心抗拉	f_{tk}	1.27	1.54	1.78	2.01	2.20	2.40	2.51	2.65	2.74	2.85	2.93	3.00	3.05	3.10

表1.3 混凝土强度设计值

单位:MPa

强度种类	符号	混凝土强度等级													
		C15	C20	C25	C30	C35	C40	C45	C50	C55	C60	C65	C70	C75	C80
轴心抗压	f_{cd}	7.2	9.6	11.9	14.3	16.7	19.1	21.1	23.1	25.3	27.5	29.7	31.8	33.8	35.9
轴心抗拉	f_{td}	0.91	1.10	1.27	1.43	1.57	1.71	1.80	1.89	1.96	2.04	2.09	2.14	2.18	2.22

注:①计算现浇钢筋混凝土轴心受压和偏心受压构件时,如截面的长边或直径小于300 mm,表中数值应乘以系数0.8;当构件质量(混凝土成型、截面和轴线尺寸等)确有保证时,不受此限制。

②离心混凝土的强度设计值应按专门标准取用。

1.2.2　混凝土的变形

混凝土的变形可分为两类:一类是在荷载作用下的受力变形,如单调短期加载的变形、荷载长期作用下的变形以及多次重复加载的变形;另一类与受力无关,称为体积变形,如混凝土收缩以及温度变化引起的变形。

1)混凝土的受力变形

(1)混凝土在单调、短期加载作用下的变形性能

①混凝土的应力-应变曲线。混凝土的应力-应变关系是混凝土力学性能的一个重要方面,它是研究钢筋混凝土构件的截面应力分布,建立承载能力和变形计算理论所必不可少的依据。特别是近代采用计算机对钢筋混凝土结构进行非线性分析时,混凝土的应力-应变关系已成了数学物理模型研究的重要依据。

一般取 $h/b=3/4$ 的棱柱体试件来测试混凝土的应力-应变曲线。在试验时,需使用刚度较大的试验机,或者在试验中用控制应变速度的特殊装置来控制应变加载,或者在普通压力机上用高强弹簧(或油压千斤顶)与试件共同受压,测得混凝土试件受压时典型的应力-应变曲线如图 1.7 所示。

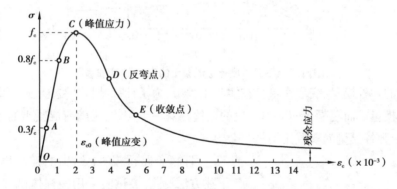

图 1.7　混凝土受压时应力-应变曲线

完整的混凝土轴心受压应力-应变曲线由上升段 OC、下降段 CD 和收敛段 DE 3 个阶段组成。

上升段:当压应力 $\sigma<0.3f_c$ 左右时,应力-应变关系接近直线变化(OA 段),混凝土处于弹性阶段工作。在压应力 $\sigma\geqslant 0.3f_c$ 后,随着压应力的增大,应力-应变关系越来越偏离直线。任一点的应变 ε 可分为弹性应变 ε_{ce} 和塑性应变 ε_{cp} 两部分。原有的混凝土内部微裂缝发展,并在孔隙等薄弱处产生新的个别的微裂缝。当应力达到 $0.8f_c$(B 点)左右后,混凝土塑性变形显著增大,内部裂缝不断延伸扩展,并有几条贯通,应力-应变曲线斜率急剧减小。如果不继续加载,裂缝也会发展,即内部裂缝处于非稳定发展阶段。当应力达到最大应力 $\sigma=f_c$ 时(C 点),应力-应变曲线的斜率已接近水平,试件表面出现不连续的可见裂缝。

下降段:到达峰值应力点 C 后,混凝土的强度并不完全消失,随着应力 σ 的减少(卸载),应变仍然增加,曲线下降坡度较陡,混凝土表面裂缝逐渐贯通。

收敛段:在反弯点 D 之后,应力下降的速率减慢,残余应力趋于稳定。表面纵向裂缝把混凝土棱柱体分成若干个小柱,外载力由裂缝处的摩擦咬合力及小柱体的残余强度承受。

对于没有侧向约束的混凝土,收敛段没有实际意义,所以通常只注意混凝土轴心受压应力-应变曲线的上升段 OC 和下降段 CD,而最大应力值 f_c、相应的应变值 ε_{c0} 以及 D 点的应变值(称

极限压应变值 ε_{cu})成为曲线的 3 个特征值。对于均匀受压的棱柱体试件,其压应力达到 f_c,混凝土就不能承受更大的压力,成为结构构件计算时混凝土强度的主要指标。与 f_c 相对应的应变 ε_{c0} 随混凝土强度等级而异,在$(1.5 \sim 2.5) \times 10^{-3}$间变动,通常取其平均值为 $\varepsilon_{c0} = 2.0 \times 10^{-3}$。应力-应变曲线中相应于 D 的混凝土极限压应变 ε_{cu} 为$(3.0 \sim 5.0) \times 10^{-3}$。

从应力-应变曲线可以看出,混凝土是一种弹塑性材料,压应力很小时可将其视为弹性材料。曲线既有上升段也有下降段,说明混凝土在破坏过程中承载力先增加后减少,当混凝土压应力达到最大时并不意味着立即破坏。因此,混凝土最大压应变对应的应力不是最大压应力,最大压应力对应的应变也不是最大压应变。对于不同强度等级的混凝土,混凝土应力-应变曲线相似却不相同。如图 1.8 所示,随着混凝土强度的提高,曲线上升段和峰值的变化不如下降段显著。强度越高,下降段越陡应变变化越显著,表明材料的延性越差。

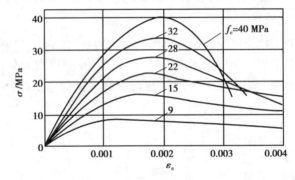

图 1.8　不同强度等级混凝土的应力-应变曲线

②混凝土的弹性模量、变形模量。在实际工程中,为了计算结构的变形,必须要求一个材料常数——弹性模量。而混凝土的应力应变的比值并非一个常数,是随着混凝土的应力变化而变化,所以混凝土弹性模量的取值比钢材复杂得多。

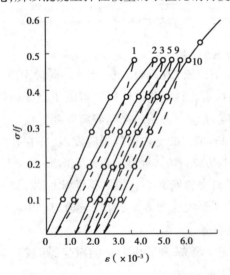

图 1.9　测定混凝土弹性模量的方法

目前《公路桥规》中给出的弹性模量 E_c 值是用下述方法测定的:试验采用棱柱体试件,取应力上限为 $\sigma = 0.5 f_c$,然后卸荷至零,再重复加载卸荷 $5 \sim 10$ 次。由于混凝土的非弹性性质,每次卸荷至零时,变形不能完全恢复,存在残余变形。随着荷载重复次数的增加,残余变形逐渐减小,重复 $5 \sim 10$ 次后,变形已基本趋于稳定,应力-应变曲线接近于直线(图1.9),该直线的斜率即作为混凝土弹性模量的取值。因此,混凝土弹性模量是根据混凝土棱柱体标准试件,用标准的试验方法所得的规定压应力值与其对应的压应变值的比值。

根据不同等级混凝土弹性模量试验值的统计分析,给出 E_c 的经验公式为:

$$E_c = \frac{10^5}{2.2 + \dfrac{34.74}{f_{cu,k}}} \tag{1.1}$$

式中　$f_{cu,k}$——混凝土立方体抗压强度标准值,MPa。

规范给出 E_c 的取值如表 1.4 所示。

表 1.4　混凝土弹性模量 E_c

单位:10^4 MPa

混凝土强度等级	C15	C20	C25	C30	C35	C40	C45	C50	C55	C60	C65	C70	C75	C80
E_c	2.20	2.55	2.80	3.00	3.15	3.25	3.35	3.45	3.55	3.60	3.65	3.70	3.75	3.80

根据试验资料,混凝土的受拉弹性模量与受压弹性模量之比为 0.82～1.12,平均为 0.995,故可认为混凝土的受拉弹性模量与受压弹性模量相等。

混凝土的剪切弹性模量 G_c,一般可根据试验测得的混凝土弹性模量 E_c 和泊松比按式(1.2)确定:

$$G_c = \frac{E_c}{2(1 + \mu_c)} \tag{1.2}$$

式中　μ_c——混凝土的横向变形系数(泊松比)。取 $\mu_c = 0.2$ 时,代入式(1.2)得到 $G_c \approx 0.4E_c$。

(2)混凝土在长期荷载作用下的变形——徐变

在荷载的长期作用下,混凝土的变形将随时间而增加,亦即在应力不变的情况下,混凝土的应变随时间继续增长,这种现象被称为混凝土的徐变。混凝土徐变是在持久作用下混凝土结构随时间推移而增加的应变。

图 1.10 所示为 100 mm × 100 mm × 400 mm 棱柱体试件在相对湿度为 65%、温度为 20 ℃、承受 $\sigma = 0.5f_c$ 压应力并保持不变的情况下变形与时间的关系曲线。

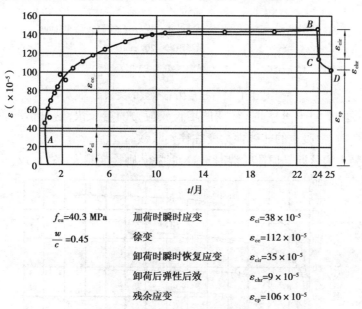

$f_{cu} = 40.3$ MPa	加荷时瞬时应变　　$\varepsilon_{ci} = 38 \times 10^{-5}$
$\dfrac{w}{c} = 0.45$	徐变　　$\varepsilon_{cc} = 112 \times 10^{-5}$
	卸荷时瞬时恢复应变　$\varepsilon_{cir} = 35 \times 10^{-5}$
	卸荷后弹性后效　　$\varepsilon_{chr} = 9 \times 10^{-5}$
	残余应变　　$\varepsilon_{cp} = 106 \times 10^{-5}$

图 1.10　混凝土的徐变曲线

从图 1.10 可知,24 个月的徐变变形 ε_{cc} 为加荷时立即产生的瞬时弹性变形 ε_{ci} 的 2～4 倍;前期徐变变形增长很快,6 个月可达到最终徐变变形的 70%～80%,以后徐变变形增长逐渐缓慢;第一年内可完成 90% 左右,其余部分在以后几年内逐渐完成,经过 2～5 年可认为徐变基本结束。从图中还可以看到,在 B 点卸荷后,应变会恢复一部分,其中立即恢复的一部分应变称为混凝土瞬时恢复弹性应变 ε_{cir}；再经过一段时间(约 20 天)后才逐渐恢复的那部分应变称为弹性后效 ε_{chr}；最后剩下的不可恢复的应变称为残余应变 ε_{cp}。

混凝土徐变的主要原因是混凝土在荷载长期作用下,混凝土凝胶体中的水分逐渐被压出,水泥石逐渐黏性流动,微细空隙逐渐闭合,结晶体内部逐渐滑动,微细裂缝逐渐发生等。

在进行混凝土徐变试验时,需注意观测到的混凝土变形中还含有混凝土的收缩变形,故需用同批浇筑同样尺寸的试件在同样环境下进行收缩试验。这样,从量测的徐变试验试件总变形中扣除对比的收缩试验试件的变形,便可得到混凝土的徐变变形。

影响混凝土徐变的因素很多,其主要因素有:

①混凝土在长期荷载作用下产生的应力大小。从图 1.11 可知,当压应力 $\sigma \leqslant 0.5 f_c$ 时,徐变大致与应力成正比,各条徐变曲线的间距差不多相等,被称为线性徐变。线性徐变在加荷初期增长很快,一般在 2 年左右徐变趋于稳定,3 年左右徐变基本终止。

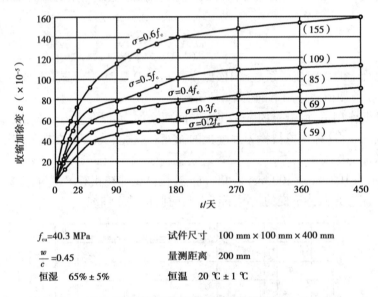

$f_{cu}=40.3$ MPa	试件尺寸 100 mm × 100 mm × 400 mm
$\dfrac{w}{c}=0.45$	量测距离 200 mm
恒湿 65% ± 5%	恒温 20 ℃ ± 1 ℃

图 1.11   压应力与徐变的关系

当压应力 σ 为 $(0.5 \sim 0.8) f_c$ 时,徐变的增长较应力的增长快,这种情况称为非线性徐变。当压应力 $\sigma > 0.8 f_c$ 时,混凝土的非线性徐变往往不收敛。

②加荷时混凝土的龄期。加荷时混凝土龄期越短,则徐变越大(图 1.12)。

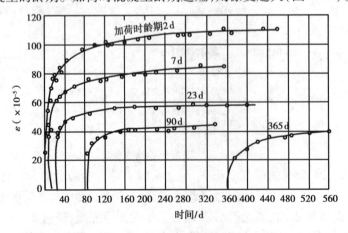

图 1.12   加荷时混凝土龄期对徐变大小的影响

③混凝土的组成成分和配合比。混凝土中骨料本身没有徐变,它的存在约束了水泥胶体的流动,约束作用的大小取决于骨料的刚度(弹性模量)和骨料所占的体积比。当骨料的弹性模量小于 7×10^4 N/mm² 时,随着骨料弹性模量的降低,徐变显著增大。骨料的体积比越大,徐变越小。试验表明,当骨料含量由 60% 增大为 75% 时,徐变可减少 50%。混凝土的水灰比越小,徐变也越小。在常用的水灰比范围(0.4~0.6)内,单位应力的徐变与水灰比呈近似直线关系。

④养护及使用条件下的温度与湿度。混凝土养护时温度越高,湿度越大,水泥水化作用就越充分,徐变就越小。混凝土的使用环境温度越高,徐变越大;环境的相对湿度越低,徐变也越大,因此高温干燥环境将使徐变显著增大。

当环境介质的温度和湿度保持不变时,混凝土内水分的逸失取决于构件的尺寸和体表比(构件体积与表面积之比)。构件的尺寸越大,体表比越大,徐变就越小(图 1.13)。

应当注意,混凝土的徐变与塑性变形不同。塑性变形主要是混凝土中骨料与水泥石结合面之间裂缝的扩展延伸引起的,只有当应力超过一定值(如 $0.3f_c$ 左右)时才发生,而且是不可恢复的。混凝土徐变变形不仅可部分恢复,而且在较小的作用应力时就能发生。

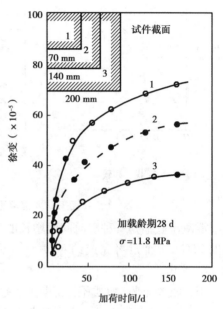

图 1.13　构件尺寸对徐变的影响

(3)混凝土在重复荷载作用下的变形性能

对棱柱体试件加载,当压力达到某一数值(一般不超过 $0.5f_c$),卸载至 0,如此重复循环加载卸载,称为多次重复加载。混凝土在经过一次加载、卸载后部分塑性变形不可恢复。多次循环加载、卸载,塑性变形将逐渐积累,但随着循环次数的增加,每次加载循环时的塑性变形将逐渐减少。如图 1.14(a)所示,单次加载卸载后可以恢复的应变 BB' 称为混凝土的弹性后效,OB' 称为试件残余应变。图 1.14(b)表示混凝土棱柱体多次重复荷载下的应力-应变曲线。当最大应力 σ_1 或 σ_2 不超过 $0.5f_{cd}$ 时,随着加载次数的增加,加载曲线的曲率亦逐渐减小。经 4~10 次循环后,塑性变形基本完成,且只有弹性变形,混凝土的应力-应变曲线逐渐趋近于直线,并大致平行于一次加载曲线通过原点的切线。当最大应力 σ_3 超过 $0.5f_{cd}$ 时,开始也是经过若干次循环后,应力-应变曲线趋于直线。但若继续循环下去,将重复出现塑性变形,曲线向相反方向弯曲直至循环到一定次数,由于塑性变形不断扩展导致构件破坏,这种破坏称为"疲劳破坏"。混凝土材料达到疲劳破坏时所能承受的最大应力值称为疲劳强度。疲劳破坏是混凝土内部应力集中,微裂缝发展,塑性变形积累造成的。通常取加载应力 $0.5f_c$ 并能使构建循环次数不低于 2×10^6 次时发生破坏的压应力作为混凝土疲劳抗压强度的计算指标,以 f_p 表示疲劳强度,约为棱柱体强度的 50%,即 $f_p \approx 0.5f_{cd}$。

2)混凝土的体积变形

混凝土的体积变形包括收缩与膨胀。混凝土在水中结硬时体积膨胀,一般来说膨胀是有利的,且膨胀值比收缩值小得多,因此在计算中不予考虑。

在混凝土凝结和硬化的物理化学过程中,体积随时间推移而减小的现象称为收缩。混凝土在不受力情况下的自由变形,在受到外部或内部(钢筋)约束时,将产生混凝土拉应力,甚至使混凝土开裂。

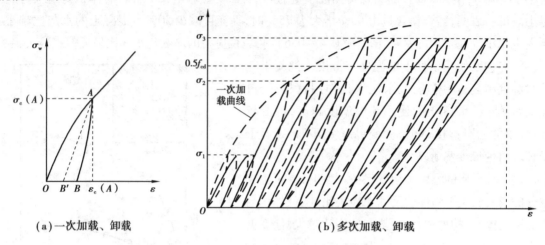

(a)一次加载、卸载　　　　　　　　(b)多次加载、卸载

图 1.14　混凝土在重复荷载下的应力-应变曲线

混凝土收缩是一种随时间而增长的变形。结硬初期收缩变形发展很快,两周可完成全部收缩的 25%,一个月可完成约 50%,3 个月后增长缓慢。一般两年后趋于稳定,最终收缩值为 $(2 \sim 6) \times 10^{-4}$。

引起混凝土收缩的原因,初期主要是水泥石在水化凝固结硬过程中产生的体积变化,即凝缩;后期主要是混凝土内自由水分蒸发而引起的干缩。

收缩会对钢筋混凝土构件产生不利的影响。对一般构件来说,当混凝土不能自由收缩时会在混凝土内部产生拉应力,甚至产生收缩裂缝。特别是长度大但截面尺寸小的构件或薄壁结构,如果制作养护不当,严重者在交付使用前就因收缩裂缝而破坏。因此,应采取措施减少混凝土的收缩,办法如下:

①加强养护。在养护期内尽量使混凝土处于潮湿状态。

②减小水灰比。水灰比越大,混凝土收缩量越大。

③减少水泥用量。水泥含量减少,骨料含量相对增加,骨料的体积稳定性比水泥浆要好,从而减少了混凝土的收缩。

④加强施工振捣,提高混凝土密实性。混凝土内部孔隙越少,收缩也越小。

1.3　钢筋与混凝土共同工作的机理

1.3.1　钢筋混凝土结构定义及特点

钢筋混凝土结构是由配置受力的普通钢筋或钢筋骨架的混凝土制成的结构。

混凝土的抗压强度高,常用于受压构件。若在构件中配置钢筋则构成钢筋混凝土受压构件。试验表明,和素混凝土受压构件截面尺寸及长细比相同的钢筋混凝土受压构件,不仅承载能力大为提高,而且受力性能得到改善(图 1.15)。在这种情况下,钢筋的作用主要是协助混凝土共同承受拉力。

综上所述,根据构件受力状况配置钢筋构成钢筋混凝土构件,可以充分利用钢筋和混凝土各自的材料特点,把它们有机地结合在一起共同工作,从而提高构件的承载能力、改善构件的受力性能。钢筋的作用是代替混凝土受拉(受拉区混凝土出现裂缝后)或协助混凝土受压。

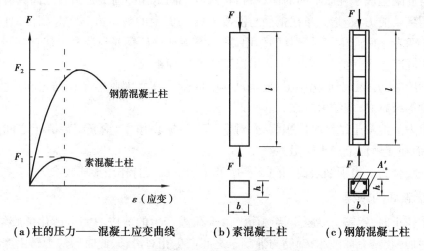

(a) 柱的压力——混凝土应变曲线　　(b) 素混凝土柱　　(c) 钢筋混凝土柱

图 1.15　素混凝土和钢筋混凝土轴心受压构件的受力性能比较

钢筋混凝土除了能合理地利用钢筋和混凝土两种材料的特性外,还有以下优点:

①在钢筋混凝土结构中,混凝土强度随时间不断增长,同时钢筋被混凝土包裹而不致锈蚀,所以,钢筋混凝土结构的耐久性较好。钢筋混凝土结构的刚度较大,在使用荷载作用下的变形较小,故可有效地用于对变形有要求的建筑物中。

②钢筋混凝土结构既可以整体现浇,也可以预制装配,并且可以根据需要浇制成各种构件形状和截面尺寸。

③钢筋混凝土结构所用的原材料中,砂、石所占的比例较大,而砂、石易于就地取材,故可以降低建筑成本。

但是钢筋混凝土结构也存在一些缺点:

①钢筋混凝土构件的截面尺寸一般较相应的钢结构大,因而自重较大,这对大跨度结构不利。

②抗裂性能较差,在正常使用时往往带裂缝工作。

③施工受气候条件影响较大。

④修补或拆除较困难等。

钢筋混凝土结构虽有缺点,但毕竟有其独特的优点,所以其应用极为广泛,无论是桥梁工程、隧道工程、房屋建筑、铁路工程,还是水工结构工程、海洋结构工程等都已广泛采用。随着钢筋混凝土结构的不断发展,上述缺点已经或正在逐步加以改善。

1.3.2　钢筋与混凝土共同工作的机理

钢筋和混凝土这两种力学性能不同的材料之所以能有效地结合在一起而共同工作,主要有以下原因:

①混凝土和钢筋之间有着良好的黏结力,两者能可靠地结合成一个整体,在荷载作用下能够很好地共同变形,完成其结构功能。

②钢筋和混凝土的温度线膨胀系数也较为接近,钢筋为 $1.2 \times 10^{-5}/℃$,混凝土为 $(1.0 \sim 1.5) \times 10^{-5}/℃$。因此,当温度变化时,不致产生较大的温度应力而破坏两者之间的黏结。

③包裹在钢筋上的混凝土,起着保护钢筋免遭锈蚀的作用,保证钢筋与混凝土共同作用。

1）钢筋与混凝土之间的黏结

钢筋与混凝土属于性质不同的两种材料，两者共同工作的前提是两者之间具有足够的黏结应力。所谓黏结应力，是指分布在钢筋与混凝土接触面上的剪应力。它起到传递应力、阻止钢筋与混凝土两者之间产生相对滑移的作用，从而有效地保证钢筋与混凝土能够共同工作。

钢筋与混凝土之间的黏结力，主要由以下 3 个方面组成：

①化学胶结力。由于水化作用，结硬过程中混凝土在水泥胶体与钢筋之间产生胶结作用。混凝土强度等级越高，胶结力越强。

②摩阻力。混凝土结硬时体积收缩，对钢筋产生握裹作用，钢筋与混凝土之间产生相对滑移趋势，因而在接触面上产生摩阻力。

③机械咬合力。由钢筋表面凹凸不平所产生的机械咬合作用形成咬合力。

2）黏结破坏的过程

当荷载较小时，钢筋与混凝土接触面上由于荷载产生的剪应力完全由化学胶结力承担，随着荷载的增加，胶结力被破坏，钢筋与混凝土之间产生相对滑移，此时剪应力转由摩阻力承担。

对于光面钢筋和变形钢筋，整个黏结破坏的过程有所不同。

对于光面钢筋，外力较小时，黏结力以化学胶结力为主，两者接触面之间无相对滑移。随着外力的加大，胶结力被破坏，钢筋与混凝土之间产生相对滑移，此时，黏结力主要是钢筋与混凝土之间的摩阻力。如果继续加载，钢筋表面的混凝土将被剪碎，最后可把钢筋拔出而破坏。试验表明，光面钢筋黏结力的大小主要取决于混凝土的强度与钢筋的表面形状。

对于变形钢筋，黏结力主要是摩阻力和机械咬合力。钢筋表面突出的肋与混凝土之间形成楔的作用。其径向分力使混凝土环向受拉，水平分力和摩阻力共同构成了黏结力；随着抗拔力的增加，机械咬合力的径向分力增加，混凝土的环向分力增加产生径向或斜向锥形裂缝；继续加载，混凝土开始出现纵向劈裂裂缝，出现明显的相对滑移，最后钢筋被拔出而破坏。试验表明，影响变形钢筋黏结力的主要因素如下：

①混凝土的强度等级。混凝土的强度等级越高，钢筋与混凝土之间的黏结力也就越强。

②混凝土的保护层厚度。混凝土的保护层越厚，黏结力也就越大。

③钢筋的外形特征。钢筋表面越粗糙，黏结力也就越大。

④其他因素。如配箍率、混凝土浇筑状况、锚固受力情况等。

3）确保黏结强度的措施

为保证钢筋与混凝土能够共同有效地工作，两者之间应具有足够的黏结力。由于黏结破坏机理复杂，影响黏结力的因素众多，目前尚无比较完整的黏结力计算理论。《混凝土结构设计规范》（GB 50100—2010）采用不计算而用合理选材和构造措施来保证钢筋与混凝土之间的黏结力。具体来说，有以下 7 个方面：

①选用适宜的混凝土强度等级。混凝土强度等级越高，黏结作用也就越强。

②采用带肋钢筋。带肋钢筋表面凹凸不平，会提供较大的机械咬合作用，黏结力大大增加，抗滑性也更好。

③光圆受拉钢筋的端部应做成弯钩。端部做成半圆弯钩，能有效增强钢筋在混凝土内部的抗滑移能力及钢筋端部的锚固作用。

④保证最小搭接长度。钢筋之间采用绑扎接头的方法连接，则钢筋的内力是依靠钢筋和混凝土之间的黏结力来传递的。因此，必须保证它们之间具有足够的搭接长度。

⑤保证最小的锚固长度。为了避免钢筋在混凝土中滑移,埋入混凝土内的钢筋必须具有足够的锚固深度,使钢筋牢固地锚固在混凝土中。

⑥钢筋周围的混凝土应有足够的厚度。保护层厚度过小或钢筋净间距过小,混凝土沿钢筋纵向易产生劈裂裂缝,从而降低黏结强度。

⑦设置一定数量的横向钢筋。横向钢筋(如箍筋)可以延缓劈裂裂缝的发展、限制裂缝的开展,从而提高黏结应力。因此,在较大直径钢筋搭接或锚固范围内或单排并列钢筋数量较多时,均应设置一定数量的附加箍筋,以防止混凝土保护层的劈裂剥落。

本章小结

本章介绍了钢筋混凝土的基本概念、混凝土和钢筋两种材料的物理力学性能及指标,简要讲解了钢筋与混凝土共同工作的机理。

1. 混凝土的强度指标有立方体抗压强度、棱柱体抗压强度、轴心抗拉强度。

2. 混凝土的变形:受力变形与体积变形。受力变形包括一次短期荷载下的变形、多次重复荷载下的变形——疲劳破坏、长期荷载下的变形——徐变;体积变形包括收缩与膨胀,收缩不利,膨胀有利。

3. 钢筋受力的应力-应变曲线图,钢筋的力学性能指标有屈服强度、伸长率、冷弯性能。

4. 钢筋与混凝土之间的黏结力组成:化学胶结力、摩阻力、机械咬合力。

思考练习题

1.1　配置在混凝土截面受拉区的钢筋的作用是什么?

1.2　试解释以下名词:混凝土立方体抗压强度、混凝土轴心抗压强度、混凝土轴心抗拉强度、混凝土劈裂抗拉强度。

1.3　混凝土轴心受压的应力-应变曲线有何特点? 影响混凝土轴心受压应力-应变曲线的因素有哪几个?

1.4　什么是混凝土的徐变? 影响徐变的主要原因有哪些?

1.5　混凝土的徐变和收缩变形都是随时间而增长的变形,两者有何不同之处?

1.6　什么是钢筋和混凝土之间黏结应力和黏结强度? 为保证钢筋和混凝土之间有足够的黏结力,应采取哪些措施?

1.7　以简支梁为例,说明素混凝土与钢筋混凝土受力性能的差异。

1.8　钢筋与混凝土共同工作的基础条件是什么?

1.9　混凝土结构有什么优缺点?

1.10　软钢和硬钢的区别是什么? 二者应力-应变曲线有什么不同? 设计时,分别采用什么值作为依据?

1.11　我国用于钢筋混凝土结构的钢筋有几种? 我国热轧钢筋的强度分为几个等级?

1.12　钢筋冷加工的目的是什么? 冷加工方法有哪几种? 简述冷拉方法。

1.13　钢筋混凝土结构对钢筋的性能有哪些要求?

1.14　混凝土的强度等级是如何确定的?

第 2 章　结构设计原则

【本章导读】

本章讲述结构的功能要求、结构的极限状态分类、结构的极限状态实用设计及耐久性设计。通过本章学习,理解结构的功能要求、极限状态、失效概率和可靠度,了解结构耐久性使用要求,掌握结构荷载分类及荷载效应组合、极限状态的判别及极限状态使用设计表达式方法。

【重点】

结构极限状态的定义与分类、结构极限状态的判别与设计方法、结构极限状态实用设计。

【难点】

结构极限状态实用设计。

钢筋混凝土结构构件的“设计”是指在预定的作用及材料性能条件下,确定钢筋混凝土结构构件按功能要求所需要的截面尺寸、配筋和构造要求。

自从 19 世纪末钢筋混凝土结构在土木建筑工程中出现以来,随着生产实践的经验积累和科学研究的不断深入,钢筋混凝土结构的设计理论在不断地发展和完善。

最早的钢筋混凝土结构设计理论,采用以弹性理论为基础的容许应力计算法。这种方法要求在规定的标准荷载作用下,按弹性理论计算得到的构件截面任一点的应力应不大于规定的容许应力,而容许应力是由材料强度除以安全系数求得的,安全系数则依据工程经验和主观判断来确定。然而,由于钢筋混凝土并不是一种弹性匀质材料,而是表现出明显的塑性性能,因此,这种以弹性理论为基础的计算方法不可能如实地反映构件截面破坏时的应力状态和正确计算出结构构件的承载能力。

20 世纪 30 年代,苏联首先提出了考虑钢筋混凝土塑性性能的破坏阶段计算方法。它以充分考虑材料塑性性能的结构构件承载能力为基础,使按材料标准极限强度计算的承载能力必须大于计算的最大荷载产生的内力。计算的最大荷载是由规定的标准荷载乘以单一的安全系数而得出的。安全系数仍是依据工程经验和主观判断来确定。

随着对荷载和材料强度的变异性的进一步研究,苏联在 20 世纪 50 年代又率先提出了极限状态计算法。极限状态计算法是破坏阶段计算法的发展,它规定了结构的极限状态,并把单一安全系数改为 3 个分项系数,即荷载系数、材料系数和工作条件系数,从而把不同的外荷载、不同的材料以及不同构件的受力性质等,都用不同的安全系数区别开来,使不同的构件具有比较一致的安全度,而部分荷载系数和材料系数基本上是根据统计资料用概率方法确定的。因此,这种计算方法被称为半经验、半概率的“三系数”极限状态设计法。原《公路桥规》(1985)采用的就是这种设计方法。

2.1　结构功能要求

2.1.1　作用、作用效应及结构抗力

1)作用

作用,一般指施加在结构上的集中力或者均布荷载,如汽车自重、结构自重等,或引起结构变形的原因,如地震、温度变化、基础不均匀沉降、混凝土收缩、焊接沉降等。前者为直接作用,也称为荷载;后者为间接作用,不宜称为荷载。

按随时间的变异性和出现的可能性,结构上的作用可分为 3 类:

①永久作用(恒载):在结构使用期间,其量值不随时间变化,或其变化值与平均值比较可忽略不计的作用。

②可变作用:在结构使用期间,其量值随时间变化,且其变化值与平均值相比较不可忽略的作用。

③偶然作用:在结构使用期间出现的概率很小,一旦出现,其值很大且持续时间很短的作用。

各类作用列于表 2.1。

表 2.1　作用分类

编　号	作用分类	作用名称
1	永久作用(恒载)	结构重力(包括结构附加重力)
2		预加力
3		土的重力
4		土侧压力
5		混凝土收缩及徐变作用
6		水的浮力
7		基础变位作用
8	可变作用	汽车荷载
9		汽车冲击力
10		汽车离心力
11		汽车引起的土侧压力
12		人群荷载
13		汽车制动力
14		风力
15		流水压力
16		冰压力
17		温度(均匀温度和梯度温度)作用
18		支座摩阻力

续表

编　号	作用分类	作用名称
19	偶然作用	地震作用
20		船舶或漂流物的撞击作用
21		汽车撞击作用

2）作用效应

作用效应是作用在结构上引起的反应,如弯矩、挠度、扭矩等。若作用为直接作用,则其效应称为荷载效应。在线弹性结构中,荷载 Q 与荷载效应 S 近似为线性关系:

$$S = cQ \tag{2.1}$$

其中,c 为荷载效应系数,如受均布荷载作用的简支梁,跨中弯矩值为 $M = 0.125ql_0^2$。此处,M 相当于荷载效应 S,q 相当于荷载 Q,$0.125l_0^2$ 相当于荷载效应系数 c。

3）结构抗力

结构抗力 R 是指整个结构或结构构件承受作用效应(即内力和变形)的能力,如构件的承载能力、刚度等。混凝土结构构件的截面尺寸、混凝土强度等级以及钢筋的种类、配筋的数量及方式等确定后,构件截面便具有一定的抗力。抗力可按一定的计算模式确定。影响抗力的主要因素有材料性能(强度、变形模量等)、几何参数(构件尺寸)等和计算模式的精确性(抗力计算所采用的基本假设和计算公式不够精确等)。这些因素都是随机变量,因此由这些因素综合而成的结构抗力 R 也是一个随机变量。

2.1.2　结构功能要求

结构设计的目的就是使所设计的结构在规定的时间内满足安全可靠、经济合理、适用耐久的要求。

1）安全性

在正常施工和使用条件下,结构应能承受可能出现的各种载荷作用和变形而不发生破坏;在偶然事件发生后,结构仍能保持必要的整体稳定性。

2）适用性

结构在正常使用条件下应具有良好的工作性能,不发生过大的变形或振动。

3）耐久性

在正常维护的条件下,结构应能在预计使用的年限内满足各项功能要求。例如,房屋不因为混凝土的老化、腐蚀或钢筋的锈蚀等而影响结构的使用寿命。

上述功能概括称为结构的可靠性。

2.1.3　结构的可靠性与可靠度

结构设计的目的,就是要使所设计的结构在规定的时间内能够在具有足够可靠性的前提下,完成全部预定功能的要求。结构的功能是由其使用要求决定的,具体有如下 4 个方面:

①结构应能承受在正常施工和正常使用期间可能出现的各种荷载、外加变形、约束变形等的作用。

②结构在正常使用条件下具有良好的工作性能，如不发生影响正常使用的过大变形或局部损坏。

③结构在正常使用和正常维护的条件下，在规定的时间内，具有足够的耐久性。例如，不发生开展过大的裂缝宽度，不发生由于混凝土保护层碳化导致钢筋的锈蚀。

④在偶然荷载（如地震、强风）作用下或偶然事件（如爆炸）发生时和发生后，结构仍能保持整体稳定性，不发生倒塌。

上述要求中，第①④两项通常是指结构的承载能力和稳定性，关系到人身安全，称为结构的安全性；第②项指结构的适用性；第③项指结构的耐久性。结构的安全性、适用性和耐久性三者总称为结构的可靠性。可靠性的数量描述一般用可靠度，安全性的数量描述则用安全度。由此可见，结构可靠度是结构可完成"预定功能"的概率度量。它建立在统计数学的基础上经计算分析确定，从而给结构的可靠性一个定量的描述。因此，可靠度比安全度的含义更广泛，更能反映结构的可靠程度。

根据当前国际上的一致看法，结构可靠度是指结构在规定的时间内，在规定的条件下，完成预定功能的概率。这里所说的"规定时间"是指对结构进行可靠度分析时，结合结构使用期，考虑各种基本变量与时间的关系所取用的基准时间参数；"规定的条件"是指结构正常设计、正常施工和正常使用的条件，即不考虑人为过失的影响；"预定功能"是指上面提到的 4 项基本功能。

结构不满足或满足其功能要求的事件是随机的。一般把出现前一事件的概率称为结构的"失效概率"，记为 P_f；把出现后一事件的概率称为"可靠概率"，记为 P_r。由概率论可知，这两者是互补的，即 $P_f + P_r = 1.0$。

2.1.4　设计基准期

可靠度概念中的"规定时间"即设计基准期，是在进行结构可靠性分析时，考虑持久设计状况下各项基本变量与时间关系所采用的基准时间参数。可参考结构使用寿命的要求适当选定，但不能将设计基准期简单地理解为结构的使用寿命，两者是有联系的，然而又不完全等同。当结构的使用年限超过设计基准期时，表明它的失效概率可能会增大，不能保证其目标可靠指标，但不等于结构丧失所要求的功能甚至报废。例如，桥梁结构的设计基准期定义为 $T = 100$ 年，但到了 100 年时不一定该桥梁就不能使用了。一般来说，使用寿命长，设计基准期也可以长一些；使用寿命短，设计基准期应短一些。通常，设计基准期应该小于寿命期。影响结构可靠度的设计基本变量，如车辆作用、人群作用、风作用、温度作用等，都是随时间变化的。设计变量取值大小与时间长短有关，从而直接影响结构可靠度。因此，必须参照结构的预期寿命、维护能力和措施等规定结构的设计基准期。目前，国际上对设计基准期的取值尚不统一，但多取 50 ~ 120 年。根据我国公路桥梁的使用现状和以往的设计经验，我国公路桥梁结构的设计基准期统一取为100 年，属于适中时域。

2.2 结构的极限状态

2.2.1 极限状态的定义和分类

结构是否满足结构功能要求,结构工作状态是可靠还是失效,要有一个明确的标准,这个标准用"极限状态"来衡量。当整个结构或结构的一部分超过某一特定状态(可靠和失效的界限)而不能满足设计规定的某一要求时,则此状态称为结构的极限状态。《工程结构可靠性设计统一标准》(GB 50153—2008)将结构的极限状态分为承载能力极限状态和正常使用极限状态两类。

1) 承载能力极限状态

承载能力极限状态是指结构或构件达到最大承载能力,或达到不适于继续承载的变形的极限状态。对应于结构或结构件达到最大承载能力或不适于继续承载的变形,它包括结构件或连接因强度超过而破坏,结构或其一部分作为刚体而失去平衡(倾覆或滑移),在反复荷载下构件或连接发生疲劳破坏等。

当结构或结构构件出现下列状态之一时,应认为超过了承载能力极限状态:

①整个结构或结构的一部分作为刚体失去平衡(如倾覆、滑移等);

②结构构件或连接因超过材料强度而破坏(包括疲劳破坏),或因过度变形而不适于继续承载;

③结构转变为机动体系;

④结构或结构构件丧失稳定(如压屈等);

⑤地基丧失承载能力而破坏(如失稳等)。

承载能力极限状态涉及结构的安全问题,可能导致人员伤亡和财产重大损失,所以必须具有较高的可靠度。

2) 正常使用极限状态

正常使用极限状态对应于结构或构件达到正常使用或耐久性能的某项规定的限值。

当结构或结构构件出现下列状态之一时,应认为超过了正常使用极限状态:

①影响正常使用或外观的变形,如梁挠度过大影响观瞻或导致非结构构件的开裂等;

②影响正常使用或耐久性能的局部损坏(包括裂缝);

③影响正常使用的振动;

④影响正常使用的其他特定状态,如沉降量过大等。

正常使用极限状态涉及结构适用性和耐久性问题,可以理解为对结构使用功能的损害导致结构质量的恶化,但对人身伤害较小,相比承载能力极限状态其可靠度可适当降低,即使如此,设计中仍需重视。例如,结构构件出现过大的裂缝,不但会引起人们心理不适,也会加剧钢筋锈蚀,间接带来更大的工程事故;再如,桥梁主梁挠度过大将会造成桥面不平整,行车不平顺,行车时冲击和振动过大。

2.2.2　结构极限状态方程

所有结构或结构构件中都存在着对立的两个方面:作用效应 S 和结构抗力 R。

如前所述,作用是指使结构产生内力、变形、应力和应变的所有原因,它分为直接作用和间接作用两种。直接作用是指施加在结构上的集中力或分布力,如汽车、人群、结构自重等;间接作用是指引起结构外加变形和约束变形的原因,如地震、基础不均匀沉降、混凝土收缩、温度变化等。作用效应 S 是指结构对所受作用的反应,如由于作用产生的结构或构件内力(如轴力、弯矩、剪力、扭矩等)和变形(挠度、转角等)。结构抗力 R 是指结构构件承受内力和变形的能力,如构件的承载能力和刚度等,它是结构材料性能和几何参数等的函数。

作用效应 S 和结构抗力 R 都是随机变量,因此,结构不满足或满足其功能要求的事件也是随机的。一般把出现前一事件的概率称为结构的失效概率,记为 P_f;把出现后一事件的概率称为可靠概率,记为 P_r。由概率论可知,这二者是互补的,即 $P_f + P_r = 1.0$。

如前所述,当只有作用效应 S 和结构抗力 R 两个基本变量时,则功能函数为:

$$Z = g(R,S) = R - S \tag{2.2}$$

相应的极限状态方程可写作:

$$Z = g(R,S) = R - S = 0 \tag{2.3}$$

式(2.3)为结构或构件处于极限状态时,各有关基本变量的关系式。它是判别结构是否失效和进行可靠度分析的重要依据。

当 $Z > 0$ 时,结构处于可靠状态;当 $Z < 0$ 时,结构处于失效状态;当 $Z = 0$ 时,结构处于极限状态。

当结构按极限状态设计时,应满足下式要求:

$$Z = g(R,S) \geq 0 \tag{2.4}$$

2.3　结构极限状态实用设计

2.3.1　承载能力极限状态设计

公路桥涵承载能力极限状态是对应于桥涵及其构件达到最大承载能力或出现不适于继续承载的变形或变位的状态。

按照《工程结构可靠性设计统一标准》(GB 50153—2008)的规定,公路桥涵进行持久状况承载能力极限状态设计时,为使桥涵具有合理的安全性,应根据桥涵结构破坏所产生后果的严重程度,按表 2.2 划分的 3 个安全等级进行设计,以体现不同情况的桥涵的可靠度差异。在计算上,不同安全等级是用结构重要性系数(对不同安全等级的结构,为使其具有规定的可靠性而采用的作用效应附加的分项系数)γ_0 来体现的。γ_0 的取值如表 2.2 所示。

表2.2 公路桥涵结构的安全等级

安全等级	破坏后果	桥涵类型	结构重要性系数 γ_0
一级	很严重	特大桥、重要大桥	1.1
二级	严重	大桥、中桥、重要小桥	1.0
三级	不严重	小桥、涵洞	0.9

表2.2中所列特大、大、中桥等按《公路桥涵设计通用规范》（JTG D60—2015）的单孔跨径确定,对多跨不等跨桥梁,以其中最大跨径为准;表中冠以"重要"的大桥和小桥,指高速公路、国防公路及城市附近交通繁忙的城郊公路上的桥梁。

一般情况下,同一座桥梁只宜取一个设计安全等级,但对个别构件,也允许在必要时作安全等级的调整,但调整后的级差不应超过一个等级。

公路桥涵的持久状态设计按承载能力极限状态的要求,对构件进行承载力及稳定计算,必要时还应对结构的倾覆和滑移进行验算。进行承载能力极限状态计算时,作用（或荷载）的效应（其中汽车荷载应计入冲击系数）应采用其组合设计值;结构材料性能采用其强度设计值。

《公路桥规》规定桥梁构件的承载能力极限状态的计算以塑性理论为基础,设计的原则是作用效应最不利组合（基本组合）的设计值必须小于或等于结构抗力的设计值,其基本表达式为:

$$\gamma_0 S_d \leqslant R \qquad (2.5)$$
$$R = R(f_d, a_d) \qquad (2.6)$$

式中　　γ_0——桥梁结构的重要性系数,按表2.2取用;

　　　　S_d——作用（或荷载）效应（其中汽车荷载应计入冲击系数）的基本组合设计值;

　　　　R——构件承载力设计值;

　　　　f_d——材料强度设计值;

　　　　a_d——几何参数设计值,当无可靠数据时,可采用几何参数标准值 a_k,即设计文件规定值。

2.3.2　正常使用极限状态设计

公路桥涵正常使用极限状态是指对应于桥涵及其构件达到正常使用或耐久性的某项限值的状态。正常使用极限状态计算在构件持久状况设计中占有重要地位,尽管不像承载能力极限状态计算那样直接涉及结构的安全可靠问题,但如果设计不好,也有可能间接引发结构的安全问题。

公路桥涵的持久状态设计按正常使用状态的要求进行计算,是以结构弹性理论或弹塑性理论为基础,采用作用（或荷载）的短期效应组合、长期效应组合或短期效应组合并考虑长期效应组合的影响,对构件的抗裂、裂缝宽度和挠度进行验算,并使各项计算值不超过《公路桥规》规定的各相应限值。采用的极限状态设计表达式为:

$$S \leqslant C_1 \qquad (2.7)$$

式中　S——正常使用极限状态的作用（或荷载）效应组合设计值;

C_1——结构构件达到正常使用要求所规定的限值,如变形、裂缝宽度和截面抗裂的应力限值。

2.3.3　作用代表值

结构或结构构件设计时,针对不同设计目的所采用的作用代表值不同,它包括作用标准值、可变作用准永久值和可变作用频遇值等。

1)作用标准值

作用标准值是结构或结构构件设计时,采用各种作用的基本代表值。其值可根据作用在设计基准期内最大概率分布的某一分值确定;若无充分资料时,可根据工程经验,经分析后确定。

永久作用采用标准值作为代表值。对结构自重,永久作用的标准值可按结构构件的设计尺寸与材料单位体积的自重(重力密度)计算确定。

承载能力极限状态设计及按弹性阶段计算结构强度(应力)时采用标准值作为可变作用的代表值,可变作用的标准值可按《公路桥涵设计通用规范》(JTG D60—2015)规定采用。

2)可变作用准永久值

在设计基准期间,可变作用超越的总时间约为设计基准期一半的作用值。它是对在结构上经常出现的且量值较小的荷载作用取值。结构在正常使用极限状态按长期效应(准永久)组合设计时采用准永久值作为可变作用的代表值,实际上是考虑可变作用的长期作用效应而对标准值的一种折减,可计为 $\psi_2 Q_k$。其中折减系数 ψ_2 称为准永久值系数。

3)可变作用频遇值

在设计基准期间,可变作用超越的总时间为规定的较小比率或超越次数为规定次数的作用值。它是指结构上较频繁出现的且量值较大的荷载作用取值。

正常使用极限状态按短期效应(频遇)组合设计时,采用频遇值为可变作用的代表值。可变作用频遇值为可变作用标准值乘以频遇值系数,《公路桥规》将频遇值系数用 ψ_1 表示。

2.3.4　作用效应组合

公路桥涵结构设计时,应当考虑到结构上可能出现的多种作用。例如,桥涵结构构件上除构件永久作用(如自重等)外,可能同时出现汽车荷载、人群荷载等可变作用。按《公路桥规》要求,这时应按承载能力极限状态和正常使用极限状态,结合相应的设计状况,进行作用效应组合,并取其最不利组合进行设计。

作用效应组合是结构上几种作用分别产生的效应的随机叠加,而作用效应最不利组合是指所有可能的作用效应组合中对结构或结构构件产生总效应最不利的一组作用效应组合。

1)承载能力极限状态计算时作用效应组合

《公路桥规》规定,按承载能力极限状态设计时,应根据各自的情况选用基本组合和偶然组合中的一种或两种作用效应组合。下面介绍作用效应基本组合表达式。

基本组合是承载能力极限状态设计时,永久作用标准值效应与可变作用标准值效应的组合,基本表达式为:

$$\gamma_0 S_d = \gamma_0 \left(\sum_{i=1}^{m} \gamma_{Gi} S_{Gik} + \gamma_{Q1} S_{Q1k} + \psi_c \sum_{j=2}^{n} \gamma_{Qj} S_{Qjk} \right) \tag{2.8}$$

式中　γ_0——桥梁结构的重要性系数,按结构设计安全等级采用,对于公路桥梁,安全等级一级、二级和三级,分别为 1.1、1.0 和 0.9;

γ_{Gi}——第 i 个永久作用效应的分项系数,当永久作用效应(结构重力和预应力作用)对结构承载力不利时,$\gamma_G = 1.2$;对结构的承载能力有利时,其分项系数 γ_G 的取值为 1.0;其他永久作用效应的分项系数详见《公路桥规》;

S_{Gik}——第 i 个永久作用效应的标准值;

γ_{Q1}——汽车荷载效应(含汽车冲击力、离心力)的分项系数,$\gamma_{Q1} = 1.4$;当某个可变作用在效应组合中超过汽车荷载效应时,则该作用取代汽车荷载,其分项系数应采用汽车荷载的分项系数;对于专为承受某作用而设置的结构或装置,设计时该作用的分项系数取与汽车荷载同值;

S_{Q1k}——汽车荷载效应(含汽车冲击力、离心力)的标准值;

γ_{Qj}——在作用效应组合中除汽车荷载效应(含汽车冲击力、离心力)、风荷载外的其他第 j 个可变作用效应的分项系数,取 $\gamma_{Qj} = 1.4$,但风荷载的分项系数取 $\gamma_{Qi} = 1.1$;

S_{Qjk}——在作用效应组合中除汽车荷载效应(含汽车冲击力、离心力)外的其他第 j 个可变作用效应的标准值;

ψ_c——在作用效应组合中除汽车荷载效应(含汽车冲击力、离心力)外的其他可变作用效应的组合系数;当永久作用与汽车荷载和人群荷载(或其他一种可变作用)组合时,人群荷载(或其他一种可变作用)的组合系数 $\psi_c = 0.80$;当其除汽车荷载(含汽车冲击力、离心力)外尚有两种可变作用参与组合时,其组合系数取 $\psi_c = 0.70$;尚有 3 种其他可变作用参与组合时,$\psi_c = 0.60$;尚有 4 种及多于 4 种的可变作用参与组合时,$\psi_c = 0.50$。

2) 正常使用极限状态计算时作用效应组合

《公路桥规》规定,按正常使用极限状态设计时,应根据不同结构不同的设计要求,选用以下一种或两种效应组合:

(1) 作用短期效应组合

作用短期效应组合是永久作用标准值效应与可变作用频遇值效应的组合,其基本表达式为:

$$S_{sd} = \sum_{i=1}^{m} S_{Gik} + \sum_{j=1}^{n} \psi_{1j} S_{Qjk} \tag{2.9}$$

式中　S_{sd}——作用短期效应组合设计值;

ψ_{1j}——第 j 个可变作用效应的频遇值系数,汽车荷载(不计冲击力)$\psi_1 = 0.7$,人群荷载 $\psi_1 = 1.0$,风荷载 $\psi_1 = 0.75$,温度梯度作用 $\psi_1 = 0.8$,其他作用 $\psi_1 = 1.0$;

$\psi_{1j} S_{Qjk}$——第 j 个可变作用效应的频遇值。

其他符号意义同前。

(2) 作用长期效应组合

作用长期效应组合是永久作用标准值效应与可变作用准永久值效应的组合,其基本表达式为:

$$S_{ld} = \sum_{i=1}^{m} S_{Gik} + \sum_{j=1}^{n} \psi_{2j} S_{Qjk} \tag{2.10}$$

式中 S_{ld}——作用长期效应组合设计值;

ψ_{2j}——第 j 个可变作用效应的准永久值系数,汽车荷载(不计冲击力)$\psi_2 = 0.4$,人群荷载 $\psi_2 = 0.4$,风荷载 $\psi_2 = 0.75$,温度梯度作用 $\psi_2 = 0.8$,其他作用 $\psi_2 = 1.0$;

$\psi_{2j} S_{Qjk}$——第 j 个可变作用效应的准永久值。

其他符号意义同前。

【例 2.1】 钢筋混凝土简支梁桥主梁在结构重力、汽车荷载和人群荷载作用下,分别得到在主梁的 $\frac{1}{4}$ 跨径处截面的弯矩标准值为:结构重力产生的弯矩 $M_{Gk} = 552$ kN·m;汽车荷载弯矩 $M_{Q1k} = 459.7$ kN·m(已计入冲击系数);人群荷载弯矩 $M_{Q2k} = 40.6$ kN·m。进行设计时的作用效应组合计算。

【解】 (1)承载能力极限状态设计时作用效应的基本组合

钢筋混凝土简支梁桥主梁现按结构的安全等级为二级,取结构重要性系数为 $\gamma_0 = 1.0$。永久作用效应的分项系数,因恒载作用效应对结构承载能力不利,故取 $\gamma_{G1} = 1.2$。汽车荷载效应的分项系数为 $\gamma_{Q1} = 1.4$。对于人群荷载其他可变作用效应的分项系数 $\gamma_{Qj} = 1.4$。本组合为永久作用与汽车荷载和人群荷载组合,故取人群荷载的组合系数 $\psi_c = 0.80$。

按承载能力极限状态设计时,作用效应值基本组合的设计值为:

$$\begin{aligned} \gamma_0 M_d &= \gamma_0 \left(\sum_{i=1}^{m} \gamma_{Gi} S_{Gik} + \gamma_{Q1} S_{Q1k} + \psi_c \sum_{j=2}^{n} \gamma_{Qj} S_{Qjk} \right) \\ &= 1.0 \times (1.2 \times 552 + 1.4 \times 459.7 + 0.80 \times 1.4 \times 40.6) \\ &= 1351.452 (\text{kN·m}) \end{aligned}$$

(2)正常使用极限状态设计时作用效应组合

①作用短期效应组合。根据《公路桥规》规定,汽车荷载作用效应应不计入冲击系数,计算得到不计冲击系数的汽车荷载弯矩标准值 $M_{Q1k} = 385.98$ kN·m。汽车荷载作用效应的频遇值系数 $\psi_{11} = 0.7$,人群荷载作用效应的频遇值系数 $\psi_{12} = 1.0$。由式(2.9)可得到作用短期效应组合设计值为:

$$\begin{aligned} M_{sd} &= M_{Gk} + \psi_{11} M_{Q1k} + \psi_{12} M_{Q2k} \\ &= 552 + 0.7 \times 385.98 + 1.0 \times 40.6 \\ &= 862.786 (\text{kN·m}) \end{aligned}$$

②作用长期效应组合。不计冲击系数的汽车荷载弯矩标准值 $M_{Q1k} = 385.98$ kN·m,汽车荷载作用效应的准永久值系数 $\psi_{21} = 0.4$,人群荷载作用效应的准永久值系数 $\psi_{22} = 0.4$。由式(2.10)可得到作用长期效应组合设计值为:

$$\begin{aligned} M_{ld} &= \sum_{i=1}^{m} S_{Gik} + \sum_{j=1}^{n} \psi_{2j} S_{Qjk} \\ &= 552 + 0.4 \times 385.98 + 0.4 \times 40.6 \\ &= 722.632 \ (\text{kN·m}) \end{aligned}$$

在后面各章中,本书对于作用效应的标准值符号的下角标均略去"k",以使表达简洁。

2.4 混凝土结构的耐久性设计

2.4.1 混凝土结构的耐久性

所谓混凝土结构的耐久性,是指结构对气候作用、化学侵蚀、物理作用或任何其他破坏过程的抵抗能力。由于混凝土的缺陷(如裂隙、孔道、气泡等)存在,环境中的有害介质可能渗入混凝土内部,产生碳化、冻融、锈蚀等作用而影响混凝土的受力性能,且结构在使用年限内还会受到各种机械物理损伤(磨损、撞击等)及冲刷、侵蚀的作用。混凝土的耐久性问题表现为结构损伤(裂缝、破碎、磨损、熔溶蚀等),钢筋的锈蚀、疲劳、脆化、应力腐蚀,钢筋与和混凝土之间黏结锚固作用的削弱等3个方面。从短期来看,这些问题影响结构的外观和使用性能;从长远来看,则会降低结构的安全性,成为发生事故的隐患,影响结构的耐久性,缩短使用寿命。

2.4.2 影响混凝土结构耐久性的因素

影响混凝土结构耐久性的因素十分复杂,主要取决于以下4个方面因素:
①混凝土材料的自身特性;
②混凝土结构的设计与施工质量;
③混凝土结构所处的环境;
④混凝土结构的使用条件与防护措施。

其中混凝土材料的自身特性和混凝土结构的设计与施工质量是决定混凝土结构耐久性的内因。混凝土是由水泥、水、粗细集料和某些外加剂,经搅拌、浇筑、振捣和养护硬化等过程而形成的人工复合材料,如水灰比(水胶比)、水泥品种和用量集料的种类与级配等都直接影响混凝土结构的耐久性。此外,混凝土的缺陷(如裂缝、气泡、孔穴)都会造成水分和侵蚀性物质渗入混凝土内部,与混凝土发生物理化学作用,影响混凝土结构的耐久性。

混凝土结构所处的环境、使用条件和防护措施是影响混凝土结构耐久性的外因。外界环境因素对混凝土结构的破坏是环境因素对混凝土结构化学作用的结果。环境因素引起的混凝土结构损伤或破坏主要有以下5个方面:

(1)混凝土碳化

混凝土碳化是由于混凝土本身含有大量的毛细孔,空气中二氧化碳与混凝土内部的游离氢氧化钠反应生成碳酸钙,造成混凝土疏松、脱落。碳化使混凝土的碱度降低,当碳化超过混凝土的保护层时,在水与空气存在的条件下,就会使混凝土失去对钢筋的保护作用,钢筋开始生锈。

(2)化学侵蚀

水可以渗入混凝土结构内部,当其中溶入有害化学物质时,即对混凝土的耐久性产生影响。各种有害介质中,其中酸性介质对水泥水化物的侵蚀作用最为明显。被酸性介质侵蚀过的混凝土呈黄色,水泥剥落、集料外露。工业污染、酸雨、酸性土壤及地下水均有可能对混凝土构成酸性腐蚀。

此外,浓碱溶液渗入混凝土结构后混凝土会发生胀裂和剥落;硫酸盐类溶液渗入后与水泥发生化学反应导致结构体积膨胀也会造成混凝土破坏。

（3）碱集料反应

碱集料反应（简称 AAR）是指混凝土原材料中的碱性物质与活性成分发生化学反应，生成膨胀物质（或吸水膨胀物质）而引起混凝土产生内部自膨胀应力而开裂的现象。由于碱集料反应一般是在混凝土成型后的若干年后逐渐发生，其结果是造成混凝土耐久性下降，严重时还会使混凝土丧失使用价值。由于反应发生在整个混凝土结构中，反应造成的破坏既难以预防，又难于阻止，更不易修补和挽救，故被称为混凝土的"癌症"。

（4）冻融循环破坏

渗入混凝土结构内部的水在低温下结冰体积膨胀，从而破坏混凝土的微观结构，经多次冻融循环后，结构损伤积累最终导致混凝土剥落酥裂，强度降低。

（5）钢筋腐蚀

钢筋腐蚀是影响钢筋混凝土结构耐久性和使用寿命的重要因素。混凝土中钢筋腐蚀的首要因素是混凝土的碳化与剥落；钢筋腐蚀的同时伴有体积膨胀，混凝土出现沿钢筋的纵向裂缝，造成混凝土与钢筋之间的黏结力减弱，钢筋截面面积减小，构件承载力降低、变形和裂缝扩展等一系列不良后果，并且随着时间推移，腐蚀会逐渐恶化，最终可能导致结构的完全破坏。

钢筋的腐蚀一般可分为电化学腐蚀、化学腐蚀和应力腐蚀 3 种。值得注意的是，几乎所有腐蚀都需要水作为介质。另一方面，几乎所有的侵蚀作用对混凝土结构的破坏，都会引起混凝土膨胀、最终导致混凝土结构开裂，且混凝土结构开裂后，侵蚀速度将大大加快，混凝土结构的耐久性将进一步降低。在影响混凝土结构耐久性的诸多因素中，钢筋腐蚀的危害最大。钢筋腐蚀与混凝土的碳化、氯盐的侵蚀以及水分、氧气的存在等条件是分不开的。

2.4.3　混凝土结构耐久性设计原则

混凝土桥梁结构的耐久性取决于混凝土材料自身特性和结构的使用环境，与结构设计、施工及养护管理密切相关。综合国内外研究成果，结合工程经验，针对桥梁结构，提出以下 3 个提高混凝土结构耐久性的措施：

①采用高耐久性混凝土，提高混凝土自身抗破损能力；

②加强桥面排水和防水层设计，改善桥梁环境作用条件；

③进一步改进桥梁结构设计，如采用具有防腐保护的钢筋（如无黏结预应力筋、环氧涂层钢筋、体外预应力筋等），加强构造配筋、控制裂缝发展，加大混凝土保护层厚度等。

本章小结

本章讲述了结构的功能要求、作用与作用效应、结构抗力、结构的极限状态、结构的可靠度以及极限状态设计基本方法、结构的耐久性等。

1. 结构上的作用是指施加在结构上的荷载以及引起结构产生内力或变形等各种效应的因素的总称。结构上的作用分为直接作用和间接作用两种。其中，直接作用也称为荷载。荷载又分为恒载（永久荷载）和活载（可变荷载）两种。活荷载有标准值、频遇值、准永久值 3 种代表值，分别作用于极限状态设计的不同场合，其中标准值是荷载最基本的代表值。

2. 整个结构或结构的某一部分超过某一特定状态（极限状态），就不能满足结构的安全性、适用性和耐久性要求。结构的极限状态分为承载能力极限状态和正常使用极限状态两类。设计钢筋混凝土结构或构件时,都必须进行承载力验算,同时还应对正常使用极限状态进行验算,以确保结构满足安全性、适用性、耐久性要求。

3. 按《公路桥规》要求,应按承载能力极限状态和正常使用极限状态,结合相应的设计状况,进行作用效应组合,并取其最不利组合进行设计。作用效应组合是结构上几种作用分别产生的效应的随机叠加,而作用效应最不利组合是指所有可能的作用效应组合中对结构或结构构件产生总效应最不利的一组作用效应组合。

思考练习题

2.1　结构的功能包括哪几方面的内容? 什么是结构的可靠性?

2.2　结构的设计基准期和使用寿命有何区别?

2.3　什么是极限状态?《公路桥规》规定了哪两类结构的极限状态?

2.4　试解释名词:作用、直接作用、间接作用、抗力。

2.5　《公路桥规》规定了结构设计哪 3 种状况?

2.6　结构承载能力极限状态和正常使用极限状态设计计算原则是什么?

2.7　什么是材料强度的标准值和设计值?

2.8　作用分为几类? 什么是作用的标准值、可变作用的准永久值和可变作用的频遇值?

2.9　钢筋混凝土梁的支点截面处,结构重力产生的剪力标准值 $V_{Gk} = 187.01$ kN;汽车荷载产生的剪力标准值 $V_{Q1k} = 261.76$ kN;冲击系数 $(1 + \mu) = 1.19$;人群荷载产生的剪力标准值 $V_{Q2k} = 57.2$ kN;温度梯度作用产生的剪力标准值 $V_{Q3k} = 41.5$ kN。参照例题 2.1,试进行正常使用极限状态设计时的作用效应组合计算。

第3章 受弯构件正截面承载力计算

【本章导读】

本章讲述受弯构件的基本概念、一般要求及承载力设计计算与复核。通过本章学习,掌握适筋梁在不同阶段的受力特征、受弯构件正截面承载力的设计计算公式及适用条件;掌握受弯构件单筋矩形截面、双筋矩形截面及 T 形截面的正截面承载力设计方法;熟悉受弯构件正截面承载力复核方法及受弯构件的有关构造要求。

【重点】

受弯构件正截面破坏特征;单筋矩形截面、双筋矩形截面及 T 形截面的正截面设计与承载力复核。

【难点】

单筋矩形截面、双筋矩形截面及 T 形截面的正截面承载力设计方法。

3.1 钢筋混凝土受弯构件的构造要求

3.1.1 受弯构件概述

结构中,同时受到弯矩 M 和剪力 V 共同作用,而轴力 N 可以忽略的构件称为受弯构件(图 3.1)。

梁和板是土木工程中数量最多、应用最广的受弯构件。梁和板的区别:梁的截面高度一般大于其宽度,而板的截面高度则远小于其宽度。

受弯构件常用的截面形状如图 3.2 所示。

受弯构件的破坏分为正截面受弯破坏和斜截面破坏(图3.3)。正截面受弯破坏是沿弯矩最大的截面破坏,破坏截面与构件的轴线垂直;斜截面破坏沿剪力最大或弯矩和剪力都较大的截面进行,破坏截面与构件轴线斜交。

进行受弯构件设计时,要进行正截面承载力和斜截面承载力计算。本章节主要讨论受弯构件正截面承载力计算问题。

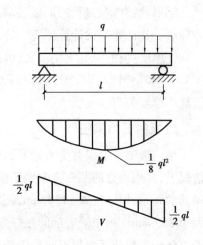

图 3.1 受弯构件弯矩和剪力图

按照支承条件不同,板和梁可分为简支的、悬臂的和连续的 3 种类型,其受力简图、构造也不尽相同。对于钢筋混凝土受弯构件的设计,承载力计算和构造措施都很重要。工程实践证明,只有在精确计算的前提下,采取合理的构造措施,才能使设计出的结构安全适用、经济合理。

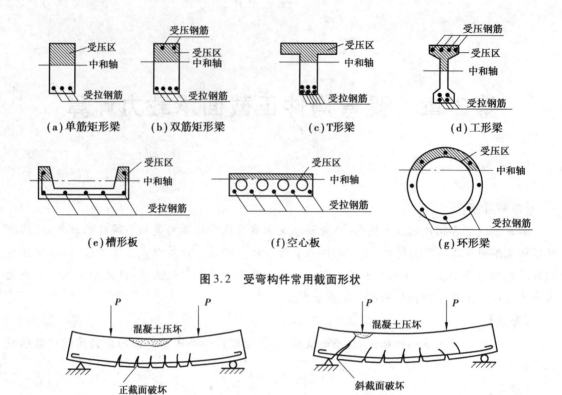

图 3.2　受弯构件常用截面形状

图 3.3　受弯构件的破坏特性

3.1.2　板的一般构造要求

1) 板的形状与厚度

①形状:有空心板、凹形板、扁矩形板等。它与梁的直观区别是高宽比不同,有时也将板称为扁梁。其计算与梁计算原理一样。

②厚度:板的混凝土用量大,因此应注意其经济性;板的厚度通常不小于板跨度的 1/35(简支)~1/40(弹性约束)或 1/12(悬臂)左右;一般民用现浇板最小厚度为 60 mm;工业建筑现浇板最小厚度为 70 mm。

2) 板的受力钢筋

单向板中一般仅有受力钢筋和分布钢筋,双向板中两个方向均为受力钢筋(图 3.4)。一般情况下,互相垂直的两个方向钢筋应绑扎或焊接形成钢筋网。当采用绑扎钢筋配筋时,其受力钢筋的间距:板厚度 $h \leqslant 150$ mm,不应大于 200 mm;板厚度 $h > 150$ mm,不应大于 1.5 h,且不应大于 250 mm。板中受力筋间距一般不小于 70 mm,由板中伸入支座的下部钢筋,其间距不应大于 400 mm,其截面面积不应小于跨中受力钢筋截面面积的 1/3,其锚固长度 l_{as} 不应小于 5d(d 为钢筋直径)。板中弯起钢筋的弯起角不宜小于 30°。

板的受力钢筋直径一般为 6 mm、8 mm、10 mm。

对于嵌固在砖墙内的现浇板,在板的上部应配置构造钢筋,并应符合下列规定:

①钢筋间距不应大于 200 mm,直径不宜小于 8 mm(包括弯起钢筋在内),其伸出墙边的长度不应小于 $l_1/7$(l_1 为单向板的跨度或双向板的短边跨度)。

②对两边均嵌固在墙内的板角部分,应双向配置上部构造钢筋,其伸出墙边的长度不应小于 $l_1/4$ 。

③沿受力方向配置的上部构造钢筋,直径不宜小于 6 mm,且单位长度内的总截面面积不应小于跨中受力钢筋截面面积的 1/3。

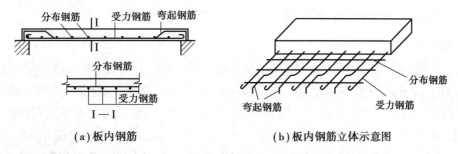

（a）板内钢筋　　　　　　　（b）板内钢筋立体示意图

图 3.4　板内钢筋骨架

3）板的分布钢筋

分布钢筋的作用:

①固定受力钢筋;

②把荷载均匀分布到各受力钢筋上;

③承担混凝土收缩及温度变化引起的应力。

当按单向板设计时,除沿受力方向布置受力钢筋外,还应在垂直受力方向布置分布钢筋。单位长度上分布钢筋的截面面积不应小于单位宽度上受力钢筋截面面积的 15%,且不应小于该方向板截面面积的 0.15%,分布钢筋的间距不宜大于 250 mm,直径不宜小于 6 mm;对于集中荷载较大的情况,分布钢筋的截面面积应适当增加,其间距不宜大于 200 mm。当按双向板设计时,应沿两个互相垂直的方向布置受力钢筋。

在温度和收缩应力较大的现浇板区域内尚应布置附加钢筋。附加钢筋的数量可按计算或工程经验确定,并宜沿板的上、下表面布置。沿一个方向增加的附加钢筋配筋率不宜小于 0.2%,其直径不宜过大,间距宜为 150~200 mm,并应按受力钢筋确定该附加钢筋伸入支座的锚固长度。

4）板中钢筋的保护层及有效高度

为了不使钢筋锈蚀而影响构件的耐久性,并保证钢筋与混凝土的有效黏结,必须设置混凝土保护层厚度。混凝土保护层厚度是指受力钢筋的外边缘到混凝土截面外边缘的有效距离。行车道板、人行道板的主钢筋保护层厚度:Ⅰ类环境为 30 mm,Ⅱ类环境为 40 mm,Ⅲ、Ⅳ类环境为 45 mm;分布钢筋的最小保护层厚度:Ⅰ类环境为 15 mm,Ⅱ类环境为 20 mm,Ⅲ、Ⅳ类环境为 25 mm。

3.1.3　梁的一般构造要求

1）梁的截面尺寸与形状

①形状:有矩形、T 形、花篮形、工字形、L 形等多种,根据具体情况确定。

②尺寸:用 $b×h$ 来表示,b 表示梁截面的宽度,h 表示梁截面的高度,矩形梁的高宽比一般

为 2.5 ~ 3.0。T 形梁的高度与梁的跨度、间距及荷载大小有关。公路桥梁中大量采用的 T 形简支梁桥,其梁高与跨径之比为 1/20 ~ 1/10。为便于施工,截面尺寸可参照下列使用:

梁宽 $b = 120$、150、180、200、220、250、300 mm……b 大于 250 mm 时,以 50 mm 倍数增加;

梁高 $h = 250$、300、350……750、800、900 mm……h 大于 250 mm 时,以 100 mm 倍数增加。

2)梁内钢筋布置及种类(图 3.5)

(1)纵向受力钢筋

梁内主钢筋通常放在梁的底部承受拉应力,是梁的主要受力钢筋。梁内纵向受力钢筋直径一般选用 10 ~ 30 mm,一般不超过 40 mm,以满足抗裂要求。在同一根(批)梁中宜采用相同牌号、相同直径的主钢筋,以简化施工。但有时为了节约钢材,也可采用两种不同直径的主钢筋,但直径相差不宜小于 2 mm,以便施工识别。对于 $h \geq 300$ mm 的梁,钢筋直径 $d \geq 10$ mm;对于 $h < 300$ mm 的梁,钢筋直径不宜小于 6 mm。伸入梁的支座范围内纵向受力钢筋数量:当梁宽为 100 mm 及以上时,不应少于 2 根;当梁宽小于 100 mm 时,可为 1 根。

梁内主钢筋应尽量布置成最少的层数。在满足保护层的前提下,简支梁的主钢筋应尽量布置在梁底,以获得较大的内力节约钢材。对于焊接钢筋骨架,钢筋的层数不宜超过 6 层,并应将粗钢筋布置在底部。主钢筋的排列原则应为:由上至下,下粗上细,对称布置,上下左右对齐,便于混凝土的浇筑。主钢筋与弯起钢筋之间的焊缝宜采用双面焊缝,其长度为 5d;钢筋之间的短焊缝长度为 2.5d(d 为主筋直径)。

(2)箍筋

箍筋的作用是保证斜截面抗剪强度,联结受拉钢筋和受压区混凝土,使其共同工作,同时固定纵向钢筋的位置而使梁内各种钢筋构成钢筋骨架,其具体做法及选择详见本书第 4 章。

(3)弯起钢筋(斜筋)

弯起钢筋是为保证斜截面强度而设置的,一般可由纵向受力钢筋弯起而成,也可专门设置弯起钢筋。其具体做法详见本书第 4 章。

(4)架立钢筋

钢筋混凝土梁内需设置架立钢筋,架立钢筋用来固定箍筋位置,形成钢筋骨架,保持箍筋间距,防止钢筋因浇筑振捣混凝土及其他意外因素而产生偏斜,承受由于混凝土收缩及温差变化所产生的内应力。钢筋混凝土 T 梁的架立钢筋直径多为 22 mm,矩形截面梁一般为 10 ~ 14 mm。

(5)腰筋(侧向构造钢筋)

腰筋用以增强钢筋骨架的刚性,增强梁的抗扭能力,并承受侧面发生的内应力(温度变形等)。

(6)拉结筋

拉结筋用以保证腰筋的稳定性,并能承受一定的侧向应力。

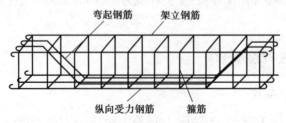

图 3.5　梁内钢筋骨架

3) 梁内钢筋保护层

为使钢筋免于锈蚀,主钢筋至构件边缘的净距应符合规范规定。主钢筋的最小混凝土保护层厚度要求:Ⅰ类环境为 30 mm,Ⅱ类环境为 40 mm,Ⅲ、Ⅳ类环境为 45 mm。梁、板受力构件混凝土最小厚度如表 3.1 所示。

表 3.1 梁、板受力构件混凝土保护层最小厚度

单位:mm

环境类别		梁			板		
		≤C20	C25~C45	≥C50	≤C20	C25~C45	≥C50
一		30	25	25	20	15	15
二	a	—	30	30	—	20	20
	b	—	35	30	—	25	20
三		—	40	35	—	30	25

各主钢筋之间的净距或层与层之间的净距,当钢筋层数小于或等于 3 层时,应不小于 30 mm,且不小于钢筋直径 d;钢筋层数大于 3 层时,不小于 40 mm 或 $1.25d$。

梁内钢筋的位置排布及间距要求如图 3.6 所示。

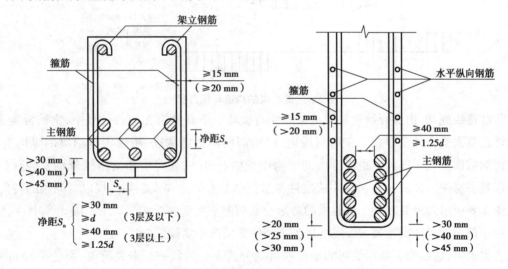

图 3.6 梁内钢筋位置与保护层

规定钢筋的最小间距是为了便于浇筑混凝土以保证混凝土的质量,同时在钢筋周围有足够的混凝土包裹,可保证两者之间可靠的黏结力。

4) 梁截面的有效高度

所谓梁截面的有效高度是指受拉钢筋的重心至混凝土受压区外边缘的垂直距离,它与受拉钢筋的直径及排放位置有关。单排放置钢筋时,$h_0 = h - 25 - 0.5d \approx h - 35$;双排放置钢筋时,$h_0 = h - 60$;可写成 $h_0 = h - a_s$。其中,h_0, h, a_s 释义详见本章 3.3.3 节。

3.2　受弯构件正截面受力全过程和破坏特征

3.2.1　梁的受力性能

图3.7所示为一强度等级为C25的钢筋混凝土简支梁。为消除剪力对正截面受弯的影响，采用两点对称加载方式，使两个对称集中力之间的截面，在忽略自重的情况下，只受纯弯矩而无剪力，称为纯弯区段。在长度为 $l_0/3$ 的纯弯区段布置仪表，以观察加载后梁的受力全过程。

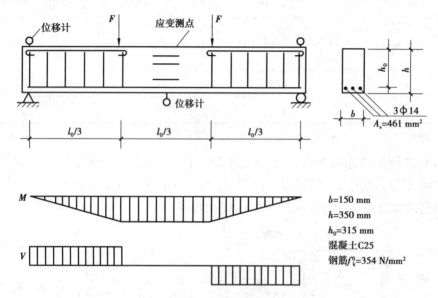

图3.7　试验梁的构造与受力图

荷载逐级施加，由零开始直至梁正截面受弯破坏。下面分析在加载过程中，钢筋混凝土受弯构件正截面受力的全过程。在纯弯段内，沿梁高两侧布置测点，用仪表量测梁的纵向变形。所测得的数值都表示在此标距范围内的平均应变值。另外，在跨中和支座处分别安装百（千）分表以量测跨中的挠度 f（也可采用挠度计量测量挠度），有时还要安装倾角仪以量测梁的转角。

图3.8所示为钢筋混凝土试验梁的弯矩与截面曲率关系曲线实测结果。图3.8中，纵坐标为梁跨中截面的弯矩实验值 M^0，横坐标为梁跨中截面曲率实验值 φ^0。

实验表明，适筋梁正截面受弯的全过程可划分为3个阶段——未裂阶段、裂缝阶段和破坏阶段。

（1）第Ⅰ阶段：混凝土开裂前的未裂阶段（整体工作阶段）

当荷载很小时，截面上的内力很小，应力和应变成正比，截面上的应力分布为直线。这种受力阶段为第Ⅰ阶段，如图3.9（a）所示。

第 $\mathrm{I_a}$ 阶段为整体工作阶段末期。从开始加荷到受拉区混凝土开裂，梁的整个截面均参加受力，故又称为整体工作阶段。当作用增加，混凝土塑性变形不断发展，进入 $\mathrm{I_a}$ 阶段，如图3.9（b）所示。受拉区混凝土应力图呈现曲线形，下缘混凝土拉应力即将达到其抗拉强度极限值，混凝土即将出现裂缝；对受压区混凝土，因其抗压强度远大于抗拉强度，应力图仍接近三角形。

在这一工作阶段，混凝土即将出现裂缝，截面整体工作状态即将结束，故称为整体工作阶段末期。计算钢筋混凝土构件裂缝时,即以此阶段为计算基础。

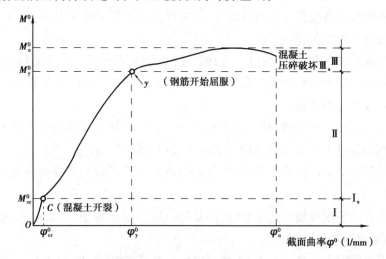

图 3.8　试验梁的 M^0-φ^0 图

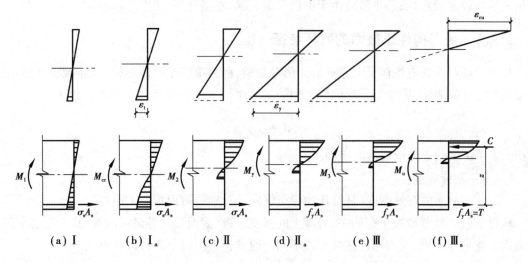

(a) Ⅰ　　(b) Ⅰ$_a$　　(c) Ⅱ　　(d) Ⅱ$_a$　　(e) Ⅲ　　(f) Ⅲ$_a$

图 3.9　适筋梁在各工作阶段的截面应力分布图

(2)第Ⅱ阶段:混凝土开裂后至钢筋屈服前的裂缝阶段(带裂缝工作阶段)

混凝土开裂,截面发生应力重分布,裂缝处混凝土不再承受拉应力,与此同时钢筋的拉应力突然增大,受压区混凝土出现明显的塑性变形,应力图形呈曲线,这个受力阶段称为第Ⅱ阶段,如图3.9(c)所示。当荷载增加到某一数值时,受拉区纵向钢筋达到其屈服强度,这个受力状态为Ⅱ$_a$阶段,如图 3.9(d)所示。

在这一阶段,受拉区混凝土基本退出工作,全部拉力由钢筋单独承受(但钢筋尚未屈服)。按照容许应力法计算构件强度的理论,即以此阶段为基础。

(3)第Ⅲ阶段:钢筋开始屈服至截面破坏的破坏阶段(破坏阶段)

受拉区钢筋屈服后,截面承载力无明显增加,但塑性变形发展很快,裂缝迅速开展,并向受压区延伸;混凝土受压区面积减小,受压区混凝土的压应力迅速增大,这是截面受力的第Ⅲ阶段,如图 3.9(e)所示。

在荷载几乎不变的情况下,裂缝进一步急剧开展,受压区混凝土出现纵向裂缝,混凝土被完全压碎,截面发生破坏,这个受力状态称为第Ⅲ$_a$阶段,如图3.9(f)所示。

进行受弯构件截面各受力工作阶段的分析,可以详细了解截面受力的全过程,而且为裂缝、变形及承载力的计算提供依据。

截面抗裂验算是建立在第Ⅰ$_a$阶段的基础上,即Ⅰ$_a$抗阶段的应力状态是抗裂计算的依据。

构件使用阶段的变形和裂缝宽度验算是建立在第Ⅱ阶段的基础上,即第Ⅱ阶段的应力状态是变形和裂缝宽度计算的依据。

截面的承载力是建立在第Ⅲ$_a$阶段的基础上,即第Ⅲ$_a$阶段是承载力计算的依据。

总结上述钢筋混凝土梁从加荷到破坏的整个过程,可以看出:

①受压区混凝土应力图在第Ⅰ阶段为三角形分布,第Ⅱ阶段为微曲的曲线形,第Ⅲ阶段为高次抛物线形。

②钢筋应力在第Ⅰ阶段增长速度缓慢,第Ⅱ阶段应力增长较快,第Ⅲ阶段钢筋应力达到屈服强度后,应力不再增加,直到破坏。

③梁在第Ⅰ阶段混凝土尚未开裂,梁的挠度增长速度较慢;第Ⅱ阶段由于梁带裂缝工作,挠度增长速度较前阶段快;第Ⅲ阶段由于钢筋屈服,裂缝急剧开展,挠度急剧增加。

3.2.2 受弯构件正截面的破坏特征

仅在受拉区配置有纵向受力钢筋的矩形截面梁,称为单筋矩形截面梁。梁内纵向受力钢筋数量用配筋率 ρ 表示,配筋率是纵向受力钢筋截面面积 A_s 与截面有效面积的百分比。

$$\rho = \frac{A_s}{b\,h_0} \tag{3.1}$$

式中　A_s——纵向受力钢筋截面面积;

　　　b——截面宽度;

　　　h_0——截面的有效高度(从受压边缘至纵向受力钢筋截面重心的距离)。

构件的破坏特征取决于配筋率、混凝土的强度等级、截面形式等诸多因素,其中配筋率的影响最大。配筋率不同,受弯构件破坏形式不同。通常会发生以下3种破坏形式。

1)少筋破坏——脆性破坏

配筋率过低的钢筋混凝土梁称为"少筋梁"。当构件的配筋率低于某一定值时,构件不但承载力很低,而且只要一开裂,裂缝就急速开展,裂缝处的拉力全部由钢筋承担,钢筋由于配置过少,突然增大的应力使得钢筋迅速屈服,构件立即发生破坏。此时,裂缝往往集中出现一条,且开展宽度较大,沿梁高延伸很高,即使受压区混凝土暂未压碎,但由于裂缝过大,也标志着梁的破坏。这种破坏来得突然,故属于"脆性破坏",破坏形态如图3.10(a)所示。

2)适筋破坏——塑性破坏

配筋率适当的钢筋混凝土梁称为"适筋梁"。当构件的配筋率不是太低也不是太高时,构件的破坏首先是受拉区纵向钢筋屈服,然后受压区混凝土压碎。钢筋和混凝土的强度都得到充分利用。破坏前有明显的塑性变形和裂缝预兆。这种梁在破坏前,由于裂缝开展较宽,挠度较大,给人以明显的破坏预兆,故习惯上称为"塑性破坏",破坏形态如图3.10(b)所示。

3)超筋破坏——脆性破坏

配筋率过高的钢筋混凝土梁称为"超筋梁"。当构件的配筋率超过一定值时,构件的破坏是由于混凝土被压碎而引起的。受拉区钢筋不屈服。破坏前有一定变形和裂缝预兆,但不明显。当混凝土被压碎时,破坏突然发生,钢筋的强度得不到充分发挥。由于该梁在破坏前裂缝开展不宽,延伸不多,梁的挠度不大,梁是在没有明显预兆情况下由于受压区混凝土突然压碎而被破坏,破坏带有脆性性质,故习惯上称为"脆性破坏",破坏形态如图 3.10(c) 所示。

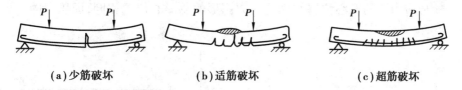

(a)少筋破坏　　　　(b)适筋破坏　　　　(c)超筋破坏

图 3.10　受弯构件正截面破坏形态

综上所述,受弯构件的破坏是受拉钢筋和受压混凝土相互抗衡的结果。当受压混凝土的抗压强度大于受拉钢筋的抗拉能力时,钢筋先屈服;反之,当受拉钢筋的抗拉能力大于受压区混凝土的抗压能力时,受压区混凝土先压碎。

上述 3 种破坏方式中,适筋破坏能充分发挥材料的强度,符合安全、经济的要求,所以在工程中被广泛应用。少筋破坏和超筋破坏都具有脆性性质,破坏前无明显预兆,破坏时将造成严重后果,且材料的强度得不到充分利用。设计时不能将受弯构件设计成少筋构件和超筋构件,只能设计成适筋构件。

3.3　单筋矩形截面梁受弯构件正截面承载力计算

3.3.1　基本假定与等效矩形应力图

1)基本假定

钢筋混凝土受弯构件正截面承载力计算,以 Ⅲ$_a$ 阶段作为承载力极限状态的计算依据,并引入基本假定:

①平截面假定。构件正截面弯曲变形后,其截面依然保持平面,截面应变分布服从平截面假定,即截面内任意点的应变与该点到中性轴的距离成正比,钢筋与外围混凝土的应变相同。

国内外大量试验也表明,从加载开始至破坏,若受拉区的应变是采用跨过几条裂缝的长标距量测时,所测得破坏区段的混凝土及钢筋的平均应变,基本上符合平截面假定。

②不考虑混凝土的抗拉强度。即认为拉力全部由受拉钢筋承担,虽然在中性轴附近尚有部分混凝土承担拉力,但与钢筋承担的拉力或混凝土承担的压力相比,数值很小,且合力离中性轴很近,承担的弯矩可以忽略。

③受压区混凝土的应力-应变关系。不考虑下降段,并简化为如图 3.11 所示形式。

④钢筋应力-应变关系(图 3.12)。钢筋应力取等于钢筋应变与其弹性模量的乘积,但其绝对值不应大于其强度设计值。

2)等效矩形应力图

对于受弯构件受压区混凝土的压应力分布图,理论上可根据平截面假定得出每一根纤维的应变值,再从混凝土应力-应变曲线中找到相应的压力值,从而可以求出压区混凝土的应力分布

图。为了简化计算,国内、外规范多以等效矩形应力图形来代替压区混凝土应力图形。等效的原则如下:

①等效矩形应力图的面积与理论图形(即二次抛物线加矩形图)的面积相等,即压应力合力大小相等;

②等效矩形应力图的形心位置与理论应力图形的总形心位置相同,即压力的合力作用点不变。

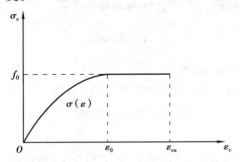

图 3.11 混凝土应力-应变设计曲线

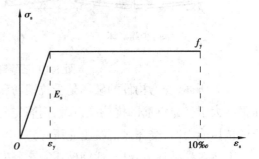

图 3.12 钢筋应力-应变设计曲线

根据以上条件及图 3.13,为简化计算,具体换算结果如图 3.14 所示。图 3.14 中,x_c 为实际受压区高度,《混凝土结构设计规范》(GB 50100—2010)规定,取 $x = \beta_1 x_c$,并取换算矩形应力图的应力为 $\alpha_1 f_c$。

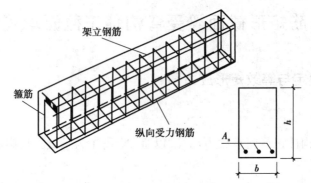

图 3.13 单筋矩形截面梁配筋

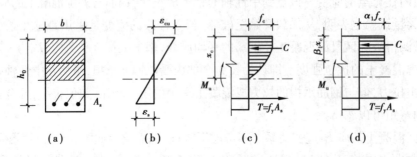

图 3.14 等效矩形应力图

系数 α_1 和 β_1 的取值如表 3.2 所示。

表 3.2　系数 α_1 和 β_1

混凝土等级	≤C50	C55	C60	C65	C70	C75	C80
α_1	1.00	0.99	0.98	0.97	0.96	0.95	0.94
β_1	0.80	0.79	0.78	0.77	0.76	0.75	0.74

3.3.2　适筋梁的基本条件

1）相对受压区高度与配筋率

（1）相对受压区高度 ξ

ξ 定义为正截面混凝土受压区高度 x 与有效高度 h_0 的比值：

$$\xi = \frac{x}{h_0} \tag{3.2}$$

（2）相对界限受压区高度 ξ_b

处于界限破坏状态的梁正截面混凝土受压区高度 x_u 与截面有效高度 h_0 的比值 ξ_b 表示，称为相对界限受压区高度。《混凝土结构设计规范》（GB 50100—2010）按下式计算：

$$\xi_b = \frac{\beta_1}{1 + \dfrac{f_y}{E_s\,\varepsilon_{cu}}} \tag{3.3}$$

式中，$\varepsilon_{cu} = 0.0033$；$\beta_1$ 为系数，当混凝土强度等级不超过 C50 时，$\beta_1 = 0.8$，当混凝土强度等级等于 C80 时，取 $\beta_1 = 0.74$，其间按线性内插法取用。

《公路桥规》中，对不同强度等级混凝土和不同牌号钢筋的梁，给出了不同的混凝土相对界限受压区高度 ξ_b 值（表 3.3）。

表 3.3　混凝土受压区相对界限高度 ξ_b

钢筋种类	混凝土强度等级			
	C50 以下	C55、C60	C65、C70	C75、C80
R235（Q235）	0.62	0.60	0.58	—
HRB335	0.56	0.54	0.52	—
HRB400	0.53	0.51	0.49	—
钢绞线、钢丝	0.40	0.38	0.36	0.35
精轧螺纹钢筋	0.40	0.38	0.36	—

注：截面受拉区内配置不同种类钢筋的受弯构件，其 ξ_b 值应选用相应各种钢筋的较小者。

2）适筋梁与超筋梁的界限

如前所述，适筋梁和超筋梁的区别在于：前者的配筋率适中，破坏始于受拉钢筋达到屈服强度;后者的配筋率过大,破坏始于受压区混凝土被压碎。显然,当钢筋确定以后,梁内配筋存在一个特定的配筋率 ρ_{max},它能使受拉钢筋达到屈服强度的同时,受压区混凝土边缘压应变也恰好达到极限压应变值 ε_{cu}。钢筋混凝土梁的这种破坏称为界限破坏。这个界限也就是适筋梁与超筋梁的界限。上述特定配筋率 ρ_{max} 也就是适筋梁配筋率的最大值。故梁为适筋梁,必须满足:

$$\rho \leqslant \rho_{max} \tag{3.4}$$

这个条件通常可用"受压区高度" x 来控制,即:

$$x \leqslant x_u = \xi_b h_0 \tag{3.5}$$

3)适筋梁与少筋梁的界限

为了防止截面配筋过少而出现脆性破坏,并考虑温度收缩应力及构造等方面的要求,适筋配筋率应满足另一条件,即 $\rho \geqslant \rho_{min}$。式中,$\rho_{min}$ 表示适筋梁的最小配筋率。《公路桥规》规定: $\rho_{min} = (45 f_{td}/f_{sd})\%$,同时不应小于0.2%。即有:

$$\rho = \frac{A_s}{b h_0} \geqslant \rho_{min} = 45 \times \frac{f_{td}}{f_{sd}}(\%) \tag{3.6}$$

式中　A_s——纵向受力钢筋截面面积;

　　　b——截面宽度;

　　　h_0——截面的有效高度(从受压边缘至纵向受力钢筋截面重心的距离)。

在实际工程中,梁的配筋率 ρ 总要比 ρ_{max} 低一些,比 ρ_{min} 高一些,才能做到经济合理。这主要是考虑到以下两个方面:

①为了确保所有的梁在濒临破坏时具有明显的征兆以及在破坏时具有适当的延性,就要满足 $\rho < \rho_{max}$。

②配筋率取得较小时,梁截面就要大些;当配筋率大些时,梁截面就要小些,这就要顾及钢材、水泥、砂石等原材料的价格和施工费用。

根据我国经验,钢筋混凝土板的经济配筋率为0.5% ~1.3%;钢筋混凝土 T 梁的经济配筋率为2.0% ~3.5%。

3.3.3　基本公式及适用条件

1)基本计算公式

图3.15 所示为单筋矩形截面梁正截面承载力计算简图。由静力平衡条件得:

$$\sum X = 0, \alpha_1 f_c bx = f_y A_s \tag{3.7}$$

$$\sum M = 0, M \leqslant M_u = \alpha_1 f_c bx\left(h_0 - \frac{x}{2}\right) \tag{3.8}$$

或

$$M \leqslant M_u = f_y A_s\left(h_0 - \frac{x}{2}\right) \tag{3.9}$$

式中　b——矩形截面宽度;

　　　A_s——受拉区纵向受拉钢筋的截面面积;

M——荷载在该截面上产生的弯矩设计值;

h_0——截面的有效高度 $h_0 = h - a_s$;梁的纵向受力钢筋按一排布置时,$h_0 = h - 35$ mm;梁的纵向受力钢筋按两排布置时,$h_0 = h - 60$ mm,板的截面有效高度 $h_0 = h - 20$ mm;

h——截面高度;

α_1——矩形应力图形的强度与受压区混凝土最大应力的 f_c 的比值;

a_s——受拉区边缘到受拉钢筋合力作用点的距离;

x——混凝土受压区高度;

f_y——受拉钢筋强度设计值。

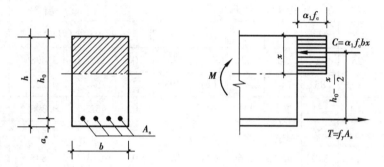

图 3.15　单筋矩形截面梁计算简图

2)适用条件

基本计算公式只适用于适筋梁。

①为防止梁发生超筋破坏,应保证受拉钢筋在构件破坏时达到屈服,即:

$$\xi = \frac{x}{h_0} = \rho \frac{f_{sd}}{f_{cd}} \leqslant \xi_b \tag{3.10}$$

$$x \leqslant \xi_b h_0 \tag{3.11}$$

$$\rho \leqslant \rho_{max} \leqslant \xi_b \alpha_1 \frac{f}{f_y} \tag{3.12}$$

$$\alpha_s = \frac{M}{\alpha_1 f_c b h_0^2} \leqslant \alpha_{s,max} = \xi_b(1 - 0.5\xi_b) \tag{3.13}$$

上述 4 个条件意义是一样的,只需满足其一即可。

②为防止梁发生少筋破坏,应满足下列公式:

$$\rho \geqslant \rho_{min} \tag{3.14}$$

或
$$A_s \geqslant \rho_{min} b h_0 \tag{3.15}$$

3.3.4　基本公式的应用

钢筋混凝土构件设计中,基本公式的应用有两种情况:截面设计和截面复核。

1)截面设计

设计中,进行单筋矩形截面选择时,通常有以下两种情况。

（1）情形一

已知：构件的截面尺寸$（b×h）$，材料的强度等级$（f_c、f_y）$以及设计弯矩$（M）$，求钢筋面积A_s。

该情形可按以下设计步骤进行：

①假定a_s，由基本公式（3.8），求x，验算公式的适用条件$x≤x_b$。

②由基本公式（3.7）求A_s。

③根据构造要求从表3.4与表3.5中选择合适的钢筋直径及根数，布置钢筋，对假定的a_s进行校核修正，验算$\rho=\dfrac{A_s}{bh_0}≥\rho_{min}$。

表3.4　圆钢筋、带肋钢筋截面面积、质量表

直径/mm	在下列根数时的钢筋截面面积/mm²									质量/(kg·m⁻¹)	带肋钢筋/mm	
	1	2	3	4	5	6	7	8	9	/(kg·m⁻¹)	直径	外径
4	12.6	25	38	50	63	75	88	101	113	0.098	—	—
6	28.3	57	85	113	141	170	198	226	254	0.222	—	—
8	50.3	101	151	201	251	302	352	402	452	0.396	—	—
10	78.5	157	236	314	393	471	550	628	707	0.617	10	11.6
12	113.1	226	339	452	566	679	792	905	1018	0.888	12	13.9
14	153.9	308	462	616	770	924	1078	1232	1385	1.208	14	16.2
16	201.1	402	603	804	1005	1206	1470	1608	1810	1.680	16	18.4
18	254.5	509	763	1018	1272	1527	1781	2036	2290	1.998	18	20.5
20	314.2	628	942	1256	1570	1884	2200	2513	2827	2.460	20	22.7
22	380.1	760	1140	1520	1900	2281	2661	3041	3421	2.980	22	25.1
25	490.9	982	1473	1964	2454	2954	3436	3927	4418	3.850	25	28.4
28	615.7	1232	1847	2463	3079	3695	4310	4926	5542	4.833	28	31.6
32	804.3	1609	2413	3217	4021	4826	5630	6434	7238	6.310	32	35.8
34	907.9	1816	2724	3632	4540	5448	6355	7263	2171	7.127	34	—
36	1017.9	2036	3054	4072	5089	6107	7125	8143	9161	7.990	36	40.2
38	1134.1	2268	3402	4536	5671	6805	7939	9073	10207	8.003	38	—
40	1256.6	2513	3770	5026	6283	7540	8796	10053	11310	9.865	40	44.5

表3.5　钢筋间距一定时，板每米宽度内钢筋截面面积

钢筋间距/mm	不同钢筋直径(mm)板每米宽度内钢筋截面面积/mm²								
	6	8	10	12	14	16	18	20	22
70	404	718	1122	1616	2199	2873	3636	4487	5430
75	377	670	1047	1508	2052	2681	3393	4188	2081

续表

钢筋间距/mm	不同钢筋直径(mm)板每米宽度内钢筋截面面积/mm²								
	6	8	10	12	14	16	18	20	22
80	353	628	982	1414	1924	2314	3181	3926	4751
85	333	591	924	1331	1181	2366	2994	3695	4472
90	314	559	873	1257	1711	2234	2828	3490	4223
95	298	529	827	1190	1620	2117	2679	3306	4000
100	283	503	785	1131	1539	2011	2545	3141	3801
105	269	479	748	1077	1466	1915	2424	2991	3620
110	257	457	714	1028	1399	1828	2314	2855	3455
115	246	437	683	984	1339	1749	2213	2731	3305
120	236	419	654	942	1283	1676	2121	2617	3167
125	226	402	628	905	1232	1609	2036	2513	3041
130	217	387	604	870	1184	1547	1958	2416	2924
135	209	372	582	838	1140	1490	1885	2327	2816
140	202	359	561	808	1100	1436	1818	2244	2715
145	195	347	542	780	1062	1387	1755	2166	2621
150	189	335	524	754	1026	1341	1697	2084	2534
155	182	324	507	730	993	1297	1643	2027	2452
160	177	314	491	707	962	1257	1590	1964	2376
165	171	305	476	685	933	1219	1542	1904	2304
170	166	296	462	665	905	1183	1497	1848	2236
175	162	287	449	646	876	1149	1454	1795	2172
180	157	279	436	628	855	1117	1414	1746	2112
185	153	272	425	611	832	1087	1376	1694	2035
190	149	265	413	595	810	1058	1339	1654	3001
195	145	258	403	403	580	789	1031	1305	1611
200	141	251	393	565	769	1005	1272	1572	1901

【例 3.1】　已知:梁的截面尺寸 $b \times h = 200$ mm $\times 500$ mm,混凝土强度等级为 C25, $f_c = 11.9$ N/mm², $f_t = 1.27$ N/mm²,钢筋采用 HRB335, $f_y = 300$ N/mm²,截面弯矩设计值 $M = 165$ kN·m,环境类别为一类。求受拉钢筋截面面积。

【解】　采用单排布筋时, $h_0 = 500 - 35 = 465$(mm)。

将已知数值代入公式 $\alpha_1 f_c bx = f_y A_s$ 及 $M = \alpha_1 f_c bx\left(h_0 - \dfrac{x}{2}\right)$ 得:

$$\begin{cases} 1.0 \times 11.9 \times 200 \times x = 300 \times A_s \\ 165 \times 10^6 = 1.0 \times 11.9 \times 200 \times x \times \left(465 - \dfrac{x}{2}\right) \end{cases}$$

两式联立得:

$$\begin{cases} x = 186.5 \text{ mm} \\ A_s = 1475.6 \text{ mm}^2 \end{cases}$$

验算:

$$\begin{cases} x = 186.5 \text{ mm} < \xi_b h_0 = 0.55 \times 465 \text{ mm} \approx 255.8 \text{ mm} \\ A_s = 1475.6 > \rho_{min} \end{cases}$$

所以,选用 3 Φ 25, $A_s = 1473$ mm^2。

(2)情形二

已知:结构设计安全等级,材料的强度等级(f_c、f_y)以及设计弯矩(M),求钢筋面积 A_s、构件的截面尺寸($b \times h$)。

该情形可按以下设计步骤进行:

①在经济配筋率内选定一 ρ 值,并根据受弯构件适应情况选定梁宽(设计板时,一般采用单位板宽,即取 $b = 1000$ mm)。

②由基本公式(3.10)求出 ξ 值。若 $\xi \leqslant \xi_b$,则取 $x = \xi h_0$,代入公式(3.8)化简后得:

$$h_0 = \sqrt{\frac{\gamma_0 M_d}{\xi(1 - 0.5\xi)f_{cd}b}}$$

③由 h_0 求出所需截面高度 $h = h_0 + a_s$,a_s 为受拉钢筋合力作用点至截面受拉区外缘的距离。为使得构件截面尺寸规格化和考虑施工方便,最后实际取用的 h 值应模数化,钢筋混凝土梁板的 h 值应为整数。

④继续按照情形一求出受拉钢筋截面面积并布置钢筋。若 $\xi > \xi_b$ 则应重新选定 ρ 值,重复上述计算,直到满足 $\xi \leqslant \xi_b$ 的条件。

【例 3.2】 某矩形截面简支梁,弯矩设计值 $M = 270$ kN·m,混凝土强度等级为 C70,$f_t = 2.14$ N/mm^2,$f_c = 31.8$ N/mm^2;钢筋为 HRB400,即 III 级钢筋,$f_y = 360$ N/mm^2。环境类别为一级,结构重要性系数为 1.0。求梁截面尺寸 $b \times h$ 及所需的受拉钢筋截面面积 A_s。

【解】 根据 $f_c = 31.8$ N/mm^2,$f_y = 360$ N/mm^2,$f_t = 2.14$ N/mm^2,查表得 $\alpha_1 = 0.96$,$\beta_1 = 0.76$。假定 $\rho = 0.01$ 及 $b = 250$ mm,则:

$$\xi = \rho \frac{f_y}{\alpha_1 f_c} = 0.01 \times \frac{360}{0.96 \times 31.8} \approx 0.118$$

令 $M = M_u$,得:

$$M = \alpha_1 f_c bx\left(h_0 - \frac{x}{2}\right) = \alpha_1 f_c b\xi(1 - 0.5\xi)h_0^2$$

可得:

$$h_0 = \sqrt{\frac{M}{\alpha_1 f_c b\xi(1 - 0.5\xi)}} = \sqrt{\frac{270 \times 10^6}{0.96 \times 31.8 \times 250 \times 0.118 \times (1 - 0.5 \times 0.118)}} \approx 564(\text{mm})$$

由题知,环境类别为一类,查表得混凝土强度等级为 C70 梁的混凝土保护层最小厚度为25 mm,取 $a_s = 45$ mm,$h = h_0 + a_s = 564 + 45 = 609(mm)$。实际取 $h = 600$ mm,$h_0 = 600 - 45 = 555(mm)$。

$$\xi(1 - 0.5\xi) = \frac{M}{\alpha_1 f_c b h_0^2} = \frac{270 \times 10^6}{0.96 \times 31.8 \times 250 \times 555^2} \approx 0.115$$

求得 $\xi = 0.123$。

$$A_s = \frac{M}{f_y h_0(1 - 0.5\xi)} = \frac{270 \times 10^6}{360 \times (1 - 0.5 \times 0.123) \times 555} \approx 1439(mm^2)$$

选配 3 ⚲ 25,$A_s = 1473$ mm²,如图 3.16 所示。

验算适用条件:

查表知 $\xi_b = 0.481$,故 $\xi_b = 0.481 > \xi = 0.123$,满足。

$$\rho_{min} = \max\left\{0.2, 45\frac{f_{td}}{f_{sd}}\right\}\% = 0.27\%$$

$$A_s = 1473\ mm^2 > \rho_{min}bh_0$$
$$= 0.27\% \times 250 \times 555 \approx 374(mm^2)$$

故满足最小配筋率要求。

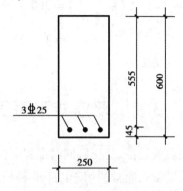

图 3.16 简支梁截面尺寸及配筋示意图

2)承载力复核

承载力复核是对已经设计好的截面进行承载力计算,以判断其安全程度。

已知:$b \times h$,f_c,f_y,A_s,求抗弯承载力 M_u,并判断结构安全程度。

计算步骤如下:

①验算最小配筋率。

②由基本方程:

$$\sum X = 0, \alpha_1 f_c bx = f_y A_s$$

求得混凝土受压区高度 x。

③判别基本条件,按 $x \leq x_b$ 验算。如果满足,则进入下一步骤,否则,取 $x = x_b$。

④由基本方程:

$$M = \alpha_1 f_c bx\left(h_0 - \frac{x}{2}\right)$$

求得截面极限承载力 M_u。

【例3.3】 某钢筋混凝土矩形截面梁,截面尺寸 $b \times h = 200$ mm $\times 500$ mm,混凝土强度等级为 C25,钢筋采用 HRB400 级,纵向受拉钢筋 3 ⚲ 18,混凝土保护层厚度为 25 mm。该梁承受最大弯矩设计值 $M = 100$ kN · m。试复核梁是否安全。

【解】 $\alpha_1 f_c = 11.9$ N/mm²,$f_t = 1.27$ N/mm²,$f_y = 360$ N/mm²,$\xi_b = 0.518$,$A_s = 763$ mm²。

①计算h_0。因纵向受拉钢筋布置成一排,故$h_0 = h - 35 = 500 - 35 = 465(mm)$。

②判断梁的条件是否满足要求。

$$x = \frac{A_s f_y}{\alpha_1 f_c b} = \frac{763 \times 360}{1.0 \times 11.9 \times 200} \approx 115.4(mm) < \xi_b h_0 = 0.518 \times 465 \approx 240.9(mm)$$

故梁不超筋。

$$\frac{0.45 f_{t}}{f_{y}} = 0.45 \times \frac{1.27}{360} \approx 0.16\% < \rho_{\min} = 0.2\%$$

$$\rho = \frac{A_{s}}{bh_{0}} = \frac{763}{200 \times 465} \approx 0.82\% > \rho_{\min} = 0.2\%$$

故梁不少筋。

③求截面受弯承载力M_u,并判断该梁是否安全。

$$M_{u} = f_{y} A_{s} \left(h_{o} - \frac{x}{2} \right) = 360 \times 763 \times \left(465 - \frac{115.4}{2} \right)$$

$$\approx 111.88 \times 10^{6} (N \cdot mm) = 111.88 (kN \cdot m) > M = 100 (kN \cdot m)$$

故该梁安全。

3.4 双筋矩形截面梁受弯构件正截面承载力计算

在截面受拉、受压区同时配置纵向受力钢筋的梁,称为双筋截面梁。

双筋截面通常适用于以下 3 种情况:

①结构或构件承受某种作用(如地震)使截面上的弯矩改变方向;

②荷载效应较大,而提高材料强度和截面尺寸受到限制;

③由于某种原因,已配置了一定数量的受压钢筋(如连续梁的某些支座截面)。

应该明确,用配置受压钢筋来帮助混凝土受压以提高构件承载能力是不经济的,但是从使用性能看,双筋截面受弯构件由于设置了受压钢筋,可以延迟截面的破坏,提高其抗震性能,有利于防止截面发生脆性破坏。此外,由于受压钢筋的存在和混凝土徐变的影响,可以减少短期和长期作用下结构的变形。从这两个方面讲,采用双筋截面还是经济的。

双筋梁的基本假定与单筋梁的基本假定基本相同。而且,普通受压钢筋的设计强度与抗拉设计强度相等,但是,应注意充分发挥受压钢筋的作用。

3.4.1 基本公式及适用条件

1)基本公式

如图 3.17 所示,由平衡条件可得:

$$\sum X = 0, f_{y} A_{s} = f_{y}' A_{s}' + \alpha_{1} f_{c} bx \tag{3.16}$$

$$\sum M = 0, M \leqslant \alpha_{1} f_{c} bx \left(h_{0} - \frac{x}{2} \right) + f_{y}' A_{s}' (h_{0} - a_{s}') \tag{3.17}$$

或

$$M \leqslant \alpha_{s} bh_{0}^{2} \alpha_{1} f_{c} + A_{s}' f_{y}' (h_{0} - a_{s}') \tag{3.18}$$

式中 f_{y}'——受压钢筋设计强度;

      a_{s}'——从受压区边缘到受压区纵向钢筋合力作用点之间的距离;对于梁,当受压钢筋按一排布置时,可取 $a_{s}' = 35$ mm;当受压钢筋按两排布置时,可取 $a_{s}' = 60$ mm;对于板,可取 $a_{s}' = 20$ mm;

      A_{s}'——受压钢筋的截面面积。

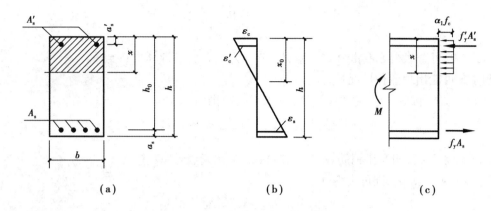

图 3.17　双筋矩形截面计算简图

2)适用条件

为了防止超筋破坏,混凝土受压区高度应满足:$x \leqslant \xi_b h_0$。

为了保证受压钢筋能在截面破坏时达到其抗压设计强度 f_y',必须满足:$x \geqslant 2a_s'$。若 $x < 2a_s'$,说明受拉钢筋位置距离中性轴太近,构件破坏时受压钢筋压应变太小,以致应力达不到抗压强度设计值。这种应力状态与在极限状态下的双筋矩形截面应力图示不符。当不符合此条件时,受弯承载力可按下式计算:

$$M \leqslant f_y A_s (h - a_s - a_s')$$

至于控制最小配筋率的条件,在双筋矩形截面情况下,一般不需验算。

3.4.2　基本公式的应用

1)截面设计

设计双筋梁时,常遇到如下两种情况:

①已知截面尺寸 $b \times h$,弯矩设计值 M,材料强度 f_c、f_y,求受压钢筋和受拉钢筋截面面积 A_s' 及 A_s。

解法:为了节约钢筋,应充分发挥混凝土的受压能力,可令 $\xi = \xi_b$,则 $x = \xi_b h_0$。这样利用公式(3.16)可得到:

$$A_s' = \frac{M - \xi_b (1 - 0.5\xi_b) \alpha_1 f_c b h_0^2}{f_y' (h_0 - a_s')}$$

若 $A_s' \leqslant 0$,说明不需设置受压受力筋,可按单筋梁计算。

若 $A_s' > 0$,则:

$$A_s = \frac{\xi_b \alpha_1 f_c b h_0 + f_y' A_s'}{f_y}$$

②已知截面尺寸 $b \times h$,弯矩设计值 M,材料强度 f_c、f_y 及所配受压钢筋面积 A_s',求受拉钢筋截面面积 A_s。

解法:A_s' 已知,可由(3.17)式求得:

$$\alpha_s = \frac{M - A_s' f_y' (h_0 - a_s')}{\alpha_1 f_c b h_0^2}$$

若 $\alpha_s \leqslant 0$,则:

$$x \leqslant 2a_s'$$

$$A_s = \frac{M}{f_y(h_0 - a_s')}$$

若 $\alpha_s > 0$，可查表得 ξ 或由公式计算：$\xi = 1 - \sqrt{1 - 2\alpha_s}$，可计算出：$x = \xi h_0$。

此时，x 可能出现 3 种情况：

a. 若 $x \leq 2a_s'$，假定 $x = 2a_s'$，由（3.16）式求得受拉钢筋 A_s：

$$A_s = \frac{M}{f_y(h_0 - a_s')}$$

b. 若 $x > \xi_b h_0$，说明受压钢筋 A_s' 太少，应按 A_s' 未知，重新计算 A_s' 及 A_s。

c. 若 $2a_s' < x \leq \xi_b h_0$，则可求得 A_s：

$$A_s = \frac{\alpha_1 f_c b x + A_s' f_y'(h_0 - a_s')}{f_y}$$

【例 3.4】　已知梁的截面尺寸为 $b \times h = 200\text{ mm} \times 500\text{ mm}$，混凝土强度等级为 C40，$f_t = 1.71\text{ N/mm}^2$，$f_c = 19.1\text{ N/mm}^2$，钢筋采用 HRB335，即 II 级钢筋，$f_y = 300\text{ N/mm}^2$，受压区已配置 3 根 $\Phi 20\text{ mm}$ 钢筋，$A_s' = 941\text{ mm}^2$，截面弯矩设计值 $M = 330\text{ kN} \cdot \text{m}$。环境类别为一类。求受拉钢筋面积 A_s。

【解】　$M' = f_y' A_s'(h_0 - a') = 300 \times 941 \times (440 - 35) \approx 114.3 \times 10^6 (\text{kN} \cdot \text{m})$

则：

$$M' = M - M_1 = 330 \times 10^6 - 114.3 \times 10^6 = 215.7 \times 10^6 (\text{kN} \cdot \text{m})$$

按单筋矩形截面求 A_{s1}。设 $a_s = 60\text{ mm}$、$h_0 = 500 - 60 = 440(\text{mm})$。

$$\alpha_s = \frac{M'}{\alpha_1 f_c b h_0^2} = \frac{215.7 \times 10^6}{1.0 \times 19.1 \times 200 \times 440^2} \approx 0.292$$

$$\xi = 1 - \sqrt{1 - 2\alpha_s} = 1 - \sqrt{1 - 2 \times 0.292} \approx 0.355 < \xi_b = 0.55$$

故满足适用条件。

$$\gamma_s = 0.5(1 + \sqrt{1 - 2\alpha_s}) = 0.5 \times (1 + \sqrt{1 - 2 \times 0.292}) \approx 0.822$$

$$A_{s1} = \frac{M'}{f_y \gamma_s h_0} = \frac{215.7 \times 10^6}{300 \times 0.822 \times 440} = 1999(\text{mm}^2)$$

最后得：

$$A_s = A_{s1} + A_{s2} = 1999 + 941 = 2940(\text{mm}^2)$$

故选用 6 Φ 25 mm 钢筋，$A_s = 2945.9\text{ mm}^2$。

2）承载力校核

已知截面尺寸 $b \times h$，材料强度 f_c、f_y，配置钢筋 A_s' 及 A_s，求梁能承受的最大设计弯矩值。

解法：首先可由式（3.15）求出 x：

$$x = \frac{f_y A_s - f_y' A_s'}{\alpha_1 f_c b}$$

此时，x 可能出现如下 3 种情况：

①若 $x \leq 2a_s'$，则：

$$M_u = f_y A_s(h_0 - a_s')$$

②$x > \xi_b h_0$，则：

$$M_u = \alpha_1 f_c b h_0^2 \xi_b(1 - 0.5\xi_b) + f_y' A_s'(h_0 - a_s')$$

③若 $2a_s' \leq x \leq \xi_b h_0$，则：

$$M_u = \alpha_1 f_c bx \left(h_0 - \frac{x}{2} \right) + f_y' A_s' (h_0 - a_s')$$

计算出的 M_u 即为截面能承受的最大弯矩。当 $M \leqslant M_u$ 时,则截面是安全的。

【例 3.5】　已知梁截面尺寸 $b = 200$ mm,$h = 400$ mm,混凝土强度等级为 C30,$f_c = 14.3$ N/mm²,钢筋采用 HRB400 级,$f_y = 360$ N/mm²,环境类别为二类 b,受拉钢筋采用 3 ⊈ 25($A_s = 1473$ mm²),受压钢筋为 2 ⊈ 16($A_s' = 402$ mm²),要求承受的弯矩设计值 $M = 90$ kN·m,验算此梁是否安全。

【解】　查表或计算得:$\alpha_1 = 1.0$,$f_c = 14.3$ N/mm²,$f_y = f_y' = 360$ N/mm²,$\xi_b = 0.518$,混凝土保护层最小厚度为 35 mm,故 $a_s = 35 + 25/2 = 47.5$(mm),$a_s' = 35 + 16/2 = 43$(mm),$h_0 = 400 - 47.5 = 352.5$(mm)。

将以上有关数值代入基本公式,可得:

$$x = \frac{f_y A_s - f_y' A_s'}{\alpha_1 f_c b} = \frac{360 \times 1473 - 360 \times 402}{1.0 \times 14.3 \times 200} \approx 134.81 (\text{mm})$$

$\xi_b h_0 = 0.518 \times 352.5 \approx 182.6$(mm) $> x = 134.81$(mm) $> 2 a_s' = 2 \times 43 = 86$(mm)

可见,满足基本公式的适用条件。

将 x 值代入基本公式得:

$$M_u = \alpha_1 f_c bx \left(h_0 - \frac{x}{2} \right) + f_y' A_s'' (h_0 - a_s')$$

$$= 1.0 \times 14.3 \times 200 \times 134.81 \times (352.5 - 134.81/2) + 360 \times 402 \times (352.5 - 43)$$

$$\approx 154.71 \times 10^6 (\text{N} \cdot \text{mm})$$

由于 $M = 90$ kN·m $< M_u = 154.71$ kN·m,故此梁安全。

3.5　T 形截面梁受弯构件正截面承载力计算

如果把矩形截面梁受拉区混凝土两侧挖去一部分,这就形成了 T 形截面,如图 3.18 所示。它与原矩形截面相比较,承载能力相同,但节省了混凝土,减轻了自重。T 形截面是由梁肋 $b \times h$ 及挑出翼缘 $(b_f' - b) \times h_f'$ 两部分组成。如果翼缘位于受拉区,当受拉区混凝土开裂后,翼缘就不起作用,可以考虑它为 $b \times h$ 矩形梁。T 形截面梁受力后,翼缘受压时的压应力沿翼缘宽度方向的分布不均匀,离梁肋越远,压应力越小。因此,受压翼缘的计算宽度应有一定限制,在此宽度范围内的应力分布可假设是均匀的,且能与梁肋很好地整体工作。经试验研究,《混凝土结构设计规范》(GB 50100—2010)规定翼缘计算宽度 b_f' 应按表 3.6 中有关规定的最小值取用。

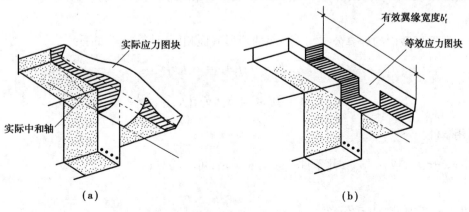

(a)　　　　　　　　　　　　　(b)

图 3.18　T 形截面的应力分布图

表 3.6　T 形及倒 L 形截面受弯构件翼缘计算宽度 b'_f

考虑情况		T 形截面		倒 L 形截面
		肋形梁（板）	独立梁	肋形梁（板）
按计算跨度 l_0 考虑		$\dfrac{l_0}{3}$	$\dfrac{l_0}{3}$	$\dfrac{l_0}{6}$
按梁（肋）净跨 s_0 考虑		$b + s_0$	—	$b + \dfrac{s_0}{2}$
按翼缘高度 h'_f 考虑	当 $h'_f/h_0 \geqslant 0.1$	—	$b + 12h'_f$	—
	当 $0.1 > h'_f/h_0 \geqslant 0.05$	$b + 12h'_f$	$b + 6h'_f$	$b + 5h'_f$
	当 $h'_f/h_0 \leqslant 0.05$	$b + 12h'_f$	b	$b + 5h'_f$

注：①表中 b 为梁的腹板宽度。

②如肋形梁在梁跨度内设有间距小于纵肋间距的横肋，则可不遵守表列第 3 种情况的规定。

③对有加腋的 T 形和倒 L 形截面，当受压加腋的高度 $h_h \geqslant h'_f$ 且加腋的宽度 $b_h \leqslant 3h_h$ 时，则其翼缘计算宽度可按表列第 3 种情况规定分别增加 $2b_h$（T 形截面）和 b_h（倒 L 形截面）。

④独立梁受压区的翼缘板在荷载作用下，经验算沿纵肋方向可能产生裂缝时，其计算宽度应取腹板宽度 b。

3.5.1　基本公式及适用条件

根据中性轴的位置不同，T 形截面分为两种类型，即第一类 T 形截面：中性轴在翼缘高度范围内；第二类 T 形截面：中性轴在梁肋内部通过。

两类 T 形截面的界限状态是 $h = h'_f$，此时的平衡状态可以作为第一、二类 T 形截面的判别条件。即：

$$\sum X = 0, f_y A_s = \alpha_1 f_c b'_f h'_f \tag{3.19}$$

$$\sum M = 0, M = \alpha_1 f_c b'_f h'_f \left(h_0 - \frac{h'_f}{2} \right) \tag{3.20}$$

截面设计时，若 $M \leqslant \alpha_1 f_c b'_f h'_f \left(h_0 - \dfrac{h'_f}{2} \right)$，则为第一类 T 形截面；若 $M > \alpha_1 f_c b'_f h'_f \left(h_0 - \dfrac{h'_f}{2} \right)$，则为第二类 T 形截面。

截面复核时，若 $f_y A_s \leqslant \alpha_1 f_c b'_f h'_f$，则为第一类 T 形截面；若 $f_y A_s > \alpha_1 f_c b'_f h'_f$，则为第二类 T 形截面。

第一类 T 形截面的计算公式与 $b'_f \times h$ 的矩形截面相同，计算公式如下：

$$\sum X = 0, f_y A_s = \alpha_1 f_c b'_f x \tag{3.21}$$

$$\sum M = 0, M = \alpha_1 f_c b'_f x \left(h_0 - \frac{x}{2} \right) \tag{3.22}$$

适用条件如下：

①$\xi = \dfrac{x}{h_0} \leqslant \xi_b$，或 $\rho \leqslant \rho_{max}$，此条件一般均能满足，可不验算；

②$\rho = \dfrac{A_s}{b h_0} \geqslant \rho_{min}$ 或 $A_s \geqslant \rho_{min} b h$。

第二类 T 形截面的计算公式：

$$\sum X = 0, \alpha_1 f_c(b'_f - b)h'_f + \alpha_1 f_c bx = f_y A_s \tag{3.23}$$

$$\sum M = 0, M \le \alpha_1 f_c(b'_f - b)h'_f\left(h_0 - \frac{h'_f}{2}\right) + \alpha_1 f_c bx\left(h_0 - \frac{x}{2}\right) \tag{3.24}$$

适用条件如下：

① $\xi = \dfrac{x}{h_0} \le \xi_b$ 或 $\rho \le \rho_{max}$，这和单筋矩形截面梁情况一样。

② $A_s \ge \rho_{min} bh$，一般情况均能满足，可不必验算。

3.5.2　基本公式的应用

1) 截面设计

已知截面尺寸 b、h、b'_f、h'_f，材料强度 f_c，f_y 及弯矩设计值 M，计算所需钢筋截面积 A_s。

解法：首先判定截面类型。

若 $M \le \alpha_1 f_c b'_f h'_f\left(h_0 - \dfrac{h'_f}{2}\right)$ 时，属第一类 T 形截面，可按 $b'_f \times h'_f$ 的矩形截面计算；

若 $M > \alpha_1 f_c b'_f h'_f\left(h_0 - \dfrac{h'_f}{2}\right)$ 时，则属第二类 T 形截面。

由(3.24)式求 α_s：

$$\alpha_s = \frac{M - (b'_f - b)h'_f \alpha_1 f_c\left(h_0 - \dfrac{h'_f}{2}\right)}{\alpha_1 f_c b h_0^2}$$

查表得 ξ 或 求 ξ：

$$\xi = 1 - \sqrt{1 - 2\alpha_s}$$

当 $\xi \le \xi_b$ 时，

$$A_s = \frac{\alpha_1 f_c b\xi h_0 + (b'_f - b)h'_f \alpha_1 f_c}{f_y}$$

【例 3.6】　已知 T 形截面梁，截面尺寸如图 3.19 所示，混凝土采用 C30，$f_c = 14.3\ \text{N/mm}^2$，纵向钢筋采用 HRB400 级钢筋，$f_y = 360\ \text{N/mm}^2$，环境类别为一类。若承受的弯矩设计值 $M = 700\ \text{kN·m}$，计算所需的受拉钢筋截面面积 A_s（预计两排钢筋，$a_s = 60\ \text{mm}$）。

【解】　①确定基本数据。由表查得 $f_c = 14.3\ \text{N/mm}^2$，$f_y = 360\ \text{N/mm}^2$，$\alpha_1 = 1.0$，$\xi_b = 0.518$。

②判别 T 形截面类。

$$\alpha_1 f_c b'_f h'_f\left(h_0 - \frac{h'_f}{2}\right) = 1.0 \times 14.3 \times 600 \times 120 \times \left(640 - \frac{120}{2}\right)$$

$$\approx 597.17 \times 10^6 (\text{N·mm}) = 597.17(\text{kN·m}) < M = 700(\text{kN·m})$$

故属于第二类 T 形截面。

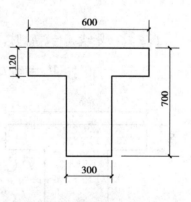

图 3.19　例 3.6 图

③计算受拉钢筋面积 A_s。

$$\alpha_s = \frac{M - \alpha_1 f_c (b'_f - b) h'_f \left(h_0 - \dfrac{h'_f}{2}\right)}{\alpha_1 f_c b h_0^2}$$

$$= \frac{700 \times 10^6 - 1.0 \times 14.3 \times (600 - 300) \times 120 \times \left(640 - \dfrac{120}{2}\right)}{1.0 \times 14.3 \times 300 \times 640^2}$$

$$\approx 0.228$$

$$\xi = 1 - \sqrt{1 - 2\alpha_s} = 1 - \sqrt{1 - 2 \times 0.228} \approx 0.262 < \xi_b = 0.518$$

$$A_s = \frac{\alpha_1 f_c b \xi h_0 + \alpha_1 f_c (b'_f - b) h'_f}{f_y}$$

$$= \frac{1.0 \times 14.3 \times 300 \times 0.262 \times 640 + 1.0 \times 14.3 \times (600 - 300) \times 120}{360}$$

$$\approx 3428 (\text{mm}^2)$$

故选用 4 Φ 28 + 2 Φ 25, $A_s = 2463 + 982 = 3445 (\text{mm}^2)$。

2)承载力校核

已知截面尺寸 b、h、b'_f、h'_f,材料强度 f_c、f_y 及配置钢筋截面积 A_s,计算截面的承载能力 M_u。

解法:首先判定截面类型。

若 $f_y A_s \leq \alpha_1 f_c b'_f h'_f$ 时,属第一类 T 形截面,可按 $b'_f \times h'_f$ 的单筋矩形截面梁方法计算。

若 $f_y A_s > \alpha_1 f_c b'_f h'_f$ 时,属第二类 T 形截面。

由式(3.23)可求出 x 及 ξ:

$$x = \frac{f_y A_s - \alpha_1 f_c (b'_f - b) h'_f}{\alpha_1 f_c b}$$

$$\xi = \frac{x}{h_0}$$

当 $\xi \leq \xi_b$ 或 $x \leq x_b = \xi_b h_0$ 时,

$$M_u = \alpha_1 f_c b x \left(h_0 - \frac{x}{2}\right) + \alpha_1 f_c (b'_f - b) h'_f \left(h_0 - \frac{h'_f}{2}\right)$$

当 $\xi_2 > \xi_b$ 或 $x > x_b$ 时,取 $\xi_2 = \xi_b$ 或 $x = x_b$ 计算:

$$M_u = \xi_b (1 - 0.5\xi_b) \alpha_1 f_c b h_0^2 + \alpha_1 f_c (b'_f - b) h'_f \left(h_0 - \frac{h'_f}{2}\right)$$

若 $M_u \geq M$(弯矩设计值),安全。

【例3.7】 某钢筋混凝土 T 形截面梁,截面尺寸和配筋情况(架立筋和箍筋的配置情况略)如图 3.20 所示。混凝土强度等级为 C30, $f_c = 14.3$ N/mm², 纵向钢筋为 HRB400 级, $f_y = 360$ N/mm², $a_s = 70$ mm。若截面承受的弯矩设计值为 $M = 550$ kN·m,试问此截面承载力是否足够?

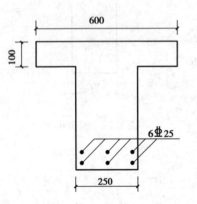

图 3.20　例 3.7 图

【解】 ①确定基本数据。由表查得, $f_c = 14.3$ N/mm², $f_y = 360$ N/mm², $\alpha_1 = 1.0$, $\xi_b = $

$0.518, A_s = 2945 \text{ mm}^2$。

$$h_0 = h - a_s = 700 - 70 = 630(\text{mm})$$

②判别 T 形截面类型。

$$\alpha_1 f_c b'_f h'_f = 1.0 \times 14.3 \times 600 \times 100 = 858000(\text{N})$$

$$f_y A_s = 360 \times 2945 = 1060200(\text{N}) > 858000(\text{N})$$

故属于第二类 T 形截面。

③计算受弯承载力 M_u。

$$x = \frac{f_y A_s - \alpha_1 f_c (b'_f - b) h'_f}{\alpha_1 f_c b}$$

$$= \frac{360 \times 2945 - 1.0 \times 14.3 \times (600 - 250) \times 100}{1.0 \times 14.3 \times 250}$$

$$\approx 156.56(\text{mm})$$

$$x < \xi_b h_0 = 0.518 \times 630 = 326.34(\text{mm})$$

故满足要求。

$$M_u = \alpha_1 f_c bx \left(h_0 - \frac{x}{2} \right) + \alpha_1 f_c (b'_f - b) h'_f \left(h_0 - \frac{h'_f}{2} \right)$$

$$= 1.0 \times 14.3 \times 250 \times 156.56 \times \left(630 - \frac{156.56}{2} \right) + 1.0 \times 14.3 \times (600 - 250) \times$$

$$100 \times \left(630 - \frac{100}{2} \right)$$

$$\approx 599.08 \times 10^6 (\text{N} \cdot \text{mm}) = 599.08(\text{kN} \cdot \text{m})$$

$M_u > M = 550 \text{ kN} \cdot \text{m}$，故该截面的承载力足够。

本章小结

1.钢筋混凝土梁由于配筋率不同,有超筋梁、少筋梁和适筋梁 3 种形态,其中超筋梁和少筋梁在设计中不能采用。

2.适筋梁的破坏过程经历 3 个工作阶段,第 I_a 阶段是受弯构件进行抗裂度计算的依据;第 Ⅱ 阶段是钢筋混凝土受弯构件的使用阶段,是裂缝宽度和挠度计算的依据;第 Ⅲ 阶段是受弯构件正截面承载能力计算的依据。

3.梁的配筋率不同,破坏时的状态也不同。3 种梁的破坏情况比较如表 3.7 所示。

表 3.7　3 种梁的破坏情况比较

破坏形态	破坏情况		
	破坏原因	破坏性质	材料利用情况
少筋梁	混凝土受拉开裂	脆性	钢筋抗拉强度和混凝土抗压强度未充分利用
适筋梁	钢筋先屈服,压区混凝土后被压碎	塑性	钢筋抗拉强度和混凝土抗压强度均充分利用
超筋梁	压区混凝土被压碎	脆性	混凝土抗压强度充分利用,钢筋抗拉强度未充分利用

4. 钢筋混凝土受弯构件正截面承载力计算公式是在基本假定的基础上,利用等效矩形应力图形代替实际的混凝土压应力图形,根据平衡条件得到的。

5. 钢筋混凝土受弯构件设计分为两种类型:截面设计和截面复核。在应用计算公式时,应注意验算基本公式相应的适用条件。

思考练习题

3.1　试比较钢筋混凝土板和钢筋混凝土梁钢筋布置的特点。

3.2　什么是受弯构件纵向受拉钢筋的配筋率? 配筋率的表达式中,$\gamma_0 V_d \leqslant (0.51 \times 10^{-3}) \sqrt{f_{cu,k}} b h_0$ 的含义是什么?

3.3　为什么钢筋要有足够的混凝土保护层厚度? 钢筋的最小混凝土保护层厚度的选择应考虑哪些因素?

3.4　试说明规定各主钢筋横向净距和层与层之间的竖向净距的原因。

3.5　钢筋混凝土适筋梁正截面受力全过程可划分为几个阶段? 各阶段受力主要特点是什么?

3.6　什么是钢筋混凝土少筋梁、适筋梁和超筋梁? 各自有什么样的破坏形态? 为什么把少筋梁和超筋梁都称为脆性破坏?

3.7　钢筋混凝土适筋梁受拉钢筋屈服后能否再增加荷载? 为什么? 少筋梁能否这样?

3.8　受弯构件正截面承载力计算有哪些基本假定?

3.9　什么是钢筋混凝土受弯构件的截面相对受压区高度和相对界限受压区高度 ξ_b? ξ_b 在正截面承载力计算中起什么作用? ξ_b 取值与哪些因素有关?

3.10　受弯构件适筋梁从开始加荷至破坏,经历了哪几个阶段? 各阶段的主要特征是什么? 各个阶段是哪种极限状态的计算依据?

3.11　什么是最小配筋率? 它是如何确定的? 在计算中作用是什么?

3.12　什么是双筋矩形截面梁? 在什么情况下才采用双筋截面?

3.13　双筋矩形截面受弯构件正截面承载力计算的基本公式及适用条件是什么? 为什么要规定适用条件?

3.14　双筋矩形截面受弯构件正截面承载力计算为什么要规定 $x \geqslant 2a_s'$? 当 $x < 2a_s'$ 应如何计算?

3.15　第二类 T 形截面受弯构件正截面承载力计算的基本公式及适用条件是什么? 为什么要规定适用条件?

3.16　计算 T 形截面的最小配筋率时,为什么是用梁肋宽度 b 而不用受压翼缘宽度 b_f?

3.17　单筋截面、双筋截面、T 形截面在受弯承载力方面,哪种更合理? 为什么?

3.18　桥梁工程中,单筋截面受弯构件正截面承载力计算的基本公式及适用条件是什么? 比较这些公式与建筑工程中相应公式的异同。

3.19　已知梁的截面尺寸 $b \times h = 200 \text{ mm} \times 500 \text{ mm}$,混凝土强度等级为 C25,$f_c = 11.9 \text{ N/mm}^2$,$f_t = 1.27 \text{ N/mm}^2$,钢筋采用 HRB335 级,$f_y = 300 \text{ N/mm}^2$,截面弯矩设计值 $M = 165 \text{ kN} \cdot \text{m}$。环境类别为一类。求受拉钢筋截面面积。

3.20　某矩形截面简支梁,弯矩设计值 $M = 270$ kN · m,混凝土强度等级为 C70,$f_t =$ 2.14 N/mm^2,$f_c = 31.8$ N/mm^2;钢筋为 HRB400 级,即 Ⅲ 级钢筋,$f_y = 360$ N/mm^2。环境类别为一级。

求梁截面尺寸 $b \times h$ 及所需的受拉钢筋截面面积 A_s。

3.21　已知梁的截面尺寸 $b \times h = 200$ mm $\times 500$ mm,混凝土强度等级为 C25,$f_t =$ 1.27 N/mm^2,$f_c = 11.9$ N/mm^2,截面弯矩设计值 $M = 125$ kN · m。环境类别为一类。

求:①当采用 HRB335 级钢筋 $f_y = 300$ N/mm^2 时,受拉钢筋截面面积;

②当采用 HPB235 级钢筋 $f_y = 210$ N/mm^2 时,受拉钢筋截面面积;

③截面弯矩设计值 $M = 225$ kN · m,当采用 HRB335 级钢筋 $f_y = 300$ N/mm^2 时,受拉钢筋截面面积。

3.22　已知梁的截面尺寸 $b \times h = 200$ mm $\times 500$ mm,混凝土强度等级为 C40,$f_t =$ 1.71 N/mm^2,$f_c = 19.1$ N/mm^2,钢筋采用 HRB335 级,即 Ⅱ 级钢筋,$f_y = 300$ N/mm^2,截面弯矩计值 $M = 330$ kN · m。环境类别为一类。求所需受压和受拉钢筋截面面积。

3.23　已知条件同题 3.22,但在受压区已配置 3 ⊈ 20 mm 钢筋,$A_s' = 941$ mm^2。求受拉钢筋 A_s。

3.24　已知梁截面尺寸 200 mm $\times 400$ mm,混凝土等级 C30,$f_c = 14.3$ N/mm^2,钢筋采用 HRB335,$f_y = 300$ N/mm^2,环境类别为二类,受拉钢筋为 3 ⊈ 25 钢筋,$A_s = 1473$ mm^2,受压钢筋为 2 ⊈ 6 钢筋,$A_s' = 402$ mm^2;要求承受的弯矩设计值 $M = 90$ kN · m。验算此截面是否安全。

3.25　已知 T 形截面梁,截面尺寸如图 3.21 所示,混凝土采用 C30,$f_c = 14.3$ N/mm^2,纵向钢筋采用 HRB400 级钢筋,$f_y = 360$ N/mm^2,环境类别为一类。若承受的弯矩设计值为 $M = 700$ kN · m,计算所需的受拉钢筋截面面积 A_s(预计两排钢筋,$a_s = 60$ mm)。

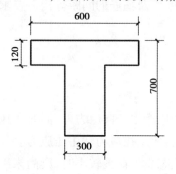

图 3.21　题 3.25 图

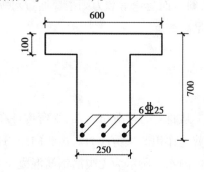

图 3.22　题 3.26 图

3.26　某钢筋混凝土 T 形截面梁,截面尺寸和配筋情况(架立筋和箍筋的配置情况略)如图 3.22 所示。混凝土强度等级为 C30,$f_c = 14.3$ N/mm^2,纵向钢筋为 HRB400 级,$f_y = 360$ N/mm^2,$a_s = 70$ mm。若截面承受的弯矩设计值为 $M = 550$ kN · m,试问此截面承载力是否足够?

第4章 受弯构件斜截面承载力计算

【本章导读】

通过本章学习,了解斜裂缝的出现及其类别;了解影响斜截面受剪承载力的主要因素;了解钢筋混凝土简支梁受剪破坏的机理;明确剪跨比的概念;明确斜截面受剪破坏的3种主要形态;掌握斜截面受剪承载力的计算方法及适用条件的验算;掌握正截面受弯承载力图的绘制方法;熟悉纵向钢筋的弯起、锚固、截断及箍筋间距的主要构造要求,并能在设计中加以应用。

【重点】

斜截面受剪破坏的3种主要形态;斜截面受剪承载力的计算方法及适用条件的验算;正截面受弯承载力图的绘制。

【难点】

弯矩叠合图的绘制;斜截面受剪承载力的计算方法及适用条件的验算。

钢筋混凝土受弯构件有可能在弯矩 M 和剪力 V 共同作用的区段内,发生沿着与梁轴线斜交的斜裂缝截面的受剪破坏或受弯破坏。因此,受弯构件除了要保证正截面受弯承载力外,还应保证斜截面的受剪和受弯承载力。在工程设计中,斜截面受剪承载一般是由计算和构造来满足,斜截面受弯承载力则主要通过对纵向钢筋的弯起、锚固、截断以及箍筋的间距等构造要求来满足。

4.1 概 述

从材料力学分析得知,受弯构件在荷载作用下,除由弯矩作用产生法向应力外,同时还伴随着剪力作用产生剪应力。由法向应力和剪应力的结合,又产生斜向主拉应力和主压应力。

图 4.1 所示为无腹筋钢筋混凝土梁斜裂缝出现前的应力状态。当荷载较小时,梁尚未出现裂缝,全截面参加工作。荷载作用产生的法向应力、剪应力以及由法向应力和剪应力组合而产生的主拉应力和主压应力可按材料力学公式计算。对于混凝土材料,其抗拉强度很低,当荷载继续增加,主拉应力达到混凝土抗拉强度极限值时,就会出现垂直于主拉应力方向的斜向裂缝。这种由斜向裂缝的出现而导致梁的破坏称为斜截面破坏。

为了防止梁的斜截面破坏,通常在梁内设置箍筋和弯起钢筋(斜筋),以增强斜截面的抗拉能力。弯起钢筋大多利用弯矩减少后多余的纵向主筋弯起。箍筋和弯起钢筋又统称为腹筋或剪力钢筋,它们与纵向主筋、架立筋及其他构造钢筋焊接(或绑扎)在一起,形成劲性钢筋骨架(图 4.2)。通常,把有纵筋和腹筋的梁称为有腹筋梁,把仅仅设置纵筋而没有腹筋的梁称为无腹筋梁。在钢筋混凝土板中,一般正截面承载力起控制作用,斜截面承载力相对较高,通常不需设置箍筋和弯起钢筋。

受弯构件斜截面承载力计算,包括斜截面抗剪承载力和斜截面抗弯承载力两部分内容。但是,在一般情况下,对斜截面抗弯承载力只需通过构造要求来保证,而不必进行验算。

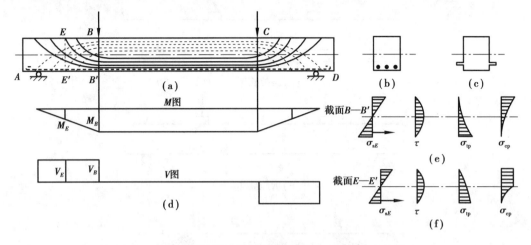

图 4.1　无腹筋钢筋混凝土梁斜裂缝出现前的应力状态

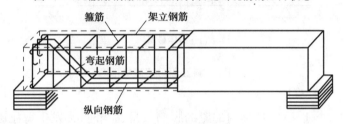

图 4.2　钢筋骨架

4.1.1　斜截面破坏形态

钢筋混凝土梁的斜截面承载力是个十分复杂的研究课题,与很多因素有关。试验研究认为,影响斜截面抗剪承载力的主要因素是剪跨比、混凝土强度、箍筋、弯起钢筋数量强度及纵向受拉钢筋的配筋率,其中最重要的是剪跨比的影响。

所谓剪跨比,是指梁承受集中荷载时,集中力作用点到支点的距离 a(一般称为剪跨)与梁的有效高度 h_0 之比,即 $\lambda = a/h_0$。若将剪跨 a 用该截面的弯矩与剪力之比表示,剪跨比即可表示为 $\lambda = a/h_0 = M/V \cdot h_0$。对其他荷载形式也可通过 $\lambda = M/V \cdot h_0$ 表示,此式又称为广义剪跨比。剪跨比的数值实际上反映了该截面所承受的弯矩和剪力的数值比例关系(即法向应力和剪应力的数值比例关系)。试验研究表明,剪跨比越大即弯矩的影响越大,则梁的抗剪承载力越低;反之,剪跨比越小即剪力的影响越大,则梁的抗剪承载力越高。

根据大量的试验观测,钢筋混凝土梁的斜截面剪切破坏,大致可归纳为 3 种主要破坏形态。图 4.3 所示为钢筋混凝土梁的斜截面剪切破坏形态。

(1)斜拉破坏[图 4.3(a)]

当剪跨比较大($\lambda > 3$),且梁内无腹筋配置或配置的腹筋数量过少时,将发生斜拉破坏。此时,斜裂缝一旦出现,即很快形成临界斜裂缝,并迅速延伸至集中荷载作用点处,将构件斜拉为两部分而破坏。这种破坏前斜裂缝宽度很小,甚至不出现裂缝,破坏是在无预兆情况下发生的,属于脆性破坏,危害性较大,在设计中应尽量避免。试验结果表明,斜拉破坏时的作用(荷载)一般仅仅稍高于裂缝出现时的作用(荷载)。

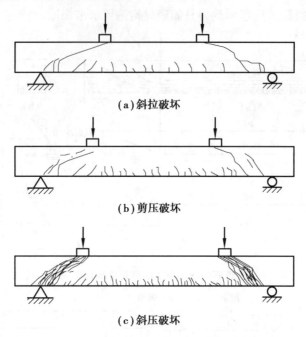

(a)斜拉破坏

(b)剪压破坏

(c)斜压破坏

图4.3   斜截面剪切破坏形态

(2)剪压破坏[图4.3(b)]

当剪跨比适中($\lambda = 1 \sim 3$),且梁内配置的腹筋数量适当时,常发生剪压破坏。对于有腹筋梁,剪压破坏是最常见的斜截面破坏形态;对于无腹筋梁,如剪跨比 $\lambda = 1 \sim 3$ 时也会发生剪压破坏。剪压破坏的特点是:随着荷载的增加,首先出现一些垂直裂缝和微细的斜裂缝。当荷载增加到一定程度时,早已出现的垂直裂缝和细微的倾斜裂缝发展形成一根主要的斜裂缝,称为"临界斜裂缝"。临界斜裂缝出现后,斜裂缝末端混凝土既受剪又受压,称为剪压区。此时梁还能继续承受荷载,随着荷载的增加,临界斜裂缝向上伸展,直到与临界斜裂缝相交的箍筋和弯起钢筋的应力达到屈服强度,同时斜裂缝末端受压区的混凝土在剪应力和法向应力的共同作用下达到强度极限值而破坏。这种破坏因钢筋屈服,使斜裂缝继续发展,具有较明显的破坏征兆,是设计中普遍要求的情况。试验结果表明,剪压破坏时作用(荷载)一般明显高于裂缝出现时的作用(荷载)。

(3)斜压破坏[图4.3(c)]

当剪跨比较小($\lambda < 1$),或剪跨比适当,但腹筋配置过多或腹板很薄(如 T 形或工形薄腹梁)时,都会由于主压应力过大,发生斜压破坏。这时,随着荷载的增加,梁腹板出现若干条平行的斜裂缝,将腹板分割成许多倾斜的受压短柱。最后,因短柱被压碎而破坏。破坏时与斜裂缝相交的箍筋和弯起钢筋的应力尚未屈服,梁的抗剪承载力主要取决于斜压短柱的抗压承载力。

除了前述 3 种主要破坏形态外,在不同的条件下,斜截面还可能出现其他破坏形态,如局部挤压破坏、纵向钢筋的锚固破坏等。

对于前述几种不同的破坏形态,设计时可采用不同的方法加以控制,以保证构件在正常工作情况下具有足够的抗剪承载能力。一般用限制截面最小尺寸的办法,防止梁发生斜压破坏;

用满足箍筋最大间距等构造要求和限制箍筋最小配筋率的办法,防止梁发生斜拉破坏。剪压破坏是设计中常遇到的破坏形态,而且抗剪承载力的变化幅度较大。因此,《公路桥规》给出的斜截面抗剪承载力计算公式,都是依据这种破坏形态的受力特征为基础建立的。

4.1.2　影响斜截面抗剪承载力的主要因素

影响斜截面抗剪承载力的主要因素是剪跨比、混凝土强度、箍筋、弯起钢筋数量强度及纵向受拉钢筋的配筋率。

1)剪跨比 λ(图 4.4)

当 $\lambda > 3$ 时,剪跨比对抗剪承载力没有明显的影响,基本上是一条水平线;而 $\lambda < 3$ 时,受剪承载力明显随剪跨比减小而增大。

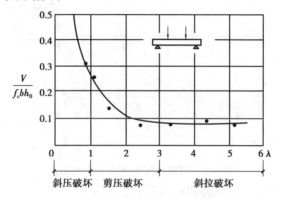

图 4.4　剪跨比对抗剪强度的影响

2)混凝土强度

试验表明,混凝土强度越高,梁的抗剪承载力越大。当其他条件相同时,两者大体呈线性关系,但其影响幅度随 λ 值的增加而降低。

①当 $\lambda < 1$ 时,斜压破坏,抗剪承载力取决于混凝土抗压强度,故影响较大;

②当 $\lambda > 3$ 时,斜拉破坏,抗剪承载力取决于混凝土抗拉强度,故影响较小;

③当 $\lambda = 1 \sim 3$ 时,剪压破坏,则影响介于两者之间。

3)纵向钢筋配筋率

纵向钢筋截面能承担一部分剪力,而且能抑制斜裂缝开展,阻止中性轴的上升,使剪压区有较大截面积,从而增大受压区混凝土的抗剪承载力。

试验表明,纵向钢筋配筋率越大,梁的抗剪承载力越高。当其他条件相同时,两者大体呈线性关系,但其影响幅度随 λ 值的增加而降低。

4)腹筋的强度和数量

腹筋包括箍筋和弯起钢筋。它们的强度和数量对梁的抗剪承载力有着显著的影响,增加构件延性以保证梁的斜截面安全。

箍筋的配筋率称为配箍率,$\rho_{sv} = \dfrac{nA_{sv1}}{bs}$ 表示箍筋截面面积与相应的混凝土面积的比值。

试验表明,配箍率越高,梁的抗剪承载力越高。当其他条件相同时,两者大体呈线性关系。

但配箍率过高时,梁由剪压破坏转化为斜压破坏,梁的抗剪承载力不再随配箍率增加而增加。

4.2 受弯构件斜截面抗剪承载力计算

4.2.1 计算公式及适用条件

1)基本计算公式

钢筋混凝土梁斜截面抗剪承载能力计算,以剪压破坏形态的受力特征为基础。此时,斜截面所承受的剪力组合设计值,由斜裂缝顶端未开裂的混凝土、与斜裂缝相交的箍筋和弯起钢筋三者共同承担(图4.5)。

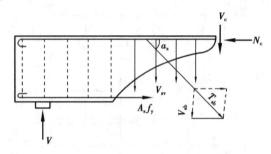

图4.5   斜截面抗剪承载力计算图式

钢筋混凝土梁斜截面抗剪承载力计算的基本表达式为:

$$\gamma_o V_d \leq V_c + V_{sv} + V_{sb} \tag{4.1}$$

即

$$\gamma_o V_d \leq V_{cs} + V_{sb} \tag{4.2}$$

式中　V_d——斜截面受压端正截面处由作用(或荷载)产生的最大剪力组合设计值,kN;

　　　V_c——斜截面顶端受压区混凝土的抗剪承载力设计值,kN;

　　　V_{sv}——与斜截面相交的箍筋的抗剪承载力设计值,kN;

　　　V_{sb}——与斜截面相交的弯起钢筋的抗剪承载力设计值,kN;

　　　V_{cs}——斜截面内混凝土与箍筋共同的抗剪承载力设计值,kN。

(1)混凝土抗剪承载力 V_c

比较普遍地认为,影响混凝土抗剪承载力的主要因素是剪跨比、混凝土强度等级和纵向钢筋配筋率。

其中,剪跨比对混凝土的抗剪承载力有显著影响。当混凝土强度等级、截面尺寸及纵向钢筋配筋率相同时,剪跨比越大,混凝土的抗剪承载力越小;当剪跨比大于3时,变化逐渐减小。

混凝土强度等级直接影响斜截面抗剪承载力。混凝土强度等级越高,其受压、受剪及剪压状态下的强度极限值都相应提高。试验表明,混凝土强度等级对抗剪承载力的影响,并不呈线性关系,抗剪承载力大致与 $\sqrt{f_{cu,k}}$ 成正比。

纵向钢筋可以约束斜裂缝的开展,阻止中性轴上升,有利于受压区混凝土抗剪作用的发挥。因此,纵向钢筋配筋率的大小对混凝土抗剪承载力也有影响。

根据国内外的有关试验资料,在考虑了材料性能的分项系数后,针对矩形截面梁混凝土抗剪承载力设计值的半经验半理论计算公式为:

$$V_c = 1.02 \times 10^{-4} \times \frac{(2 + 0.6p)}{\lambda} \sqrt{f_{cu,k}} b h_0 \tag{4.3}$$

式中　V_c——混凝土的抗剪承载力,kN;

$\quad\quad f_{cu,k}$——混凝土的强度等级,MPa;

$\quad\quad b$——斜截面受压端正截面处的截面宽度,mm;

$\quad\quad h_0$——斜截面受压端正截面处梁的有效高度,即纵向受拉钢筋合力点至截面受压边缘的距离,mm;

$\quad\quad p$——斜截面内纵向受拉钢筋配筋百分率,$p = 100\rho$,$\rho = A_s/b h_0$;当 $p > 2.5$ 时,取 $p = 2.5$;

$\quad\quad \lambda$——剪跨比,$\lambda = M_d/V_d h_0$;当 $\lambda < 1.7$ 时,取 $\lambda = 1.7$;当 $\lambda > 3$ 时,取 $\lambda = 3$。

(2)箍筋抗剪承载力 V_{sv}

箍筋的抗剪承载力是指与斜截面相交的箍筋抵抗梁沿斜截面破坏的能力。

$$V_{sv} = 0.75 \times 10^{-3} \times \sum A_{sv} f_{sd,v} \tag{4.4}$$

式中　0.75——考虑抗剪工作的脆性破坏性质和箍筋的分项系数及应力分布不均等因素影响的修正系数;

$\quad\quad A_{sv}$——斜截面内配置在同一截面的箍筋各肢总截面面积,mm^2;

$\quad\quad f_{sd,v}$——箍筋的抗拉强度设计值,MPa。

为确定与斜截面相交的箍筋数量,必须首先求得斜截面的水平投影长度 C。根据钢筋混凝土梁斜截面破坏试验分析,斜截面的水平投影长度 C 与剪跨比 λ 有关,一般取 $C \approx 0.6\lambda h_0$。

这样,箍筋的抗剪承载力即可表达为下列形式:

$$V_{sv} = 0.75 \times 10^{-3} \times \frac{C}{S_v} A_{sv} f_{sd,v}$$
$$= 0.45 \times 10^{-3} m \rho_{sv} f_{sd,v} b h_0 \tag{4.5}$$

式中　V_{sv}——箍筋的抗剪承载力设计值,kN;

$\quad\quad \rho_{sv}$——箍筋的配筋率,$\rho_{sv} = \dfrac{A_{sv}}{S_v \cdot b}$;

$\quad\quad S_v$——斜截面范围箍筋的间距,mm。

其余符号意义同前。

前面分别讨论了混凝土和箍筋的抗剪承载力。事实上,混凝土的抗剪承载力与箍筋的配置情况存在着复杂的制约关系。故可用一个综合的抗剪承载力 V_{cs} 表示混凝土和箍筋共同承担的抗剪承载力。若将 V_c 和 V_{sv} 的计算表达式直接相加则得:

$$V_{cs} = 1.02 \times 10^{-4} \times \frac{(2 + 0.6p)}{\lambda} \sqrt{f_{cu,k}} b h_0 + 0.45 \times 10^{-3} \times \lambda \rho_{sv} f_{sd,v} b h_0 \tag{4.6}$$

按公式(4.6)计算混凝土和箍筋的抗剪承载力,首先应算出剪跨比 λ,这样是比较麻烦的。为了简化计算,《公路桥规》给出的混凝土和箍筋共同的抗剪承载力 V_{cs} 采用了两项积的表达形式:

$$V_{cs} = 0.45 \times 10^{-3} \times b h_0 \sqrt{(2 + 0.6p) \sqrt{f_{cu,k}} \rho_{sv} f_{sd,v}} \tag{4.7}$$

混凝土和箍筋共同的抗剪承载力计算表达式(4.7)是从公式(4.6)导出的。从图 4.6 可以看出,混凝土的抗剪承载力 V_c 随剪跨比 λ 的增大而减小,而箍筋的抗剪承载力 V_{sv} 随剪跨比 λ

的增大而增加。这样,就可以求得一个"临界剪跨比",使混凝土和箍筋共同承担的抗剪承载力为最小。为此,可对 $V_{cs} = V_c + V_{sv}$ 求极值,即由 $d(V_s + V_{sv})/d\lambda = 0$ 的条件,求得临界剪跨比:

$$\lambda_L = \sqrt{\frac{(2 + 0.6p)\sqrt{f_{cu,k}}}{4.37\rho_{sv}f_{sd,v}}} \tag{4.8}$$

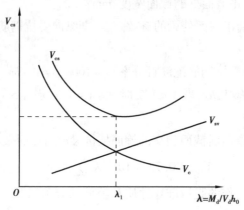

图 4.6   混凝土和箍筋抗剪承载力与剪跨比的关系

将公式(4.6)中的剪跨比 λ,用临界剪跨比 λ_L 即式(4.8)代入,即可求得 V_{cs} 的最小值。

$$V_{cs,min} = 0.868 \times 10^{-4} \times \frac{(2 + 0.6p)\sqrt{f_{cu,k}}bh_0}{\sqrt{\frac{(2 + 0.6p)\sqrt{f_{cu,k}}}{4.37P_{sv}f_{sd,v}}}} + 0.45 \times 10^{-3} \times \sqrt{\frac{(2 + 0.6p)\sqrt{f_{cu,k}}}{4.37P_{sv}f_{sd,v}}}\rho_{sv}f_{sd,v}bh_0$$

将上式进行通分整理后得:

$$V_{cs,min} = 0.428 \times 10^{-3} \times bh_0\sqrt{(2 + 0.6p)\sqrt{f_{cu,k}}\rho_{sv}f_{sd,v}}$$

应该指出,$V_{cs,min}$ 是混凝土和箍筋共同承担的抗剪承载力的最小值。《公路桥规》根据近年来的设计实践,将系数 0.394 调整为 0.45,即得混凝土与箍筋共同的抗剪承载能力设计值计算表式(4.7)。

(3)弯起钢筋抗剪承载力 V_{sb}

弯起钢筋对斜截面的抗剪作用,应为弯起钢筋抗拉承载力在竖直方向的分量:

$$V_{sb} = 0.75 \times 10^{-3} \times f_{sd,b}\sum A_{sb}\sin\theta_s \tag{4.9}$$

式中 V_{sb}——弯起钢筋抗剪承载力,kN;

$f_{sd,b}$——弯起钢筋的抗拉强度设计值,MPa;

A_{sb}——斜截面内同一弯起平面的弯起钢筋截面面积,mm^2;

θ_s——弯起钢筋与梁轴线的夹角;

0.75——考虑抗剪工作的脆性破坏性质和弯起钢筋应力分布不均匀等因素影响的修正系数。

应该指出,前面给出的混凝土和箍筋共同的抗剪承载力 V_{cs} 计算表达式(4.7)是针对矩形截面等高度简支梁建立的半经验半理论公式。对于具有受压翼缘的 T 形和工形截面来说,尚应考虑受压翼缘对混凝土抗剪承载力的影响。在试验研究的基础上,《公路桥规》引入修正系数 $\alpha_3 = 1.1$,考虑受压翼缘对混凝土和箍筋抗剪承载力的提高作用。

　　《公路桥规》根据国内外进行的承受异号弯矩的等高度钢筋混凝土连续梁斜截面抗剪性能试验资料分析,引入系数 $\alpha_1 = 0.9$,考虑异号弯矩对混凝土和箍筋共同的抗剪承载力的影响。

　　《公路桥规》给出的适用于矩形、T 形和工形截面等高度钢筋混凝土简支梁及连续梁(包括悬臂梁)的斜截面抗剪承载力计算表达式,即可写成下列通用形式:

$$\gamma_0 V_d \leqslant V_{cs} + V_{sb} \leqslant 0.45 \times 10^{-3} \times \alpha_1 \alpha_2 \alpha_3 \times bh_0 \sqrt{(2 + 0.6p)\sqrt{f_{cu,k}}\rho_s f_{sd,v}} +$$
$$0.75 \times 10^{-3} \times f_{sd,b} \sum A_{sb} \sin \theta_s \qquad (4.10)$$

式中　α_1——异号弯矩影响系数,计算简支梁和连续梁近边支点梁段的抗剪承载力时,取 $\alpha_1 = 1.0$;计算连续近中间支点梁段和悬臂梁跨径内梁段的抗剪承载力时,取 $\alpha_1 = 0.9$;

　　　　α_2——预应力提高系数,对钢筋混凝土受弯构件,$\alpha_2 = 1.0$;对预应力混凝土受弯构件, $\alpha_2 = 1.25$,但当由钢筋合力引起的截面弯矩与外弯矩的方向相同时,或对于允许出现裂缝的预应力混凝土受弯构件,$\alpha_2 = 1.0$;

　　　　α_3——受压翼缘影响系数,对矩形截面取 $\alpha_3 = 1.0$;对具有受压翼缘的 T 形、工形截面, 取 $\alpha_3 = 1.1$。

2)公式的适用条件

　　前已指出,《公路桥规》给出的钢筋混凝土梁斜截面抗剪承载力计算公式是以剪压破坏形态的受力特征为基础建立。换句话说,应用前述公式进行斜截面抗剪承载力计算的前提是构件的截面尺寸及配筋应符合发生剪压破坏的限制条件。

　　(1)上限值——最小截面尺寸

　　一般是用限制截面最小尺寸的办法,防止梁发生斜压破坏。《公路桥规》规定,矩形、T 形和工形截面受弯构件,其截面尺寸应符合下列要求:

$$\gamma_0 V_d \leqslant 0.51 \times 10^{-3} \times \sqrt{f_{cu,k}}bh_0 \qquad (4.11)$$

式中　V_d——由作用(或荷载)产生的计算截面最大剪力组合设计值,kN;

　　　　$f_{cu,k}$——混凝土强度等级,MPa;

　　　　b——计算截面处的矩形截面宽度或 T 形和工形截面腹板宽度,mm;

　　　　h_0——计算截面处梁的有效高度,即纵向受拉钢筋合力作用点至截面受压边缘的距离,mm。

　　公式(4.11)实际上规定了钢筋混凝土梁的抗剪强度上限值(发生剪压破坏的极限值)。

　　截面限制的意义:首先是为了防止梁构件截面尺寸过小,箍筋配置过多而发生斜压破坏;其次是控制斜裂缝宽度,同时也限定了受弯构件最大配箍率。设计中如不能满足上述条件,可加大截面尺寸或提高混凝土强度等级。

　　(2)下限值与最小配箍率

　　《公路桥规》还规定,矩形、T 形和工形截面受弯构件,如符合下式要求时,则不需进行斜截面抗剪承载力计算,仅需按构造要求配置箍筋。

$$\gamma_0 V_d \leqslant 0.5 \times 10^{-3} \times \alpha_2 f_{td}bh_0 \qquad (4.12)$$

式中　f_{td}——混凝土抗拉强度设计值,MPa。

　　公式(4.12)实际上规定了钢筋混凝土梁抗剪强度下限值。

因此,梁的剪力组合设计值应控制在抗剪强度上、下限之间,即:

$$0.5 \times 10^{-3} \times \alpha_2 f_{td} bh_0 < \gamma_0 V_d \leq 0.51 \times 10^{-3} \times \sqrt{f_{cu,k}} bh_0$$

对于配置箍筋的构件,若箍筋配置过多,可能发生斜压破坏;若箍筋配置过少,一旦斜裂缝出现,箍筋的应力很快达到屈服强度,甚至被拉断,不能有效地抑制斜裂缝的开展而导致发生斜拉破坏。为了防止此类现象发生,需限制最小配箍率。

①最小配箍率 $\rho_{sv,min} = 0.24 \dfrac{f_t}{f_{yv}}$,应有 $\rho_{sv} \geq \rho_{sv,min}$。《公路桥规》规定的最小配箍率:对于 R235(Q235)钢筋,$\rho_{sv,min} = 0.0018$;对于 HRB335 钢筋,$\rho_{sv,min} = 0.0012$。

②箍筋最小直径 d_{min},应有 $d \geq d_{min}$。

③箍筋最大间距 S_{max};应有 $S \leq S_{max}$。

试验研究表明,梁斜截面承载力的大小,不仅与配箍率有关,而且还与箍筋的间距及直径大小有关。同样配箍率情况下,箍筋间距大,直径较小,不能充分发挥箍筋的作用,也不能满足钢筋骨架的刚度要求,因此规定箍筋间距和直径应满足表4.1和表4.2的构造要求。

表4.1　梁中箍筋最大间距

单位:mm

梁高 h	$V \leq 0.7 f_t bh_0$	$V > 0.7 f_t bh_0$
$150 < h \leq 300$	200	150
$300 < h \leq 500$	300	200
$500 < h \leq 800$	350	250
$h > 800$	400	300

表4.2　箍筋最小直径

单位:mm

梁高 h	箍筋直径 d
$h \leq 800$	6
$h > 800$	8

4.2.2　受弯构件斜截面抗剪配筋设计

在实际工作中,斜截面抗剪承载力计算可分为斜截面抗剪承载能力复核和抗剪配筋设计两种情况。

1)斜截面抗剪承载能力复核

对已经设计好的梁进行斜截面抗剪承载能力复核,可求得验算斜截面所能承受的剪力设计值:

$$V_{du} = 0.45 \times 10^{-3} \times \alpha_1 \alpha_3 b h_0 \sqrt{(2 + 0.6p) \sqrt{f_{cu,k}} \rho_{sv} f_{sd,v}} + 0.75 \times 10^{-3} \times f_{sd,b} \sum A_{sb} \cdot \sin \theta_s$$

若 $V_{du} > \gamma_0 V_d$，则说明该斜截面的抗剪承载力是足够的。

原则上，应对承受剪力较大或抗剪强度相对薄弱的斜截面进行抗剪承载力验算。《公路桥规》规定，受弯构件斜截面抗剪承载力的验算位置，应按下列规定采用(图 4.7)。

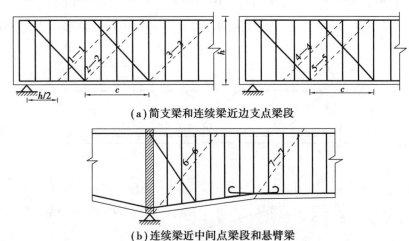

(a)简支梁和连续梁近边支点梁段

(b)连续梁近中间点梁段和悬臂梁

图 4.7　斜截面抗剪承载能力验算位置示意图

简支梁和连续梁近边支点梁段斜截面抗剪承载力验算位置如下：

①距支点中心 $h/2$ 处截面[图 4.7(a)截面 1—1]；

②受拉区弯起钢筋弯起点处截面[图 4.7(a)截面 2—2、3—3]；

③锚于受拉区的纵向钢筋开始不受力处的截面[图 4.7(a)截面 4—4]；

④箍筋数量或间距改变处的截面[图 4.7(a)截面 5—5]；

⑤构件腹板宽度变化处的截面。

连续梁近中间支点梁段和悬臂梁斜截面抗剪承载力验算位置如下：

①支点横隔梁边缘处截面[图 4.7(b)截面 6—6]；

②参照简支梁的要求，需要进行验算的截面。

进行斜截面抗剪承载能力复核时，剪力组合设计值 V_d 应取验算斜截面顶端的数值，即从斜截面验算位置量取斜裂缝水平投影长度 $C \approx 0.6\lambda h_0$，近似求得斜截面顶端的水平位置，并以这一点对应的剪力组合设计值作为该斜截面的剪力设计值。

2)抗剪配筋设计

进行抗剪配筋设计时，荷载产生的剪力组合设计值应由混凝土、箍筋和弯起钢筋共同承担。但是各自承担多大比例，涉及剪力图的合理分配问题。近年来国内外的试验研究认为，箍筋的抗剪作用比弯起钢筋要大一些，其理由如下：

①弯起钢筋的承载范围较大，对斜裂缝的约束作用差；

②弯起钢筋会使弯起点处的混凝土压碎或产生水平撕裂裂缝，而箍筋却能箍紧纵向钢筋防止撕裂；

③箍筋对受压区混凝土能起套箍作用，可以提高其抗剪能力；

④箍筋连接受压区混凝土与梁腹板共同工作效果比弯起钢筋要好。

因此,很多国家的规范都主张适当增大箍筋承担剪力的比例。《公路桥规》吸取了这些意见,加大了箍筋承担剪力的比例,并规定了箍筋最小配筋率。

《公路桥规》规定,用作抗剪配筋设计的最大剪力组合设计值按下列规定取值(图4.8):简支梁和连续梁近边支点梁段取离支点 $h/2$ 处的剪力设计值 V'_d[图4.8(a)];等高度连续梁近中间支点梁段和悬臂梁取支点上横隔梁边缘处的剪力设计值 V''_d[图4.8(b)],将 V'_d 或 V''_d 分为两部分,其中至少60%由混凝土和箍筋共同承担,至多40%由弯起钢筋承担,并用水平线将剪力设计图分割。

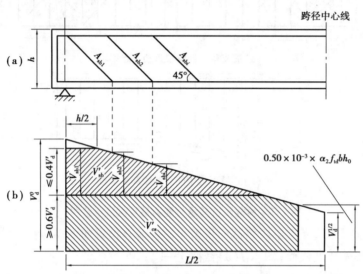

图4.8   斜截面抗剪承载力配筋设计剪力设计值图分配示意图

(1)箍筋设计

根据图4.8的分配,应由混凝土和箍筋共同承担的剪力设计值 $\xi\gamma_0 V'_d$ 或 $\xi\gamma_0 V''_d$(其中 $\xi \geq 0.6$),计算所需的箍筋配筋率:

$$\rho_{sv} = \frac{\left(\dfrac{\xi\gamma_0 V'_d}{0.45 \times 10^{-3} \times \alpha_1\alpha_3 bh_0}\right)^2}{(2 + 0.6p)\sqrt{f_{cu,k}}f_{sd,v}} \geq \rho_{sv,min} \tag{4.13}$$

若预先选定箍筋直径,则可求得箍筋间距:

$$S_v \leq \frac{A_{sv}}{b\rho_{sv}} \text{ 或 } S_v \leq \frac{0.2025 \times 10^{-6} \times \alpha_1^2\alpha_3^2 \times (2 + 0.6p)\sqrt{f_{cu,k}}A_{sv}f_{sd,v}bh_0^2}{(\xi\gamma_0 V'_d)^2} \tag{4.14}$$

式中 S_v——箍筋间距,mm。

布置箍筋时,还应注意满足《公路桥规》规定的有关构造要求:

①钢筋混凝土梁应设置直径不小于8 mm且不小于1/4主钢筋直径的箍筋,其最小配筋率,对R235钢筋为0.18%,对HRB335钢筋为0.12%。当梁中配有计算需要的纵向受压钢筋,或在连续梁、悬臂梁近中间支点负弯矩的梁段,应采用封闭箍筋,同时,同排内任一纵向钢筋离箍筋折角处的纵向钢筋(角筋)的距离应不大于150 mm或15倍箍筋直径(两者中较大者),否则,应设复合箍筋。相邻箍筋的弯钩接头,沿纵向其位置应错开。

②箍筋的间距不应大于梁高的1/2且不大于400 mm;当所箍钢筋为按受力需要的纵向受压钢筋时,不应大于所箍钢筋直径的15倍,且不应大于400 mm。在钢筋搭接接头范围内的箍

筋间距,当搭接钢筋受拉时,不应大于钢筋直径的 5 倍,且不大于 100 mm;当搭接钢筋受压时,不应大于钢筋直径的 10 倍,且不大于 200 mm。支座中心向跨径方向长度相当于一倍梁高范围内,箍筋间距应不大于 100 mm。

③近梁端第一根箍筋应设置在距端面一个混凝土保护层距离处。梁与梁或梁与柱的交接范围内可不设箍筋;靠近交接面的第一根箍筋,与交接面的距离不宜大于 50 mm。

(2)弯起钢筋设计

根据图 4.8 的分配,应由弯起钢筋承担的剪力设计值,按公式(4.9)求得所需弯起钢筋截面面积:

$$A_{sbi} = \frac{\gamma_0 V_{sbi}}{0.75 \times 10^{-3} \times f_{sd,b} \sin \theta_s} \tag{4.15}$$

式中　A_{sbi}——第 i 排弯起钢筋的截面面积,mm^2;

V_{sbi}——应由第 i 排弯起钢筋承担的剪力设计值(图 4.8),其数值按《公路桥规》规定采用。

①计算第一排弯起钢筋 A_{sb1} 时,对简支梁和连续近边支点梁段,取用距支点中心 $h/2$ 处应由弯起钢筋承担的那部分剪力设计值 V_{sb1}[图 4.8(a)];对于等高度连续梁近中间支点梁段及悬臂梁,取用支点上横隔梁边缘处应由弯起钢筋承担的那部分剪力设计值 V'_{sb1}[图 4.8(b)]。

②计算第一排弯起钢筋以后的各排弯起钢筋 $A_{sb2}\cdots\cdots A_{sbi}$ 时,取用前一排弯起钢筋下面起弯点处应由弯起钢筋承担的那部分剪力设计值 $V_{sb2}\cdots\cdots V_{sbi}$[图 4.8(a)或图 4.8(b)]。

应该指出,设计弯起钢筋时剪力设计值的取值,从理论上讲,应取可能通过该弯起钢筋的斜截面顶端截面处,应由弯起钢筋承担的那部分剪力设计值。《公路桥规》规定,计算以后各排弯起钢筋时,取用前一排弯起钢筋起弯点处,应由弯起钢筋承担的那部分剪力设计值,相当于取用了可能通过该排弯起钢筋的斜截面起点的剪力设计值,这样处理显然是偏于安全的。

建议在设计弯起钢筋时,设计剪力值可按下列规定采用:

①计算第 1 排(从支座向跨中计算)弯起钢筋时,取用距支座中心 $h/2$ 处(对连续梁为支点上横隔梁边缘处),应由弯起钢筋承担的那部分剪力设计值。

②计算以后各排弯起钢筋时,取用计算前排弯起钢筋时的剪力设计值截面加一倍有效梁高处,应由弯起钢筋承担的那部分剪力设计值。

布置弯起钢筋时,应注意满足《公路桥规》规定的构造要求(图 4.9):

①弯起钢筋一般由按正截面抗弯承载力计算不需要的纵向钢筋弯起供给。当采用焊接骨架配筋时,也可采用专设的斜短钢筋焊接,但不准采用不与主筋焊接的浮筋。

②弯起钢筋的弯起角宜取 45°。受拉区弯起钢筋的起弯点,应设在按正截面抗弯承载力计算充分利用该钢筋的截面(称为充分利用点)以外不小于 $h_0/2$ 处。弯起钢筋可在按正截面受弯承载力计算不需该钢筋截面面积之前弯起,但弯起钢筋与梁高中心线的交点,应位于按计算不需要该钢筋的截面(称为不需要点)以外(图 4.9)。弯起钢筋的末端(弯终点以外)应留有锚固长度:受拉区不应小于 $20d$,受压区不应小于 $10d$(d 为钢筋直径);对环氧树脂涂层钢筋应增加 25%;对 R235 钢筋尚应设置半圆弯钩。

③对于靠近端支点的第一排弯起钢筋顶部的弯折点,简支梁或连续梁边支点应位于支座中心截面处,悬臂梁或连续梁中间支点应位于横隔梁(板)靠跨径一侧的边缘处。以后各排(跨中

方向)弯起钢筋梁顶部的弯折点应落在前一排(支座方向)弯起钢筋的梁底部弯折点处或弯折点以内。

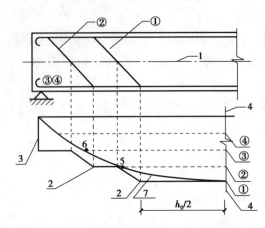

图 4.9   弯起钢筋弯起点位置

1—梁中心线;2—受拉区钢筋弯起点位置;3—正截面抗弯承载力图形;
4—按计算受拉钢筋强度充分利用的截面;5—按计算不需要钢筋①的截面;
6—按计算不需要钢筋②的截面;7—弯矩图;①②③④—钢筋批号

4.3   受弯构件斜截面抗弯承载力计算

钢筋混凝土梁斜截面工作性能试验研究表明,斜裂缝的发生和发展,除了可能引起 4.2 节介绍的受剪破坏外,还可能引起斜截面的受弯破坏,特别是当梁内纵向受拉钢筋配置不足时。斜裂缝的开展使与斜裂缝相交的箍筋和纵向钢筋的应力达到屈服强度。梁被斜裂缝分开的两部分,将绕位于受压区的公共铰而转动,最后,混凝土产生法向裂缝,最终被压碎破坏。

4.3.1   计算公式

图 4.10 所示为斜截面抗弯承载力计算图式。在极限状态下,与斜裂缝相交的纵向钢筋、箍筋和弯起钢筋的应力均达到其抗拉强度设计值,受压区混凝土的应力达到抗压强度设计值。

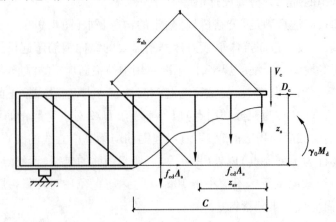

图 4.10   斜截面抗弯承载能力计算图式

斜截面抗弯承载力计算的基本公式,可由所有的力对受压区混凝土合力作用点取矩的平衡条件求得:

$$\gamma_0 M_d \leqslant f_{sd} A_s z_s + f_{sd} A_{sb} z_{sb} + \sum f_{sd,v} A_{sv} z_{sv} \qquad (4.16)$$

式中　M_d——斜截面受压端正截面处最大弯矩组合设计值;

　　　A_s、A_{sb}、A_{sv}——与斜截面相交的纵向钢筋、弯起钢筋和箍筋的截面面积;

　　　z_s、z_{sb}、z_{sv}——与斜截面相交的纵向钢筋、弯起钢筋和箍筋合力对受压区混凝土合力点的力臂。

其他符号意义同前。

受压区中心点 O 由受压区高度 x 决定。受压区高度由所有的力对构件纵轴的投影之和为零的平衡条件 $\sum H = 0$ 求得:

$$f_{cd} A_c = f_{sdb} A_s + \sum f_{sdb} A_{sb} \cos \theta_s \qquad (4.17)$$

式中　f_{cd}——混凝土轴心抗压强度计值;

　　　A_c——受压混凝土面积,对矩形截面取 $A_c = bx$;对 T 形截面取 $A_c = bx + (b_f' - b)h_f'$;

　　　f_{sdb}——弯起钢筋的抗拉强度设计值,MPa;

　　　θ_s——与斜截面相交的弯起钢筋与梁的纵轴的夹角。

4.3.2　斜截面弯曲破坏的位置

按照式(4.16)和式(4.17)进行斜截面抗弯承载力计算时,首先应确定最不利斜截面位置。一般是计算几个不同角度的斜截面,按下列条件确定最不利的斜截面位置。

$$\gamma_0 V_d = \sum f_{sdb} A_{sb} \cdot \sin \theta_s + \sum f_{sd,v} A_{sv} \qquad (4.18)$$

式中　V_d——斜截面受压端正截面处相应于最大弯矩的剪力组合设计值。

公式(4.18)按荷载产生的破坏力矩与构件极限抗弯力矩之差为最小的原则导出,其物理意义是满足此式要求的斜截面其抗弯承载力最小。

在实际设计中,钢筋混凝土受弯构件多不进行斜截面抗弯承载力计算。设计配置纵向钢筋时,正截面抗弯承载力已得到保证。在斜截面范围内若无纵向钢筋弯起,与斜截面相交的钢筋所能承受的弯矩与正截面相同,因此无需进行斜截面抗弯承载力计算。在斜截面范围内若有部分纵向钢筋弯起,与斜截面相交的纵向钢筋少于斜截面受压端正截面的纵向钢筋,但若采取一定的构造要求,也可不必进行斜截面抗弯承载力计算。例如,受拉区弯起钢筋起弯点,应设在按正截面抗弯承载力计算充分利用该钢筋强度的截面(称为充分利用点)以外不小于 $h_0/2$ 处。可以证明满足上述构造要求,部分钢筋弯起使与斜截面相交的纵向钢筋减少。由此而损失的斜截面抗弯承载力,完全可以由弯起钢筋提供的抗弯承载能力来补充,故可不必再进行斜截面抗弯承载力计算。

4.4　全梁承载力校核

前文分别讨论了钢筋混凝土受弯构件正截面抗弯承载力、斜截面抗剪承载力和斜截面抗弯承载力计算方法。实际工作中,一般是首先根据主要控制截面(如简支梁的跨中截面)的正截面抗弯承载力计算要求,确定纵向钢筋的数量和布置方案;然后根据支点附近区段的斜截面抗剪承载力计算要求,确定箍筋和弯起钢筋的数量和布置方案;最后,根据弯矩和剪力设计值沿梁长方向的变化情况,进行全梁承载能力校核。综合考虑正截面抗弯、斜截面抗剪和斜截面抗弯3 个方面的要求,使所设计的钢筋混凝土梁沿梁长方向的任意一个截面都能满足下列要求:

$$\gamma_0 M_d \leqslant M_{du}$$
$$\gamma_0 V_d \leqslant V_{du}$$

即在最不利的荷载效应组合作用下,构件不会出现正截面和斜截面破坏。

4.4.1　弯矩叠合图

在工程实践设计中,钢筋混凝土受弯构件,通常只需要对若干控制截面进行承载力计算,至于其他截面承载力是否满足要求,可通过图解法进行校核。

为合理地布置钢筋,需要绘制出设计弯矩图和正截面抗弯承载力图。所谓设计弯矩图(M 图),是由设计荷载产生的各正截面的弯矩图,与荷载有关。设计弯矩图又称弯矩包络图,其线形为二次或高次抛物线。在均布荷载作用下,简支梁的弯矩包络图一般是以支点弯矩 $M_{d(0)}$、跨中弯矩 $M_{d(\frac{L}{2})}$ 作为控制点,按二次抛物线 $M_{dx} = M_{d(\frac{L}{2})}\left(1 - \dfrac{4x^2}{L^2}\right)$ 绘出(图 4.11)。所谓正截面抗弯承载力图,又称抵抗弯矩图(M_u 图)或材料图,是沿梁长各正截面实际配置的纵向钢筋所能抵抗的弯矩分布而成,如图 4.11 中的阶梯形图线。工程设计中,为了既能保证构件受弯承载力的要求,又使钢材用量经济,对于跨度较小的构件,可采用纵向钢筋全部通长布置的方式;对于大跨度构件,可将一部分纵筋在受弯承载力不需要处弯起或截断,用作受剪的弯起钢筋。

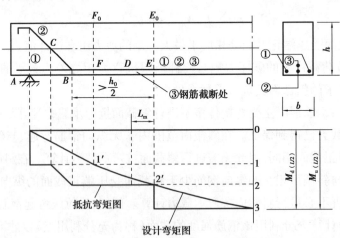

图 4.11　设计弯矩与抵抗弯矩叠合图

图 4.11 中抵抗弯矩图绘制的基本方法如下:

①首先在跨中截面将其最大抵抗弯矩 $M_{u(\frac{L}{2})}$ 根据纵向主筋数量改变处的截面实有抵抗力矩分段,可近似地由各组钢筋(图 4.11 中钢筋①②③)的截面积按比例进行分段。

②通过 1、2、3 点分别作平行于横轴的水平线。其中钢筋①贯穿全梁,通过支点不弯起;钢筋②在 B 处弯起,即在 B 点开始退出工作,故水平线终止;又因弯起钢筋②与梁纵轴交于 C 点之后进入受压区才正式退出工作,故 BC 段用斜线相连;钢筋②在 E 点被截断,完全退出工作,

故线形在此刻发生突变呈现阶梯状。

工程上均将设计弯矩图与抵抗弯矩图绘制于统一坐标系中,采用统一比例,两图相叠合,用来确定纵向钢筋的弯起与截断位置。显然,结构抗力图必须能全部覆盖弯矩设计值包络图,这样全梁的正截面抗弯承载力就可以得保证。结构抗力图与弯矩设计值包络图的差距越小,说明设计越经济。如果抵抗弯矩图偏离设计弯矩图较远,说明纵筋配置较多,抗弯承载力尚有富余。此时,可以从此截面向跨中位置偏移适当距离后将纵筋弯起或截断。

值得注意的是,为了保证正截面受弯承载力的要求,不论纵筋在合理的范围内何处截断或弯起,抵抗弯矩图必须将荷载作用下所产生的设计弯矩图包括在内;同时,考虑到施工操作的便利性,配筋构造也不宜太过复杂。

4.4.2　构造要求

1)纵向钢筋构造要求

弯起钢筋主要由纵向钢筋弯起而成,因此必须保证纵向主钢筋有足够的抗弯与抗剪能力。

(1)保证正截面抗弯承载力的构造要求

如前所述,为保证正截面足够的抗弯承载力,需根据设计弯矩与抵抗弯矩叠合图进行分析比较确定。从图 4.9 可以看出,部分纵向钢筋弯起后,正截面抗弯承载力对应减弱。理论上来说,两图相切时梁设计最为经济合理。

(2)保证斜截面抗剪承载力的构造要求

斜截面抗剪承载力主要取决于弯起钢筋的数量。至于弯起钢筋的弯起位置,需满足《公路桥规》的有关要求,即简支梁第一排弯起钢筋的弯终点应落在支座中心截面处,以后各排弯起钢筋的弯终点应落在或超过前一排弯起钢筋起弯点截面。这样布置可以保证可能出现的任一条斜裂缝,至少能遇到一排弯起钢筋并与其斜交。当纵筋弯起形成的抗剪承载力不足以承担相应荷载时,可采用两次弯起或增加附加斜筋的方法,但不得采用不与主筋焊接的斜筋,即浮筋。

(3)保证斜截面抗弯承载力的构造要求

当抗剪钢筋较强或抗弯钢筋较弱,或者纵向钢筋锚固不牢靠、中断或位置不当时,受弯构件斜截面的破坏形式,除了有最大剪切力引起的剪切破坏外,还可能发生沿斜截面由最大弯矩引发的弯曲破坏。因此,除了要进行斜截面抗弯承载力复核外,还要采取一定的构造措施保证斜截面抗弯。

《公路桥规》规定,当钢筋由纵向受拉钢筋弯起时,从该钢筋发挥抵抗力点即充分利用点到实际弯起点距离不得小于 $h_0/2$,这样由于与斜截面相交的纵筋减少造成的抗弯承载力损失可由弯起钢筋来补偿,因此不必再进行斜截面抗弯承载力验算。弯起钢筋可在不需要该钢筋截面面积之前弯起,但弯起钢筋与梁中心线的交点应位于按计算不需要该钢筋截面的位置(即不需要点)之外。

前述按正截面承载力计算不需要该钢筋的界面所在位置,称为"不需要点";按计算充分利用该钢筋的截面所在位置,称为"充分利用点"。"不需要点"与"充分利用点"的确定通常是在弯矩叠合图上用作图法解决。如图 4.11 所示简支梁,跨中截面按要求已配置 3 组钢筋,共同形成抵抗弯矩 $M_u(\frac{l}{2})$。具体到每一组钢筋所能发挥的承载力可近似按照截面积大小按比例进行分配,线段 01、12、23 分别表示钢筋①②③对应的承载力。过点 2 作水平线交设计弯矩图于 2′

点,此时,点 2′ 对应的截面 EE_0 已不需要③号钢筋,而②号钢筋的承载力在点 2′ 开始充分发挥作用,故点 2′ 称为③号钢筋的"不需要点",同时又是②号钢筋的"充分利用点"。同理,点 1′ 为②号钢筋的"不需要点",同时又是①号钢筋的"充分利用点",以此类推。

对照检查是否能保证斜截面抗弯承载力的构造要求。如图 4.9 中的②号钢筋,点 2′ 是②号钢筋的"充分利用点",这根钢筋需向支座方向移动一个不小于 $h_0/2$ 的距离后方可弯起,且②号钢筋弯起后与梁中心线的交点 C 位于其不需要点 1′ 以左,故满足斜截面抗弯构造要求。

(4)纵向钢筋的弯起、截断与锚固

①纵向钢筋的弯起。梁中纵向钢筋的弯起必须满足 3 个要求:

a.满足斜截面受剪承载力的要求。前面已经讨论过。

b.满足正截面受弯承载力的要求。即设计时必须使梁的抵抗弯矩图包住设计弯矩图。

c.满足斜截面受弯承载力的要求。弯起钢筋应延伸超过其充分利用点至少 $0.5h_0$ 后才能弯起;同时,弯起钢筋与梁中心线的交点,应在不需要该钢筋的截面(理论截断点)之外。

②纵向钢筋的截断。梁内纵向受拉钢筋不宜在受拉区截断,这是因为钢筋截断处钢筋截面面积骤减,对应混凝土内拉力骤增,造成纵向钢筋截断处过早出现裂缝,且裂缝宽度增加较快致使构件承载力下降;如需截断时,应从该钢筋的充分利用截面至少延伸($l_a + h_0$)长度(如图 4.12 所示,l_a 为受拉钢筋最小锚固长度,h_0 为梁截面有效高度);同时,应从不需要点截面至少延伸 $20d$(环氧树脂涂层钢筋 $25d$),d 为钢筋直径。

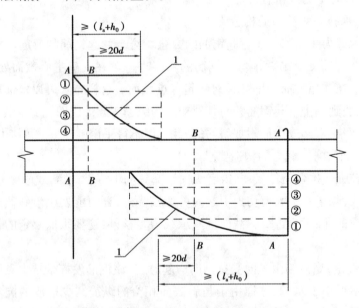

图 4.12　纵向钢筋截断时的延伸长度

①②③④—钢筋种类批号;1—设计弯矩图;

A-A—钢筋①②③④充分利用截面;*B-B*—钢筋①不需要利用截面

③纵向钢筋的锚固。在受力过程中,纵向钢筋可能会产生滑移,甚至从混凝土中拔出而造成锚固破坏。为防止此类现象发生,需将纵向钢筋伸过其受力截面一定长度,这个长度称为锚固长度。

纵向钢筋在支座处的锚固措施有:

a.梁支点处应至少有两根且不少于总数 1/5 的下层受拉主钢筋通过。

b.梁底两侧的受拉主筋应延伸出端支点截面以外,并弯制成直角且顺梁高延伸至顶部与顶部架立筋相连。否则,伸出截面端支点截面的长度应不小于 $10d$(环氧树脂涂层钢筋 $12.5d$),d 为钢筋直径。弯起钢筋的末端应留有足够的锚固长度:受拉区不小于 $20d$;受压区不小于 $10d$,环氧树脂涂层钢筋额外增加 25%;R235 钢筋应设置成半圆弯钩。

2)箍筋的构造要求

(1)箍筋的布置

按计算不需要设置箍筋的梁,除截面高度 $h < 150$ mm 可不设箍筋外,以下情形应设置箍筋:

①截面高度大于 300 mm 时,应沿全梁设置箍筋;

②截面高度 $h = 150 \sim 300$ mm 时,仅在构件端部各 1/4 跨度范围内设置箍筋;

③若在构件中部 1/2 跨度范围内有集中荷载作用时,应沿梁全长范围内布置箍筋。

(2)箍筋的形状和肢数

箍筋形状有开口式和封闭式两种[图 4.13(a)、(b)]。

①开口式:现浇 T 形梁、不承受扭矩和动荷载时,在承受正弯矩区段可用开口式。

②封闭式:用于一般梁。

箍筋肢数有单肢、双肢、四肢 3 种[图 4.13(c)、(d)、(e)]。

①单肢($b \leqslant 120$ mm),梁截面宽度特别小时。

②双肢(120 mm $< b <$ 350 mm),一般情形。

③四肢($b \geqslant 350$ mm,或一排中受拉钢筋多于 5 根,或受压钢筋多于 3 根)。

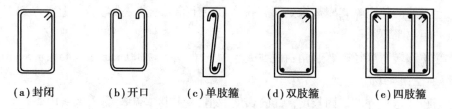

| (a)封闭 | (b)开口 | (c)单肢箍 | (d)双肢箍 | (e)四肢箍 |

图 4.13　箍筋的形状和肢数

(3)箍筋的直径和间距

一般地,箍筋的直径 $d \geqslant d_{\min}$。梁中配有受压钢筋时,尚应有 $d \geqslant d_{压}/4$。

箍筋的间距要求如下:

①一般情况下,$S \leqslant S_{\max}$;

②梁中配有受压钢筋时,尚应有 $S \leqslant 15d$(d 为受压钢筋的最小直径),且应有 $S \leqslant 400$ mm;

③搭接长度范围内,$S \leqslant 5d$(受拉),$S \leqslant 10d$(受压)。

3)其他构造要求

(1)钢筋接头(图 4.14)

钢筋接头分绑扎搭接和焊接。轴拉构件及小偏拉构件的受力钢筋不得采用搭接接头。

搭接长度 l_1 的取值:受拉钢筋的搭接长度不小于 zl_a,且不小于 300 mm;受压钢筋的搭接长度不小于 $0.7l_1$,且不小于 200 mm。其中,l_1 为纵向受拉钢筋的搭接长度;l_a 为纵向受拉钢筋的锚固长度;z 为纵向受拉钢筋的搭接长度修正系数,按表 4.3 取用。

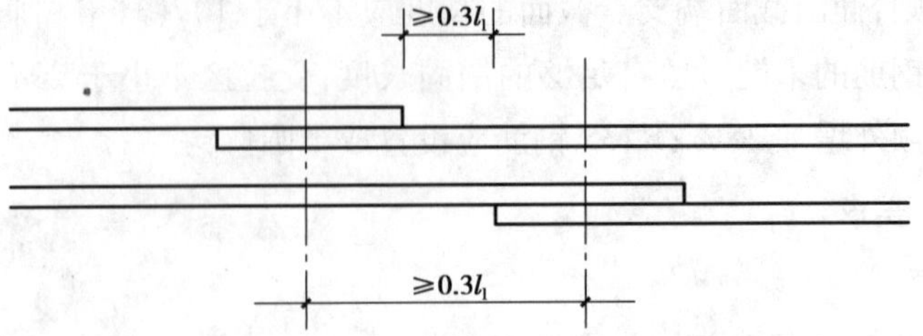

图 4.14　钢筋接头

表 4.3　纵向受拉钢筋搭接长度修正系数

纵向受拉钢筋搭接接头面积百分率/%	≤25	50	100
z	1.2	1.4	1.6

受力钢筋接头应错开,在搭接接头区段内或焊接接头处 35d(且≥500 mm)范围内。接头的百分率上限值:在受拉区为 25%,在受压区为 50%。

(2)弯起钢筋

①弯筋的布置。对于主梁、跨度 l≥6 m 的次梁、吊车梁及挑出 1 m 以上的悬臂梁,不论按计算需要与否,在支座处均设弯起钢筋。

钢筋的弯起次序应左右轮换对称弯起,以利于承担主拉应力。

主梁宽 b>350 mm 时,同一截面上的弯起钢筋不少于 2 根。

②弯起钢筋的位置。支座边缘到第一排弯筋的上弯点、前一排弯筋的上弯点到下一排弯筋的下弯点的距离都不大于 S_{max}。

③弯起角和转弯半径。弯起角:在板中为 30°;梁中:h≤800 mm,α=45°;h>800 mm,α=60°。转弯半径:r=10d。

④弯筋在终弯点外的锚固长度。锚固长度取值:受拉区≥20d,受压区≥10d。

(3)腰筋、拉筋和架立筋(图 4.15)

①腰筋。架设腰筋的原因:防止梁太高时,由于混凝土收缩和混凝土温度变形而产生的竖向裂缝;同时也为了加强钢筋骨架的刚度。

设置要求:当 h_w≥450 mm 时,梁侧设腰筋,其间距≤200 mm;直径 d≥10 mm。

②拉筋。设置要求:其直径与箍筋相同,间距为箍筋的 2 倍。

③架立筋。为了将纵向受力筋和箍筋绑扎成刚性较好的骨架,箍筋四角在没有受力纵筋的位置,应设置架立筋。

设置要求:当 l>6 m 时,d≥12 mm;当 l=4~6 m 时,d≥10 mm;当 l<4 m 时,d≥8 mm。

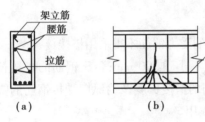

图 4.15　腰筋、拉筋和架立筋

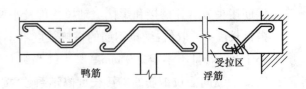

图 4.16　"鸭筋"与"浮筋"

（4）"鸭筋"与"浮筋"

当单独设置只受剪力的弯筋时,应得其做成"鸭筋"的形式(图 4.16),但不允许采用锚固性能较差的"浮筋"。

4.4.3　典型算例

【例 4.1】　某钢筋混凝土 T 形截面简支梁,标准跨径为 13 m,计算跨径为 12.6 m。按正截面抗弯承载力计算所确定的跨中截面尺寸和配筋如图 4.17 所示。其中主筋采用 HRB335 钢筋,4 $\underline{\Phi}$ 32 + 4 $\underline{\Phi}$ 16;架立钢筋采用 HRB335 钢筋,2 $\underline{\Phi}$ 22,焊接成多层钢筋骨架;混凝土等级为 C30。已知该梁承受支点剪力 $V_{d(0)} = 310$ kN,跨中剪力 $V_{d(\frac{L}{2})} = 65$ kN;支点弯矩 $M_{d(0)} = 0$,跨中弯矩 $M_{d(\frac{L}{2})} = 910$ kN·m,试按梁斜截面抗剪配筋设计方法配置该梁的箍筋和弯起钢筋。已知结构重要性系数 $\gamma_0 = 1.1$。

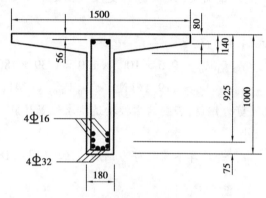

图 4.17　跨中截面钢筋布置图(单位:mm)

【解】　(1)计算各典型截面参数

①主筋为 4 $\underline{\Phi}$ 32 + 4 $\underline{\Phi}$ 16 时,主筋合力作用点至梁截面下边缘的距离:

$$a_s = \frac{280 \times 3217 \times (30 + 35.8) + 280 \times 804 \times (30 + 35.8 \times 2 + 18.4)}{280 \times 3217 + 280 \times 804} \approx 77 (\text{mm})$$

截面有效高度:

$$h_0 = h - a_s = 1000 - 77 = 923 (\text{mm})$$

②主筋为 4 $\underline{\Phi}$ 32 + 2 $\underline{\Phi}$ 16 时:

$$a_s = \frac{280 \times 3217 \times (30 + 35.8) + 280 \times 402 \times (30 + 35.8 \times 2 + 9.2)}{280 \times 3217 + 280 \times 402} \approx 70.8 (\text{mm})$$

$$h_0 = h - a_s = 1000 - 70.8 = 929.2 (\text{mm})$$

③主筋为 4 $\underline{\Phi}$ 32 时:

$$a_s = 30 + 35.8 = 65.8 (\text{mm})$$

$$h_0 = h - a_s = 1000 - 65.8 = 934.2 (\text{mm})$$

④主筋为 2 $\underline{\Phi}$ 32 时:

$$a_s = 30 + \frac{35.8}{2} = 47.9 (\text{mm})$$

$$h_0 = h - a_s = 1000 - 47.9 = 952.1 (\text{mm})$$

（2）截面尺寸验算

根据公式（4.11）验算支座截面、跨中截面尺寸。

对于支座截面：

$$0.51 \times 10^{-3} \times \sqrt{f_{cu,k}} b h_0 = 0.51 \times 10^{-3} \times \sqrt{30} \times 180 \times 952.1 \approx 478.7 (kN)$$
$$> \gamma_0 V_{d(0)} = 1.1 \times 310 = 341 (kN)$$

对于跨中截面：

$$0.51 \times 10^{-3} \times \sqrt{f_{cu,k}} b h_0 = 0.51 \times 10^{-3} \times \sqrt{30} \times 180 \times 923 \approx 464.1 (kN)$$
$$> \gamma_0 V_{d(0)} = 1.1 \times 65 = 71.5 (kN)$$

故按正截面抗弯承载力计算确定的截面尺寸满足抗剪构造要求。

（3）计算是否需配置腹筋

由于梁内最大剪力在支座截面处，故仅需对支座截面进行计算确定是否需要配置剪力钢筋。

对于支座截面，由公式（4.12）得：

$$0.5 \times 10^{-3} \times \alpha_2 f_{td} b h_0 = 0.5 \times 10^{-3} \times 1.0 \times 1.39 \times 180 \times 952.1$$
$$\approx 119.1 (kN) < \gamma_0 V_{d(0)} = 341 (kN)$$

故梁内需要按计算配置剪力钢筋，否则只需按构造要求配置箍筋。

（4）确定各截面剪力大小

①绘制梁半跨剪力包络图，并计算不需要剪力钢筋的区段（图4.18）。

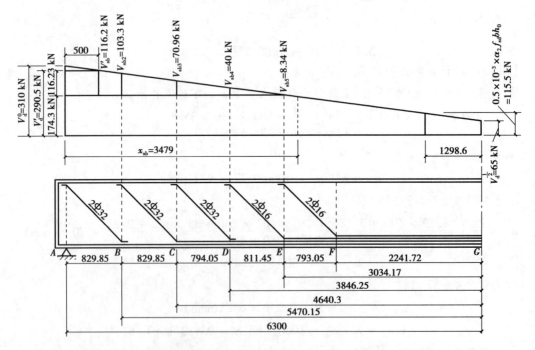

图4.18　按照抗剪要求计算各截面所需弯起钢筋的数量（单位：mm）

对于跨中截面：

$$0.5 \times 10^{-3} \times \alpha_2 f_{td} b h_0 = 0.5 \times 10^{-3} \times 1.0 \times 1.39 \times 180 \times 923$$
$$\approx 115.5 (kN) > \gamma_0 V_{d(0)} = 71.5 (kN)$$

故不需设置剪力钢筋的区段长度。

$$x_c = \frac{(115.5 - 65) \times 6300}{310 - 65} \approx 1298.6(\text{mm})$$

②按比例根据剪力包络图求距支座 $h/2$ 处截面的最大剪力：

$$V'_d = 65 + \frac{(115.5 - 65) \times (6300 - 500)}{1298.6} \approx 290.6(\text{kN})$$

③最大剪力分配。按照《公路桥规》规定，最大剪力其中至少 60% 由混凝土和箍筋共同承担，至多 40% 由弯起钢筋承担，并用水平线将剪力设计图分割。故：

$$V'_{cs} \geqslant 0.6\, V'_d = 0.6 \times 290.5 \approx 174.4(\text{kN})$$

$$V'_{sb} \leqslant 0.4\, V'_d = 0.4 \times 290.6 = 116.2(\text{kN})$$

（5）配置弯起钢筋

①按比例确定弯起钢筋所需区段长度：

$$x_{sb} = \frac{(310 - 174.4) \times 500}{310 - 290.6} \approx 3495(\text{mm})$$

②计算各排弯起钢筋截面面积。

a. 第一排（相对支座）弯起钢筋：距支座 $h/2$ 处截面由弯起钢筋所需承担的剪力值 $V_{sb1} = V'_{sb} = 116.2(\text{kN})$；第一排弯起钢筋拟用补充斜筋 2⊕32，所需弯起钢筋截面面积：

$$A'_{sb1} = \frac{\gamma_0\, V_{sb1}}{0.75 \times 10^{-3} \times f_{sd} \sin 45°} = \frac{1.1 \times 116.2}{0.75 \times 10^{-3} \times 280 \times 0.707} \approx 860.9(\text{mm}^2)$$

实际补充斜筋 2⊕32 截面面积 $A_{sb1} = 1609\ \text{mm}^2 > A'_{sb1} = 860.9\ \text{mm}^2$，满足抗剪要求。其弯起点为 B，弯终点落在支座中心截面 A 截面处，弯起钢筋与主筋夹角为 45°，弯起点 B 至弯终点 A 的距离为：

$$AB = 1000 - \left(56 + \frac{25.1}{2} + \frac{35.8}{2} + 30 + 35.8 + \frac{35.8}{2}\right) = 829.85(\text{mm})$$

b. 第二排弯起钢筋：按比例关系，根据剪力包络图计算第一排弯起钢筋起弯点 B 处由第二排弯起钢筋承担的剪力值：

$$V_{sb2} = \frac{(3495 - 829.85) \times 116.2}{3495 - 500} \approx 103.4(\text{kN})$$

第二排弯起钢筋拟由主筋 2⊕32 弯起形成，所需弯起钢筋截面面积：

$$A'_{sb2} = \frac{\gamma_0\, V_{sb2}}{0.75 \times 10^{-3}\, f_{sd} \sin 45°} = \frac{1.1 \times 103.4}{0.75 \times 10^{-3} \times 280 \times 0.707} \approx 766(\text{mm}^2)$$

实际弯起钢筋截面面积 $A_{sb2} = 1609\ \text{mm}^2 > A'_{sb2} = 766\ \text{mm}^2$，满足抗剪要求。其弯起点为 C，弯终点落在第一排钢筋弯起点 B 截面处，弯起钢筋与主筋夹角为 45°，弯起点 C 至点 B 的距离为：

$$BC = AB = 829.85(\text{mm})$$

c. 第三排弯起钢筋：按比例关系，根据剪力包络图计算第二排弯起钢筋起弯点 C 处由第三排弯起钢筋承担的剪力值：

$$V_{sb3} = \frac{(3495 - 829.85 - 829.85) \times 116.2}{3495 - 500} \approx 71.21(\text{kN})$$

第三排弯起钢筋拟用补充斜筋 2⊕32，所需弯起钢筋截面面积：

$$A'_{sb3} = \frac{\gamma_0 V_{sb3}}{0.75 \times 10^{-3} \times f_{sd} \sin 45°} = \frac{1.1 \times 71.21}{0.75 \times 10^{-3} \times 280 \times 0.707} = 527.6(\text{mm}^2)$$

实际补充斜筋 2$\oplus$32 截面面积 $A_{sb3} = 1609 \text{ mm}^2 > A'_{sb3} = 527.6 \text{ mm}^2$，满足抗剪要求。其弯起点为 D，弯终点落在第二排钢筋弯起点 C 截面处，弯起钢筋与主筋夹角为45°，弯起点 D 至点 C 的距离为：

$$CD = 1000 - \left(56 + \frac{25.1}{2} + \frac{35.8}{2} + 30 + 35.8 + 35.8 + \frac{35.8}{2}\right) = 794.05(\text{mm})$$

d. 第四排弯起钢筋：按比例关系，根据剪力包络图计算第三排弯起钢筋起弯点 D 处由第四排弯起钢筋承担的剪力值：

$$V_{sb4} = \frac{(3495 - 829.85 - 829.5 - 794.05) \times 116.2}{3495 - 500} \approx 40.4(\text{kN})$$

第四排弯起钢筋拟用主筋 2$\oplus$16 弯起而成，所需弯起钢筋截面面积：

$$A'_{sb4} = \frac{\gamma_0 V_{sb4}}{0.75 \times 10^{-3} \times f_{sd} \sin 45°} = \frac{1.1 \times 40.4}{0.75 \times 10^{-3} \times 280 \times 0.707} \approx 299.3(\text{mm}^2)$$

实际用 2$\oplus$16 截面面积 $A_{sb4} = 402 \text{ mm}^2 > A'_{sb4} = 299.3 \text{ mm}^2$，满足抗剪要求。其弯起点为 E，弯终点落在第三排钢筋弯起点 D 截面处，弯起钢筋与主筋夹角为45°，弯起点 E 至点 D 的距离为：

$$DE = 1000 - \left(56 + \frac{25.1}{2} + \frac{18.4}{2} + 30 + 35.8 + 35.8 + \frac{18.4}{2}\right) = 811.45(\text{mm})$$

e. 第五排弯起钢筋：按比例关系，根据剪力包络图计算第三排弯起钢筋起弯点 D 处由第四排弯起钢筋承担的剪力值：

$$V_{sb5} = \frac{(3495 - 829.85 - 829.5 - 794.05 - 811.45) \times 116.2}{3495 - 500} \approx 8.92(\text{kN})$$

第四排弯起钢筋拟用主筋 2$\oplus$16 弯起，所需弯起钢筋截面面积：

$$A'_{sb4} = \frac{\gamma_0 V_{sb5}}{0.75 \times 10^{-3} \times f_{sd} \sin 45°} = \frac{1.1 \times 8.92}{0.75 \times 10^{-3} \times 280 \times 0.707} \approx 66.1(\text{mm}^2)$$

实际用 2$\oplus$16 截面面积 $A_{sb5} = 402 \text{ mm}^2 > A'_{sb5} = 66.1 \text{ mm}^2$，满足抗剪要求。其弯起点为 F，弯终点落在第四排钢筋弯起点 E 截面处，弯起钢筋与主筋夹角为45°，弯起点 F 至点 E 的距离为：

$$EF = 1000 - \left(56 + \frac{25.1}{2} + \frac{18.4}{2} + 30 + 35.8 + 35.8 + 18.4 + \frac{18.4}{2}\right) = 793.05(\text{mm})$$

第五排弯起钢筋起弯点 F 至支座中心 A 的距离：

$$\begin{aligned}AE &= AB + BC + CD + DE + EF = 829.85 + 829.85 + 794.05 + 811.45 + 793.05 \\ &= 4058.25(\text{mm}) > x_{sb} = 3495(\text{mm})\end{aligned}$$

这说明第五排钢筋起弯点 F 已超过需设置弯起钢筋的区段长 x_{sb} 以外，弯起钢筋数量已满足抗剪承载力要求。

各排弯起钢筋起弯点距离跨中截面距离计算如下：

$$x_B = BG = L/2 - AB = 6300 - 829.85 = 5470.15(\text{mm})$$

$$x_C = CG = BG - BC = 5470.15 - 829.85 = 4640.3(\text{mm})$$

$$x_D = DG = CG - CD = 4640.3 - 794.05 = 3846.25(\text{mm})$$

$$x_E = EG = DG - DE = 3846.25 - 811.45 = 3034.77(\text{mm})$$

$$x_F = FG = EG - EF = 3034.77 - 793.05 = 2241.72(\text{mm})$$

按抗弯承载力要求计算各排弯起钢筋起弯点位置如图 4.19 所示。

（6）检验各排弯起钢筋起弯点是否符合构造要求

①检验是否满足抗剪承载力构造要求。从图 4.19 可以看出,对于支座而言,梁内第一排弯起钢筋弯终点落在支座中心截面处,以后各排弯起钢筋的弯终点均落在前一排弯起钢筋起弯点截面上,这些都符合《公路桥规》关于斜截面抗剪承载力方面的构造要求。

②检验是否满足正截面抗弯承载力构造要求。检验配筋是否满足正截面抗弯承载力构造要求,即需比较各截面处设计弯矩与抵抗弯矩的大小,抵抗弯矩大于设计弯矩即设计弯矩图被完全包含在抵抗弯矩图内则正截面抗弯承载力得以保证;否则不满足要求。

a.计算各排弯起钢筋起弯点所在截面和跨中截面的设计弯矩值。已知跨中截面弯矩设计值 $M_{d(\frac{L}{2})} = 910$ kN·m,支座截面弯矩设计值 $M_{d(0)} = 0$,其他截面设计弯矩按二次抛物线公式 $M_{dx} = M_{d(\frac{L}{2})}\left(1 - \dfrac{4x^2}{L^2}\right)$ 计算,计算结果如表 4.4 所示。

表 4.4　各排弯起钢筋起弯点设计弯矩计算表

弯起钢筋序号	起弯点	起弯点至跨中截面距离 x_i/mm	各起弯点设计弯矩 $M_{dx} = M_{d(\frac{L}{2})}\left(1 - \dfrac{4x^2}{L^2}\right)$ /kN·m
1	B	$x_B = 5470.15$	$M_B = 910 \times \left(1 - \dfrac{4 \times 5470.15^2}{12600^2}\right) \approx 223.9$
2	C	$x_C = 4640.3$	$M_C = 910 \times \left(1 - \dfrac{4 \times 4640.3^2}{12600^2}\right) \approx 416.3$
3	D	$x_D = 3846.25$	$M_D = 910 \times \left(1 - \dfrac{4 \times 3846.25^2}{12600^2}\right) \approx 570.8$
4	E	$x_E = 3034.77$	$M_E = 910 \times \left(1 - \dfrac{4 \times 3034.77^2}{12600^2}\right) \approx 698.8$
5	F	$x_F = 2241.72$	$M_F = 910 \times \left(1 - \dfrac{4 \times 2241.72^2}{12600^2}\right) \approx 794.8$
跨中截面			$M_G = M_{d(\frac{L}{2})} = 910$

根据表 4.4 所示各截面设计弯矩值 M_{dx} 绘制设计弯矩图(图 4.19)。

b.计算各排弯起钢筋起弯点所在截面和跨中截面的抵抗弯矩值。先判别 T 形截面类型。

对于跨中截面:

$$f_{sd} A_s = 280 \times 3217 + 280 \times 804 = 1125.88(\text{kN})$$

$$f_{cd} b'_f h'_f = 13.8 \times 1500 \times 110 = 2277(\text{kN}) > f_{sd} A_s$$

故属于第一类 T 形截面,可按照单筋矩形截面 $b'_f \times h$ 计算。

其余截面配筋均少于跨中截面,故均属于第一类 T 形截面,均可按单筋矩形截面 $b'_f \times h$ 计算。

各梁段抵抗弯矩如表 4.5 所示。

表4.5　各梁段抵抗弯矩计算表

梁段	主筋截面 面积A_s/mm^2	截面有效 高度h_0/mm	混凝土受压区高度系数 $\xi=\dfrac{A_s}{b_f'h_0}\times\dfrac{f_{sd}}{f_{cd}}$	各梁段抵抗弯矩 $M_{u(i)}=\dfrac{1}{\gamma_0}f_{sd}A_sh_0(1-0.5\xi)$
AC	$2\,\Phi\,32$ $A_{s(AC)}=1609$	952.1	$\xi_{(AC)}=\dfrac{1609}{1500\times952.1}\times\dfrac{280}{13.8}$ ≈0.0229	$M_{u(AC)}=\dfrac{1}{1.1}\times280\times1609\times952.1\times(1-0.5\times0.0229)$ $\approx385.5\,(\mathrm{kN\cdot m})$
CE	$4\,\Phi\,32$ $A_{s(CE)}=3217$	934.2	$\xi_{(CE)}=\dfrac{3217}{1500\times934.2}\times\dfrac{280}{13.8}$ ≈0.0466	$M_{u(CE)}=\dfrac{1}{1.1}\times280\times3217\times934.2\times(1-0.5\times0.0466)$ $\approx747.2\,(\mathrm{kN\cdot m})$
EF	$4\,\Phi\,32+2\,\Phi\,16$ $A_{s(EF)}=3619$	929.2	$\xi_{(EF)}=\dfrac{3619}{1500\times929.2}\times\dfrac{280}{13.8}$ ≈0.0527	$M_{u(CE)}=\dfrac{1}{1.1}\times280\times3619\times929.2\times(1-0.5\times0.0527)$ $\approx833.4\,(\mathrm{kN\cdot m})$
FG	$4\,\Phi\,32+4\,\Phi\,16$ $A_{s(FG)}=4021$	923	$\xi_{(FG)}=\dfrac{4021}{1500\times923}\times\dfrac{280}{13.8}$ $=0.0589$	$M_{u(CE)}=\dfrac{1}{1.1}\times280\times4021\times923\times(1-0.5\times0.0589)$ $\approx916.9\,(\mathrm{kN\cdot m})$

根据表4.5所示各截面抵抗弯矩值$M_{u(i)}$绘制抵抗弯矩图,如图4.19所示。

从图4.19所示弯矩叠合图可以看出,设计弯矩图完全被包含在抵抗弯矩图内,即$M_d<M_u$,表明正截面抗弯承载力能够保证。

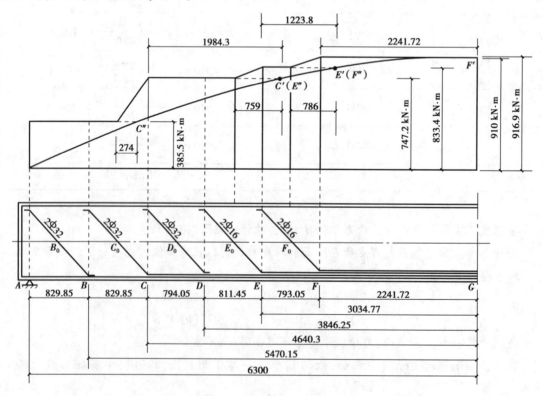

图4.19　按抗弯承载力要求计算各排弯起钢筋起弯点位置(单位:mm)

③检验是否满足斜截面抗弯承载力构造要求。各层纵向钢筋的充分利用点和不需要点位

置计算,如表 4.6 所示。

表 4.6　各层纵向钢筋的充分利用点和不需要点位置计算表

各层纵向钢筋序号	对应充分利用点	各充分利用点至跨中截面距离 $x_i' = \dfrac{L}{2}\sqrt{1-\dfrac{M_{u(i)}}{M_d\left(\frac{L}{2}\right)}}$ /mm	对应不需要利用点	各不需要点至跨中截面距离 x_i''/mm
2	C'	$x_C' = 6300 \times \sqrt{1-\dfrac{747.2}{910}} \approx 2665$	C''	$x_C'' = 6300 \times \sqrt{1-\dfrac{385.5}{910}} \approx 4783$
3	E'	$x_E' = 6300 \times \sqrt{1-\dfrac{833.4}{910}} = 1828$	E''	$x_E'' = x_C' = 2665$
4	F'	$x_F' = 0$	F''	$x_F'' = x_E' = 1828$

计算各排弯起钢筋与梁中心线交点 C_0、E_0、F_0 的位置:

$$x_{C_0} = 4640.3 + \left[500 - \left(30 + 35.8 + \frac{35.8}{2}\right)\right] = 5056.6(\text{mm})$$

$$x_{E_0} = 3034.77 + \left[500 - \left(30 + 2 \times 35.8 + \frac{18.4}{2}\right)\right] = 3424.37(\text{mm})$$

$$x_{F_0} = 2241.72 + \left[500 - \left(30 + 2 \times 35.8 + 18.4 + \frac{35.8}{2}\right)\right] = 2603.82(\text{mm})$$

计算各排弯起钢筋起弯点至对应充分利用点的距离、各排弯起钢筋与梁中心线交点至对应不需要点的距离,如表 4.7 所示。

表 4.7　斜截面抗弯承载力构造要求分析表

各排弯起钢筋序号	弯起点至充分利用点距离 $(x_i - x_i')$/mm	$\left[(x_i - x_p) - \dfrac{h_0}{2}\right]$/mm	弯起钢筋与梁中心线交点至不需要点距离 $(x_{i0} - x_i'')$/mm
2	$x_C - x_C' = 4640.3 - 2665 = 1975.3$	1508.2	$x_{C0} - x_C'' = 5056.6 - 4783 = 273.6$
4	$x_E - x_E' = 3034.77 - 1828 = 1206.77$	743.2	$x_{E0} - x_E'' = 3424.37 - 2665 = 759.37$
5	$x_F - x_F' = 2241.72 - 0 = 2241.72$	1780.22	$x_{F0} - x_F'' = 2603.82 - 1828 = 775.82$

从表 4.7 可以看出,各排弯起钢筋起弯点均在该层钢筋充分利用点外不小于 $h_0/2$ 处,且各排弯起钢筋与梁中心线交点均在该层钢筋不需要点以外,即均能保证斜截面抗弯承载力。

此外,如图 4.19 所示,在梁底部有 2 根 Φ32 主筋不弯起且通过支座截面。这两根主筋截面面积 $A_s = 1609$ mm^2,与主筋 4Φ32 + 4Φ16 总截面面积 4021 mm^2 之比为 0.4,大于 1/5,符合《公路桥规》规定的构造要求。

(7)箍筋的配置

根据《公路桥规》关于"钢筋混凝土梁应设置直径不小于 8 mm 且不小于 1/4 主筋直径的箍筋"的规定,本题采用封闭式双肢箍筋,2Φ8,R235 钢筋,单肢箍筋截面面积 50.3 mm^2。又根据《公路桥规》中关于箍筋间距的规定:"箍筋间距不大于梁高的 1/2 且不大于 400 mm,支座截面处、支座中心向跨径长度方向长度不小于一倍梁高范围内箍筋间距不大于 100 mm",表 4.8 内梁段最大箍筋间距满足要求。相应最小配箍率：$\rho_{sv} = \dfrac{A_{sv}}{bS_v} = \dfrac{2 \times 50.3}{180 \times 200} = 0.0028 > 0.18\%$，满足规范要求。

表4.8　各梁段箍筋最大间距计算表

梁段	主筋截面面积A_s/mm²	截面有效高度h_0/mm	主筋配筋率 $\rho = \dfrac{A_s}{bh_0} \times 100\%$	箍筋最大间距 $S_v = \dfrac{0.2025 \times 10^{-6} \times \alpha_1^2 \alpha_3^2 (2+0.6\rho)\sqrt{f_{cu,k}} A_s f_{sv} bh_0^2}{(\xi \gamma_0 V_d')^2}$/mm
AC	2 ⏀ 32 $A_{s(AC)} = 1609$	952.1	$\rho_{AC} = \dfrac{1609}{180 \times 952.1} \times 100\%$ $\approx 0.94\%$	$S_{v(AC)} = \dfrac{1.1^2 \times 0.2025 \times 10^{-6} \times (2+0.6\times0.94) \times \sqrt{30} \times 100.6 \times 195 \times 180 \times 952.1^2}{(0.6 \times 1.1 \times 290.6)^2}$ $= 299.5$
CE	4 ⏀ 32 $A_{s(CE)} = 3217$	934.2	$\rho_{CE} = \dfrac{3217}{180 \times 934.2} \times 100\%$ $\approx 1.91\%$	$S_{v(CE)} = \dfrac{1.1^2 \times 0.2025 \times 10^{-6} \times (2+0.6\times1.91) \times \sqrt{30} \times 100.6 \times 195 \times 180 \times 934.2^2}{(0.6 \times 1.1 \times 290.6)^2}$ $= 589.6$
EF	4 ⏀ 32 + 2 ⏀ 16 $A_{s(EF)} = 3619$	929.2	$\rho_{EF} = \dfrac{3619}{180 \times 929.2} \times 100\%$ $\approx 2.16\%$	$S_{v(EF)} = \dfrac{1.1^2 \times 0.2025 \times 10^{-6} \times (2+0.6\times2.16) \times \sqrt{30} \times 100.6 \times 195 \times 180 \times 929.2^2}{(0.6 \times 1.1 \times 290.6)^2}$ $= 366.6$
FG	4 ⏀ 32 + 4 ⏀ 16 $A_{s(FG)} = 4021$	923	$\rho_{FG} = \dfrac{4021}{180 \times 923} \times 100\%$ $\approx 2.42\%$	$S_{v(FG)} = \dfrac{1.1^2 \times 0.2025 \times 10^{-6} \times (2+0.6\times2.42) \times \sqrt{30} \times 100.6 \times 195 \times 180 \times 923^2}{(0.6 \times 1.1 \times 290.6)^2}$ $= 378.9$

本章小结

1. 根据剪跨比和箍筋用量的不同，斜截面受剪的破坏形态有3种：斜压破坏、斜拉破坏和剪压破坏。其中前两种破坏属于脆性破坏，工程中应予以避免，设计中可通过限制截面尺寸和控制箍筋的最小配箍率来防止这两种破坏；而剪压破坏属于塑性破坏，通过计算加以防止。

2. 影响斜截面承载力的主要因素有剪跨比（跨高比 l/h）、纵筋配筋率、配箍率及混凝土强度大小。通过试验得出抗剪强度与各因素的关系式，从而建立受剪承载力计算公式。

3. 斜截面受剪承载力计算公式为 $\gamma_0 V_d \leqslant V_{cs} + V_{sb} \leqslant 0.45 \times 10^{-3} \times \alpha_1 \alpha_2 \alpha_3 bh_0 \sqrt{(2+0.6\rho)\sqrt{f_{cu,k}} \rho_{sv} f_{sd,v}} + 0.75 \times 10^{-3} \times f_{sd,b} \sum A_{sb} \sin \theta_s$。计算时应注意公式的适用条件，即截面尺寸满足式(4.11)，否则应加大截面尺寸；同时计算所得的配箍率应满足最小配箍率的要求。

4. 抵抗弯矩图是实际配置的钢筋在梁的各正截面所承受的弯矩图。通过抵抗弯矩图可以确定钢筋弯起和截断的位置。抵抗弯矩图必须保住设计弯矩图，两个图越贴近，钢筋利用越充分。同一根梁在同等荷载作用下可以有不同的纵向钢筋布置方案、不同的抵抗弯矩图。

5. 在进行钢筋混凝土受弯构件设计时，在满足计算要求的同时，还应符合必要的构造要求来保证斜截面的承载力。纵向钢筋的弯起与截断位置、纵向钢筋的锚固与连接、弯起钢筋的构造要求，以及箍筋的布置、直径与间距等，在设计中均应给予充分的重视。

思考练习题

4.1　钢筋混凝土受弯构件沿斜截面破坏的形态有几种？各在什么情况下发生？

4.2　影响钢筋混凝土受弯构件斜截面抗弯能力的主要因素有哪些?

4.3　钢筋混凝土受弯构件斜截面抗弯承载力基本公式的适用范围是什么? 公式的上下限物理意义是什么?

4.4　解释以下术语:剪跨比、剪压破坏、充分利用点、不需要点、弯矩包络图、抵抗弯矩图。

4.5　钢筋混凝土抗剪承载力复核时,如何选择复核截面?

4.6　试述纵向钢筋在支座处锚固有哪些规定。

4.7　什么是鸭筋和浮筋? 浮筋为什么不能作为受剪钢筋?

4.8　一钢筋混凝土矩形截面简支梁,截面尺寸为 $250\text{ mm} \times 500\text{ mm}$,混凝土强度等级为 $C20(f_t = 1.1\text{ N/mm}^2 \text{、} f_c = 9.6\text{ N/mm}^2)$,箍筋为热轧 HPB235 级钢筋 $(f_{yv} = 210\text{ N/mm}^2)$,纵向钢筋为 3$\Phi$25HRB335 级钢筋 $(f_y = 300\text{ N/mm}^2)$,支座处截面的剪力最大值为 180 kN。求箍筋和弯起钢筋的数量。

4.9　钢筋混凝土矩形截面简支梁如图 4.20 所示,截面尺寸为 $250\text{ mm} \times 500\text{ mm}$,混凝土强度等级为 $C20(f_t = 1.1\text{ N/mm}^2 \text{、} f_c = 9.6\text{ N/mm}^2)$,箍筋为热轧 HPB235 级钢筋 $(f_{yv} = 210\text{ N/mm}^2)$,纵筋为 2$\Phi$25 和 2$\Phi$22HRB400 级钢筋 $(f_y = 360\text{ N/mm}^2)$。求:①只配箍筋;②既配弯起钢筋又配箍筋。

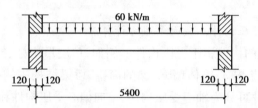

图 4.20　习题 4.9 图

4.10　题 4.9 中,既配弯起钢筋又配箍筋,若箍筋为热轧 HPB335 级钢筋 $(f_{yv} = 300\text{ N/mm}^2)$,荷载改为 100 kN/m,其他条件不变。求箍筋和弯起钢筋的数量。

第 5 章　受压构件承载力计算

【本章导读】

通过本章学习,掌握受压构件的构造要求;理解轴心受压螺旋筋柱间接配筋的原理;理解偏心受压构件的破坏形态和矩形截面受压承载力的计算简图和基本计算公式;熟练掌握矩形截面对称配筋偏心受压构件的受压承载力计算;领会受压构件中纵向钢筋和箍筋的主要构造要求;了解型钢混凝土柱和钢管混凝土柱。

【重点】

轴心受压构件、偏心受压构件受力特征、受力分析及正截面承载力计算。

【难点】

轴心受压构件、偏心受压构件正截面承载力计算。

以承受轴向压力为主的构件属于受压构件。例如,单层厂房柱、拱、屋架上弦杆,多层和高层建筑中的框架柱、剪力墙、核心筒体墙,烟囱的筒壁,桥梁结构中的桥墩、桩等均属于受压构件。按受力情况,受压构件可分为轴心受压构件、单向偏心受压构件和双向偏心受压构件。

对于单一匀质材料的构件,当轴向压力的作用线与构件截面形心轴线重合时为轴心受压,不重合时为偏心受压。钢筋混凝土构件由两种材料组成,混凝土是非匀质材料,钢筋可非对称布置。但为了方便,不考虑混凝土的不匀质性及钢筋非对称布置的影响,近似地用轴向压力的作用点与构件正截面形心的相对位置来划分受压构件的类型。当轴向压力的作用点位于构件正截面形心时,为轴心受压构件。当轴向压力的作用点只对构件正截面的一个主轴有偏心距时,为单向偏心受压构件。当轴向压力的作用点对构件正截面的两个主轴都有偏心距时,为双向偏心受压构件。

5.1　受压构件的构造要求

5.1.1　截面形式及尺寸

为便于制作模板,轴心受压构件截面一般采用方形或矩形,有时也采用圆形或多边形。偏心受压构件一般采用矩形截面,但为了节约混凝土和减轻柱的自重,特别是在装配式柱中,较大尺寸的柱常常采用工形截面。拱结构的肋常做成 T 形截面。采用离心法制造的柱、桩、电杆以及烟囱、水塔支筒等常采用环形截面。

方形柱的截面尺寸不宜小于 250 mm × 250 mm。为了避免矩形截面轴心受压构件长细比过大,承载力降低过多,常取 $\dfrac{l_0}{b} \leqslant 30$、$\dfrac{l_0}{h} \leqslant 25$。此处 l_0 为柱的计算长度,b 为矩形截面短边边长,h

为长边边长。此外，为了施工支模方便，柱截面尺寸宜采用整数，800 mm 及以下的，宜取 50 mm 的倍数；800 mm 以上的，可取 100 mm 的倍数。

对于工形截面，翼缘厚度不宜小于 120 mm，因为翼缘太薄，会使构件过早出现裂缝，同时在靠近柱底处的混凝土容易在车间生产过程中碰坏，影响柱的承载力和使用年限。腹板厚度不宜小于 100 mm，地震区采用工形截面柱时，其腹板宜再加厚些。

5.1.2　材料强度要求

混凝土强度等级对受压构件的承载能力影响较大。为了减小构件的截面尺寸，节省钢材，宜采用较高强度等级的混凝土，一般采用 C30、C35、C40。对于高层建筑的底层柱，必要时可采用高强度等级的混凝土。

纵向钢筋一般采用 HRB400 级、RRB400 级和 HRB500 级钢筋，箍筋一般采用 HRB400 级、HRB335 级钢筋，也可采用 HPB300 级钢筋。

5.1.3　纵向钢筋

柱中纵向钢筋直径不宜小于 12 mm；全部纵向钢筋的配筋率不宜大于 5%（详见 5.2.1 节）；全部纵向钢筋配率不应小于最小配筋百分率 ρ_{min}（%），且截面一侧纵向钢筋配筋率不应小于 0.2%。

轴心受压构件的纵向受力钢筋应沿截面的四周均匀放置，钢筋根数不得少于 4 根［图 5.1（a）］。钢筋直径通常在 16~32 mm 内选用。为了减少钢筋在施工时可能产生的纵向弯曲，宜采用较粗的钢筋。

圆柱中纵向钢筋宜沿周边均匀布置，根数不宜少于 8 根，且不应少于 6 根。

偏心受压构件的纵向受力钢筋应放置在偏心方向截面的两边。当截面高度 $h \geqslant 600$ mm 时，在侧面应设置直径不小于 10 mm 的纵向构造钢筋，并相应地设置附加箍筋或拉筋［图 5.1（b）］。

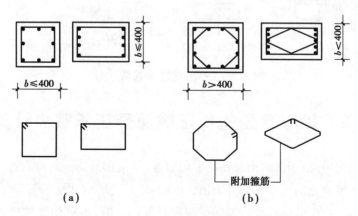

图 5.1　方形、矩形截面箍筋形式

柱内纵筋的混凝土保护层厚度对一类环境取 20 mm。纵向钢筋净距不应小于 50 mm。在水平位置上浇筑的预制柱，其纵向钢筋最小净距可按梁的规定采用。纵向受力钢筋彼此间的中心距不宜大于 300 mm。

纵向钢筋的连接接头宜设置在受力较小处，同一根钢筋宜少设接头。钢筋的接头可采用机械连接接头,也可采用焊接接头和搭接接头。对于直径大于 25 mm 的受拉钢筋和直径大于 28 mm的受压钢筋,不宜采用绑扎搭接接头。

5.1.4　箍筋

为了能箍住纵向钢筋,防止纵向钢筋压曲,柱及其他受压构件中的周边箍筋应做成封闭式;其间距在绑扎骨架中不应大于15d(d 为纵向钢筋最小直径),且不应大于 400 mm,也不大于构件横截面的短边尺寸。

箍筋直径不应小于 d/4(d 为纵向钢筋最大直径),且不应小于 6 mm。

当纵向钢筋配筋率超过 3% 时,箍筋直径不应小于 8 mm,其间距不应大于 10d(d 为纵向钢筋最小直径),且不应大于 200 mm;箍筋末端应做成 135° 弯钩,且弯钩末端平直段长度不应小于箍筋直径的 10 倍。

当截面短边大于 400 mm 且各边纵筋多于 3 根时,或当柱截面短边尺寸不大于 400 mm,但各边纵筋多于 4 根时,应设置复合箍筋[图 5.1(b)]。

设置柱内箍筋时,宜使纵向钢筋每隔 1 根位于箍筋的转折点处。

在纵向钢筋搭接长度范围内,箍筋的直径不宜小于搭接钢筋直径的 0.25 倍;其箍筋间距不应大于 5d,且不应大于 100 mm(d 为搭接钢筋中的较小直径)。当搭接受压钢筋直径大于 25 mm时,应在搭接接头两个端面外 100 mm 范围内各设置两道箍筋。

对于截面形状复杂的构件,不可采用具有内折角的箍筋,以避免产生向外的拉力,致使折角处的混凝土破损(图 5.2)。

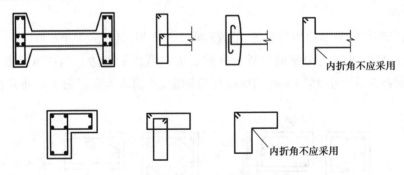

图 5.2　工形、L 形截面箍筋形式

5.2　轴心受压构件正截面受压承载力计算

在实际工程结构中,由于混凝土材料的非匀质性、纵向钢筋的不对称布置、荷载作用位置的不准确及施工时不可避免的尺寸误差等原因,真正的轴心受压构件几乎不存在。但在设计以承受恒荷载为主的多层房屋的内柱及桁架的受压腹杆等构件时,可近似地按轴心受压构件计算。另外,轴心受压构件正截面承载力计算还可用于偏心受压构件垂直弯矩平面的承载力验算。

一般地,钢筋混凝土柱按照箍筋的作用及配置方式的不同分为两种:配有纵向钢筋柱和普通箍筋的柱。后者简称普通箍筋柱;配有纵向钢筋和螺旋式或焊接环式箍筋的柱,统称螺旋箍筋柱。

5.2.1　轴心受压普通箍筋柱正截面受压承载力计算

最常见的轴心受压柱是普通箍筋柱(图 5.3)。纵向钢筋的作用是提高柱的承载力,减小构件的截面尺寸,防止因偶然偏心产生破坏,改善破坏时构件的延性和减小混凝土的徐变变形。箍筋能与纵向钢筋形成骨架,并防止纵向钢筋受力后外凸。

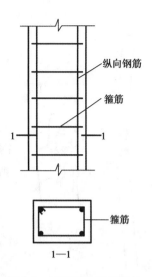

图 5.3　配有纵向钢筋的柱

1)受力分析和破坏形态

配有纵向钢筋和箍筋的短柱,在轴心荷载作用下,整个截面的应变基本上是均匀分布的。当荷载较小时,混凝土和钢筋都处于弹性阶段,柱子压缩变形的增大与荷载的增大成正比,纵向钢筋和混凝土的压应力的增加也与荷载的增大成正比。当荷载较大时,由于混凝土塑性变形的发展,压缩变形增加的速度快于荷载增加速度;纵向钢筋配筋率越小,这个现象越为明显。同时,在相同荷载增量下,钢筋的压应力比混凝土的压应力增加得快(图 5.4)。随着荷载的继续增加,柱中开始出现微细裂缝,在临近破坏荷载时,柱四周出现明显的纵向裂缝,箍筋间的纵向钢筋发生压屈,向外凸出,混凝土被压碎,柱子即告破坏(图 5.5)。

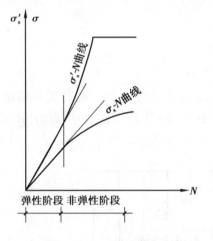

图 5.4　应力-荷载曲线示意图

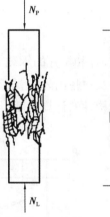

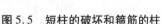

图 5.5　短柱的破坏和箍筋的柱

试验表明,素混凝土棱柱体构件达到最大压应力值时的压应变值为 $0.0015 \sim 0.002$,而钢筋混凝土短柱达到应力峰值时的压应变一般为 $0.0025 \sim 0.0035$。其主要原因是纵向钢筋起到了调整混凝土应力的作用,使混凝土的塑性得到了较好的发挥,改善了受压破坏的脆性。在破坏时,一般是纵向钢筋先达到屈服强度,此时可继续增加一些荷载。最后混凝土达到极限压应变值,构件破坏。当纵向钢筋的屈服强度较高时,可能会出现钢筋没有达到屈服强度而混凝土达到了极限压应变值的情况。

计算时,以构件的压应变达到 0.002 为控制条件,认为此时混凝土达到了棱柱体抗压强度 f_c,相应的纵向钢筋应力值 $\sigma'_s = E_s \varepsilon'_s \approx 200 \times 10^3 \times 0.002 \approx 400 \ \mathrm{N/mm^2}$;对于 HRB400 级、HRB335 级、HPB300 级和 RRB400 级热轧带肋钢筋,此值已大于其抗压强度设计值,故计算时可按 f'_y 取值,对于 500 MPa 级钢筋,$f'_y = 435 \ \mathrm{N/mm^2}$。

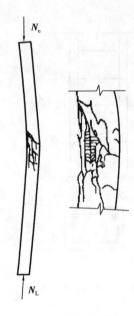

图 5.6 长柱的破坏

前述是短柱的受力分析和破坏形态。对于长细比较大的柱子,试验表明,由各种偶然因素造成的初始偏心距的影响是不可忽略的。加载后,初始偏心距导致产生附加弯矩和相应的侧向挠度,而侧向挠度又增大了荷载的偏心距;随着荷载的增加,附加弯矩和侧向挠度将不断增大。这样相互影响的结果,使长柱在轴力和弯矩的共同作用下发生破坏。破坏时,首先在凹侧出现纵向裂缝,随后混凝土被压碎,纵向钢筋被压屈向外凸出;凸侧混凝土出现垂直于纵轴方向的横向裂缝,侧向挠度急剧增大,柱子破坏(图 5.6)。

试验表明,长柱的破坏荷载低于其他条件相同的短柱破坏荷载,长细比越大,承载能力降低越多。其原因在于,长细比越大,由于各种偶然因素造成的初始偏心距将越大,从而产生的附加弯矩和相应的侧向挠度也越大。对于长细比很大的细长柱,还可能发生失稳破坏现象。此外,在长期荷载作用下,由于混凝土的徐变、侧向挠度将增大更多,从而使长柱的承载力降低得更多,长期荷载在全部荷载中所占的比例越多,其承载力降低得越多。

《混凝土结构设计规范》(GB 50010—2010)采用稳定系数 φ 来表示长柱承载力的降低程度,即:

$$\varphi = \frac{N_u^l}{N_u^s} \tag{5.1}$$

式中 N_u^l、N_u^s ——长柱和短柱的承载力。

国内试验资料及一些国外的试验数据表明,稳定系数 φ 值主要与构件的长细比有关(图 5.7)。长细比是指构件的计算长度 l_0 与其截面的回转半径 i 之比,对于矩形截面为 l_0/b(b 为截面的短边尺寸)。

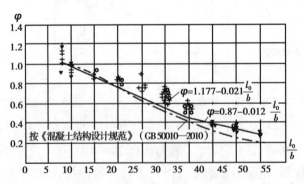

图 5.7 φ 值的试验结果及规范取值

从图 5.7 可以看出,l_0/b 越大,φ 值越小。当 $l_0/b < 8$ 时,柱的承载力没有降低,φ 值可取为 1。对于具有相同 l_0/b 值的柱,由于混凝土强度等级和钢筋的种类以及配筋率的不同,φ 值的大小还略有变化。根据试验结果及数理统计可得下列经验公式:

当 $l_0/b = 8 \sim 34$ 时,

$$\varphi = 1.177 - 0.021 \frac{l_0}{b} \tag{5.2}$$

当 $l_0/b = 35 \sim 50$ 时,

$$\varphi = 0.87 - 0.012 \frac{l_0}{b} \tag{5.3}$$

《混凝土结构设计规范》(GB 50010—2010)采用的 φ 值如表 5.1 所示。表 5.1 中,对于长细比 l_0/b 较大的构件,考虑到荷载初始偏心和长期荷载作用对构件承载力的不利影响较大,φ 的取值比按经验公式所得到的 φ 值还要降低一些,以保证安全。对于长细比 l_0/b 小于 20 的构件,考虑使用经验,φ 的取值略微高一些。构件的计算长度 l_0 按《混凝土结构设计规范》(GB 50010—2010)有关表格采用。

表 5.1　钢筋混凝土构件的稳定系数

l_0/b	l_0/d	l_0/i	φ	l_0/b	l_0/d	l_0/i	φ
≤ 8	≤ 7	≤ 28	≤ 1.00	30	26	104	0.52
10	8.5	35	0.98	32	28	111	0.48
12	10.5	42	0.95	34	29.5	118	0.44
14	12	48	0.92	36	31	125	0.40
16	14	55	0.87	38	33	132	0.36
18	15.5	62	0.81	40	34.5	139	0.32
20	17	69	0.75	42	36.5	146	0.29
22	19	76	0.70	44	38	153	0.26
24	21	83	0.65	46	40	160	0.23
26	22.5	90	0.60	48	41.5	167	0.21
28	24	97	0.56	50	43	174	0.19

注:表中 l_0 为构件计算长度,b 为矩形截面的短边尺寸,d 为圆形截面的直径,i 为截面最小回转半径。

2)承载力计算公式

根据前述分析,配有纵向钢筋和普通箍筋的轴心受压短柱破坏时,横截面的计算应力图形如图 5.8 所示。

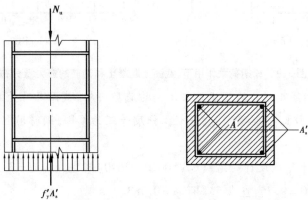

图 5.8　普通箍筋柱正截面及受压承载力计算简图

在考虑长柱承载力的降低和可靠度的调整因素后,规范给出轴心受压构件承载力计算公式如下:

$$N_u = 0.9\varphi(f_c A + f'_y A'_s) \tag{5.4}$$

式中　N_u——轴向压力承载力设计值;

　　　0.9——可靠度调整系数;

　　　φ——钢筋混凝土轴心受压构件的稳定系数(表5.1);

　　　f_c——混凝土的轴心抗压强设计值;

　　　A——构件截面面积;

　　　f'_y——纵向钢筋的抗压强度设计值;

　　　A'_s——全部纵向钢筋的截面面积。

当纵向钢筋配筋率大于3%时,式(5.4)中A应改用($A - A'_s$)。构件计算长度l_0与构件两端支承情况有关,当两端铰支时,取$l_0 = l$(l是构件实际长度);当两端固定时,取$l_0 = 0.5l$;当一端固定,一端铰支时,取$l_0 = 0.7l$;当一端固定,一端自由时,取$l_0 = 2l$。

在实际结构中,构件端部的连接不像前述几种情况那样理想、明确,这会在确定l_0时遇到困难。因此,《混凝土结构设计规范》(GB 50010—2010)对单层厂房排架柱、框架柱等的计算长度作了具体规定,详见有关内容。

轴心受压构件在加载后荷载维持不变的条件下,由于混凝土徐变,则随着荷载作用时间的增加,混凝土的压应力逐渐变小,钢筋的压应力逐渐变大,一开始变化较快,经过一定时间后趋于稳定。在荷载突然卸载时,构件回弹,由于混凝土徐变变形的大部分不可恢复,故当荷载为零时会使柱中钢筋受压而混凝土受拉(图5.9);若柱的配筋率过大,还可能将混凝土拉裂,若柱中纵筋和混凝土之间的黏结应力很大,则可能同时产生纵向裂缝。为了防止出现这种情况,故要控制柱中纵筋的配筋率,要求全部纵筋配筋率不宜超过5%。

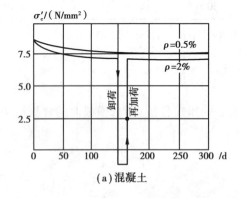

(a)混凝土

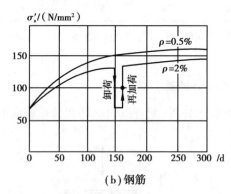

(b)钢筋

图5.9　长期荷载作用下,截面上混凝土和钢筋的应力重分布

【例5.1】　已知某4层4跨现浇框架结构的底层内柱,截面尺寸为400 mm×400 mm,轴心压力设计值$N = 3090$ kN,$H = 3.9$ m,混凝土强度等级为C40,钢筋用HRB400级。求纵向钢筋截面面积。

【解】　按《混凝土结构设计规范》(GB 50010—2010)规定,$l_0 = H = 3.9$ m。

由$l_0/b = 3900/400 = 9.75$,查表5.1得$\varphi = 0.983$。

按式(5.4)求A'_s:

$$A'_s = \frac{1}{f'_y}\left(\frac{N}{0.9\varphi} - f_c A\right) = \frac{1}{360} \times \left(\frac{3090 \times 10^3}{0.9 \times 0.983} - 19.1 \times 400 \times 400\right) \approx 1213\,(\text{mm}^2)$$

如果采用 4 Φ 20，$A'_s = 1256\ \text{mm}^2$。

$$\rho' = \frac{A'_s}{A} = \frac{1256}{400 \times 400} = 0.79\% < 3\%$$，故上述 A 的计算中没有减去 A'_s 是正确的，且 $\rho'_{\min} = 0.6\%$，故 $\rho' > \rho'_{\min}$，满足要求。

截面每一侧配筋率：

$$\rho' = \frac{0.5 \times 1256}{400 \times 400} \approx 0.39\% > 0.2\%\,(\text{满足要求})$$

故满足受压纵筋最小配筋率(全部纵向钢筋的 $\rho'_{\min} = 0.6\%$，一侧纵向钢筋的 $\rho'_{\min} = 0.2\%$) 的要求。选用 4 Φ 20，$A'_s = 1256\ \text{mm}^2$。

【例 5.2】　根据建筑的要求，某现浇柱截面尺寸定为 250 mm × 250 mm。根据两端支承情况，计算高度 $l_0 = 2.8$ m；柱内配有 HRB400 级钢筋($A'_s = 1250\ \text{mm}^2$)作为纵向钢筋；构件混凝土强度等级为 C40。柱的轴向力设计值 $N = 1500$ kN。求截面是否安全。

【解】　由 $l_0/b = 2800/250 = 11.2$，查表 5.1 得 $\varphi = 0.962$。

按式(5.4)，得：

$$0.9\varphi(f_c A + f'_y A'_s) = 0.9 \times 0.962 \times (19.1 \times 250 \times 250 + 360 \times 1520)/(1500 \times 10^3) \approx 1.005 > 1.0$$

故截面是安全的。

5.2.2　轴心受压螺旋箍筋柱正截面受压承载力计算

当柱承受很大轴心压力，且柱截面尺寸由于建筑及使用上的要求受到限制，若设计成普通箍筋的柱，即使提高混凝土强度等级和增加纵向钢筋配筋量也不足以承受该轴心压力时，可考虑采用螺旋箍筋或焊接环筋以提高承载力。这种柱的截面形状一般为圆形或多边形，图 5.10 所示为螺旋箍筋柱和焊接环筋柱的构造形式。

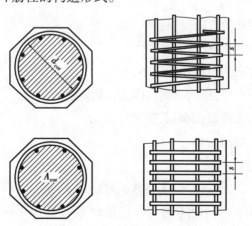

图 5.10　螺旋箍筋和焊接环筋柱

螺旋箍筋柱和焊接环筋柱的配箍率高，而且不会像普通箍筋那样容易"崩出"，因而能约束核心混凝土在纵向受压时产生的横向变形，从而提高了混凝土抗压强度和变形能力，这种受到约束的混凝土称为"约束混凝土"。同时，在螺旋箍筋或焊接环筋中产生了拉应力。当外力逐渐加大,它的应力达到抗拉屈服强度时,若继续加载就不能再有效地约束混凝土的横向变形,混凝土的抗压强度就不能再提高,这时构件破坏。可见,在柱的横向采用螺旋箍筋或焊接环筋也能像直接配置纵向钢筋那样起到提高承载力和变形能力的作用,故把这种配筋方式称为"间接配筋"。螺旋箍筋或焊接环筋外的混凝土保护层在螺旋箍筋或焊接环筋受到较大拉应力时就开裂或崩落,故在计算时不考虑此部分混凝土。

箍筋用于抗剪、抗扭及抗冲切设计时,其抗拉强度设计值是受到限制的,不宜采用强度高于 500 MPa 级钢筋。但是当用于约束混凝土的间接配筋(如连续螺旋箍或封闭焊接箍)的强度可以得到充分发挥时,采用 500 MPa 级钢筋或更高强度的钢筋,就具有一定的经济效益。

根据前述分析可知,螺旋箍筋或焊接环筋所包围的核心截面混凝土因处于三向受压状态,故其轴心抗压强度高于单轴向的轴心抗压强度。可利用圆柱体混凝土周围加液压所得近似关

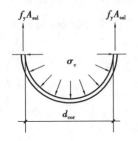

图 5.11　混凝土径向压力示意图

系式进行计算:

$$f = f_c + \beta\sigma_r \tag{5.5}$$

式中　f——被约束后的混凝土轴心抗压强度;

f_c——混凝土的轴心抗压强度设计值;

σ_r——当间接钢筋的应力达到屈服强度时,柱的核心混凝土受到的径向压应力值。

在间接钢筋间距 s 范围内,利用 σ_r 的合力与钢筋的拉力平衡,如图 5.11 所示,则可得:

$$\sigma_r = \frac{2f_y A_{ssl}}{s d_{cor}} = \frac{2f_y A_{ssl} d_{cor}\pi}{4\frac{\pi d_{cor}^2}{4}s} = \frac{f_y A_{ss0}}{2A_{cor}} \tag{5.6}$$

$$A_{ss0} = \frac{\pi d_{cor} A_{ssl}}{s} \tag{5.7}$$

式中　A_{ssl}——单根间接钢筋的截面面积;

f_y——间接钢筋的抗拉强度设计值;

s——沿构件轴线方向间接钢筋的间距;

d_{cor}——构件的核心直径,按间接钢筋内表面确定;

A_{ss0}——间接钢筋的换算截面面积,见式(5.7);

A_{cor}——构件的核心截面面积。

根据力的平衡条件,得:

$$N_u = (f_c + \beta\sigma_r)A_{cor} + f'_y A'_s \tag{5.8}$$

令 $2\alpha = \beta/2$ 代入式(5.8),同时考虑可靠度的调整系数 0.9 后,《混凝土结构设计规范》(GB 50010—2010)规定螺旋式或焊接环式间接钢筋柱的承载力计算公式为:

$$N_u = 0.9(f_c A_{cor} + 2\alpha f_y A_{ss0} + f'_y A'_s) \tag{5.9}$$

式中,α 称为间接钢筋对混凝土约束的折减系数,当混凝土强度等级不超过 C50 时,取 $\alpha = 1.0$;当混凝土强度等级为 C80 时,取 $\alpha = 0.85$;当混凝土强度等级在 C50 与 C80 之间时,按直线内插法确定。

为使间接钢筋外面的混凝土保护层对抵抗脱落有足够的安全,按式(5.9)算得的构件承载力不应比按式(5.4)算得的大 50%。

凡属下列情况之一者,不考虑间接钢筋的影响而按式(5.4)计算构件的承载力:

①当 $l_0/d > 12$,此时因长细比较大,有可能因纵向弯曲使得螺旋筋不起作用;

②当按式(5.9)算得的受压承载力小于按式(5.4)算得的受压承载力时;

③当间接钢筋换算截面面积 A_{ss0} 小于纵向钢筋全部截面面积的 25% 时,可以认为间接钢筋配置得太少,约束混凝土的效果不明显。

如在正截面受压承载力计算中考虑间接钢筋的作用时,箍筋间距不应大于 80 mm 及 $d_{cor}/5$,也不小于 40 mm。间接钢筋的直径按箍筋有关规定采用。

【例 5.3】　已知:某旅馆底层门厅内现浇混凝土柱,一类环境,承受轴心压力设计值 $N = 6000$ kN,从基础顶面至二层楼面高度为 $H = 5.2$。混凝土强度等级为 C40,由于建筑要求柱截面为圆形,直径为 $d = 470$ mm。柱中纵向钢筋用 HRB400 级钢筋,箍筋用 HPB300 级钢筋。求柱中配筋。

【解】　(1)先按普通纵筋和箍筋柱计算

①求计算长度 l_0。取钢筋混凝土现浇框架底层柱的计算长度 $l_0 = H = 5.2$ m。

②求计算稳定系数 φ。$l_0/d = 5200/470 \approx 11.06$,查表 5.1 得 $\varphi = 0.938$。

③求纵筋 A_s'。已知圆形混凝土截面积为 $A = \pi d^2/4 \approx 3.14 \times 470^2/4 \approx 17.34 \times 10^4 (\text{mm}^2)$

由式(5.4)得:

$$A_s' = \frac{1}{f_y'}\left(\frac{N}{0.9\varphi} - f_c A\right) = \frac{1}{360}\left(\frac{6000 \times 10^3}{0.9 \times 0.938} - 19.1 \times 17.34 \times 10^4\right) = 10543(\text{mm}^2)$$

④求配筋率。

$$\rho' = \frac{A_s'}{A} = \frac{10543}{17.34 \times 10^4} \approx 6.08\% > 5\%(\text{不可以})$$

配筋率太高若混凝土强度等级不再提高,并因 $l_0/d < 12$,可采用螺旋箍筋柱。

(2)按螺旋箍筋柱来计算

①假定纵筋配筋率 $\rho' = 0.045$,则得 $A_s' = \rho'A = 7803$ mm^2。选用 16 $\underline{\Phi}$ 25,$A_s' = 7854$ mm^2。混凝土的保护层取 20 mm,估计箍筋直径为 10 mm,得:

$$d_{cor} = d - 30 \times 2 = 470 - 60 = 410(\text{mm})$$

$$A_{cor} = \pi d_{cor}^2/4 \approx 3.14 \times 410^2/4 \approx 13.20 \times 10^4(\text{mm}^2)$$

②混凝土强度等级小于 C50,$\alpha = 1.0$;按式(5.9)求螺旋钢筋的换算截面面积 A_{ss0} 得:

$$A_{ss0} = \frac{N/0.9 - (f_c A_{cor} + f_y' A_s')}{2f_y}$$

$$= \frac{6000 \times 10^3/0.9 - (19.1 \times 13.20 \times 10^4 + 360 \times 7854)}{2 \times 270} \approx 2442(\text{mm}^2)$$

$A_{ss0} > 0.25 A_s' = 0.25 \times 7854 = 1964(\text{mm}^2)$,满足构造要求。

③假定螺旋箍筋直径 $d = 10$ mm,则单肢螺旋箍筋面积 $A_{ss1} = 78.5$ mm^2。箍筋的间距 s 可通过式(5.7)求得:

$$s = \pi d_{cor} A_{ss1}/A_{ss0} \approx 3.14 \times 410 \times 78.5/2442 \approx 41.4(\text{mm})$$

取 $s=40\text{ mm}$，以满足不小于 40 mm，且不大于 80 mm 及 $0.2d_{\text{cor}}$ 的要求。

④根据所配置的螺旋箍筋 $d=10\text{ mm}$，$s=40\text{ mm}$，重新用式(5.7)及式(5.9)求得间接配筋柱的轴向力设计值 N_u 如下：

$$N_u = 0.9(f_c A_{\text{cor}} + 2\alpha f_y A_{ss0} + f'_y A'_s)$$
$$= 0.9 \times (19.1 \times 13.20 \times 10^4 + 2 \times 1 \times 270 \times 2527 + 360 \times 7854) = 6041.89(\text{kN})$$

按式(5.4)得：

$$N_u = 0.9\varphi(f_c A + f'_y A'_s)$$
$$= 0.9 \times 0.938 \times [19.1 \times (17.34 \times 10^4 - 7854) + 360 \times 7854] = 5056.22(\text{kN})$$
$$1.5 \times 5056.22 = 7584.33(\text{kN}) > 6041.89(\text{kN})$$

故满足要求。

5.3　偏心受压构件正截面受压承载力计算

5.3.1　偏心受压构件正截面受压破坏形态

试验表明，钢筋混凝土偏心受压短柱的破坏形态有受拉破坏和受压破坏两种。

1)偏心受压短柱的破坏形态

(1)受拉破坏

受拉破坏又称大偏心受压破坏，它发生于轴向压力 N 的相对偏心距较大，且受拉钢筋配置得不太多时。此时，靠近轴向压力的一侧受压，另一侧受拉。随着荷载的增加，首先在受拉区产生横向裂缝；荷载再增加，拉区的裂缝不断地开展，在破坏前主裂缝逐渐明显，受拉钢筋的应力达到屈服强度，进入流幅阶段，受拉变形的发展大于受压变形，中性轴上升，使混凝土压区高度迅速减小，最后压区边缘混凝土达到其极限压应变值，出现纵向裂缝而被压碎，构件即告破坏，这种破坏属延性破坏类型；破坏时，压区的纵向钢筋也能达到受压屈服强度。总之，受拉破坏形态的特点是受拉钢筋先达到屈服强度，最终导致受压区边缘混凝土压碎截面破坏。这种破坏形态与适筋梁的破坏形态相似。构件破坏时，其正截面上的应力状态如图 5.12(a)所示，构件破坏时的立面展开图如图 5.12(b)所示。

(2)受压破坏

受压破坏又称小偏心受压破坏，截面破坏是从受压区边缘开始的，发生于以下两种情况。

①第一种情况：当轴向力 N 的相对偏心距较小时，构件截面全部受压或大部分受压，如图 5.13(a)或(b)所示。一般情况下，截面破坏从靠近轴向力 N 一侧受压区边缘处的压应变达到混凝土极限压应变值而开始。破坏时，受压应力较大一侧的混凝土被压坏，同侧的受压钢筋的应力也达到抗压屈服强度。而离轴向力 N 较远一侧的钢筋(以下简称"远侧钢筋")可能受拉也可能受压，但都未达到受拉屈服，分别如图 5.13(a)、(b)所示。只有当偏心距很小(对矩形截面 $e_0 \leqslant 0.15 h_0$)而轴向力 N 又较大($N > \alpha_1 f_c b h_0$)时，远侧钢筋也可能受压屈服。另外，当相对偏心距很小时，由于截面的实际形心和构件的几何中心不重合，若纵向受压钢筋比纵向受拉钢筋多很多，也会发生离轴向力作用点较远一侧的混凝土先压坏的现象，也称为"反向破坏"。

②第二种情况：当轴向力 N 的相对偏心距虽然较大，但却配置了特别多的受拉钢筋，致使受拉钢筋始终不屈服。破坏时，受压区边缘混凝土达到极限压应变值，受压钢筋应力达到抗压

屈服强度,而远侧钢筋受拉而不屈服,其截面上的应力状态如图5.13(a)所示。破坏无明显预兆,压碎区段较长,混凝土强度越高,破坏越突然,如图5.13(c)所示。

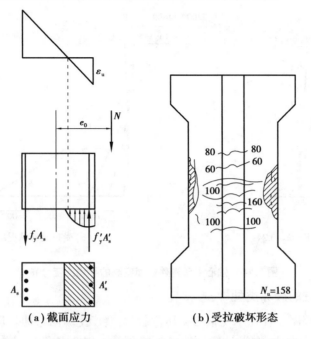

图 5.12　受拉破坏时的截面应力和受拉破坏形态(单位:kN)

总之,受压破坏形态或称小偏心受压破坏形态的特点是混凝土先被压碎,远侧钢筋可能受拉也可能受压,但都未达到受拉屈服,属于脆性破坏。

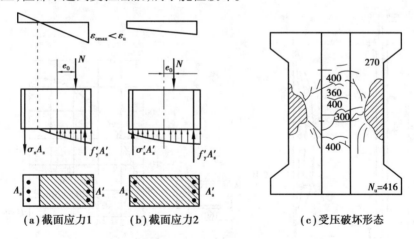

图 5.13　受压破坏的截面应力和受压破坏形态(单位:kN)

综上可知,"受拉破坏形态"与"受压破坏形态"都属于材料发生了破坏,它们相同之处是截面的最终破坏都是受压区边缘混凝土达到其极限压应变值而被压碎;不同之处在于截面破坏的起因,受拉破坏的起因是受拉钢筋屈服,受压破坏的起因是受压区边缘混凝土被压碎。

在"受拉破坏形态"与"受压破坏形态"之间存在着一种界限破坏形态,称为"界限破坏"。它不仅有横向主裂缝,而且比较明显。其主要特征是:在受拉钢筋达到受拉屈服强度的同时,受压区边缘混凝土被压碎。界限破坏也属于受拉破坏形态。

试验还表明,从加载开始到接近破坏为止,沿偏心受压构件截面高度,用较大的测量标距量测到的偏心受压构件的截面各处的平均应变值都较好地符合平截面假定。图5.14反映了两个偏心受压试件中,截面平均应变沿截面高度变化规律的情况。

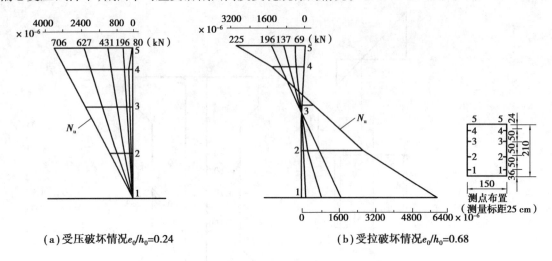

(a)受压破坏情况$e_0/h_0=0.24$　　　　　　(b)受拉破坏情况$e_0/h_0=0.68$

图5.14　偏心受压构件截面实测的平均应变分布

2)偏心受压长柱的破坏类型

试验表明,钢筋混凝土柱在承受偏心受压荷载后,会产生纵向弯曲。但长细比小的柱,即所谓"短柱",由于纵向弯曲小,在设计时一般可忽略不计。对于长细比较大的柱则不同,它会产生比较大的纵向弯曲,设计时必须予以考虑。图5.15所示为一根长柱的荷载-侧向变形(N-f)试验曲线。

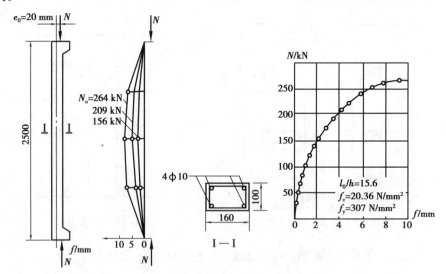

图5.15　长柱实测N-f曲线

偏心受压长柱在纵向弯曲影响下,可能发生失稳破坏和材料破坏两种破坏类型。长细比很大时,构件的破坏不是由材料引起的,而是由构件纵向弯曲失去平衡引起的,称为"失稳破坏"。当柱长细比在一定范围内时,虽然在承受偏心受压荷载后,偏心距由e_i增加到e_i+f,使柱的承载能力比同样截面的短柱减小,但就其破坏特征来说,与短柱一样都属于"材料破坏",即因截面材料强度耗尽而破坏。

图5.16所示为截面尺寸、配筋和材料强度等完全相同,仅长细比不相同的3根柱,从加载

到破坏的示意图。其中,曲线 $ABCD$ 表示某钢筋混凝土偏心受压构件截面材料破坏时的承载力 M 与 N 之间的关系。直线 OB 表示长细比小的短柱从加载到破坏点 B 时 N 和 M 的关系曲线。由于短柱的纵向弯曲很小,可假定偏心距自始至终是不变的,即 M/N 为常数,所以其变化轨迹是直线,属"材料破坏"。曲线 OC 是长柱从加载到破坏点 C 时 N 和 M 的关系曲线。在长柱中,偏心距是随着纵向力的加大而不断非线性增加的,也即 M/N 是变量,所以其变化轨迹呈曲线形状,但也属"材料破坏"。若柱的长细比很大时,则在没有达到 M、N 的材料破坏关系曲线 $ABCD$ 前,由于轴向力的微小增量 ΔN 可引起不收敛的弯矩 M 的增加而破坏,即"失稳破坏"。曲线 OE 即属于这种类型,在 E 点的承载力已达最大,但此时截面内的钢筋应力并未达到屈服强度,混凝土也未达到极限压应变值。从图 5.16 中还能看出,这 3 根柱的轴向力偏心距 e_i 值虽然相同,但其承受纵向力 N 值的能力是不同的,分别为 $N_0 > N_1 > N_2$。这表明构件长细比的加大会降低构件的正截面受压承载力。产生这一现象的原因是,当长细比比较大时,偏心受压构件的纵向弯曲引起了不可忽略的附加弯矩,或称二阶弯矩。

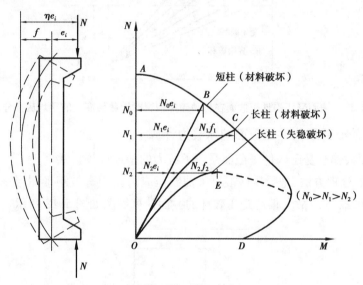

图 5.16　不同长细比柱从加荷到破坏的 N-M 关系

5.3.2　矩形截面偏心受压构件正截面受压承载力基本计算公式

1)区分大、小偏心受压破坏形态的界限

第 3 章中讲的正截面承载力计算的基本假定同样也适用于偏心受压构件正截面受压承载力的计算。与受弯构件相似,利用平截面假定,规定了受压区边缘极限压应变值的数值后,就可以求得偏心受压构件正截面在各种破坏情况下,沿截面高度的平均应变分布(图 5.17)。

在图 5.17 中,ε_{cu} 表示受压区边缘混凝土极限压应变值;ε_y 表示受拉纵筋屈服时的应变值;ε_y' 表示受压纵筋屈服时的应变值,$\varepsilon_y' = f_y'/E_s$;$x_{cb}$ 表示界限状态时按应变的截面中性轴高度。

从图 5.17 可以看出,当受压区达到 x_{cb} 时,受拉纵筋达到屈服。因此,相应于界限破坏形态的相对受压区高度 ξ_b 根据第 3 章确定。

当 $\xi \leqslant \xi_b$ 时,属大偏心受压破坏形态;$\xi > \xi_b$ 时,属小偏心受压破坏形态。

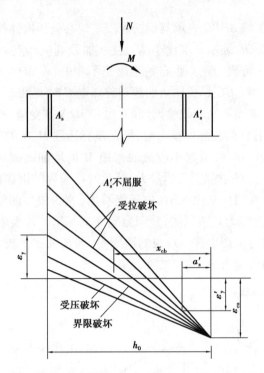

图5.17 偏心受压构件正截面在各种破坏情况时沿截面高度的平均应变分布

2)矩形截面偏心受压构件正截面的承载力计算

（1）矩形截面大偏心受压构件正截面受压承载力的基本计算公式

按受弯构件的处理方法，把受压区混凝土曲线压应力图用等效矩形图形来替代，其应力值取$\alpha_1 f_c$，受压区高度取为x，故大偏心受压破坏的截面计算简图如图5.18所示。

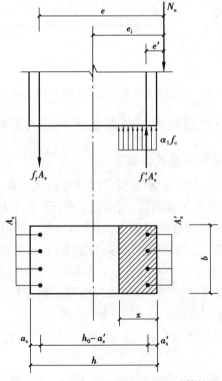

图5.18 大偏心受压截面承载力计算简图

①计算公式。由力的平衡条件及各力对受拉钢筋合力点取矩的力矩平衡条件,可以得到下面两个基本计算公式:

$$N_u = \alpha_1 f_c bx + f'_y A'_s - f_y A_s \tag{5.10}$$

$$N_u e = \alpha_1 f_c bx\left(h_0 - \frac{x}{2}\right) + f'_y A'_s (h_0 - a'_s) \tag{5.11}$$

$$e = e_i + \frac{h}{2} - a_s \tag{5.12}$$

$$e_i = e_0 + e_a \tag{5.13}$$

$$e_0 = M/N \tag{5.14}$$

式中　N_u——受压承载力设计值;

　　　α_1——系数,混凝土强度调整系数取 1.0;

　　　e——轴向力作用点至受拉钢筋 A_s 合力点之间的距离,见式(5.12);

　　　e_i——初始偏心距,见式(5.13);

　　　e_0——轴向力对截面重心的偏心距;

　　　e_a——附加偏心距,其值取偏心方向截面尺寸的 1/30 和 20 mm 中的较大者;

　　　M——控制截面弯矩设计值,考虑 $P\text{-}\delta$ 二阶效应;

　　　N——与 M 相应的轴向压力设计值;

　　　x——混凝土受压区高度。

②适用条件。为了保证构件破坏时受拉区钢筋应力先达到屈服强度 f_y,要求满足:

$$x \leqslant x_b \tag{5.15}$$

式中　x_b——界限破坏时的混凝土受压区高度,$x_b = \xi_b h_0$,ξ_b 与受弯构件的相同。

为了保证构件破坏时,受压钢筋应力能达到屈服强度 f'_y,与双筋受弯构件一样,要求满足:

$$x \geqslant 2a'_s \tag{5.16}$$

式中　a'_s——纵向受压钢筋合力点至受压区边缘的距离。

(2)矩形截面小偏心受压构件正截面受压承载力的基本计算公式

小偏心受压破坏时,受压区边缘混凝土先被压碎,受压钢筋 A'_s 的应力达到屈服强度,而远侧钢筋 A_s 可能受拉或受压,可能屈服也可能不屈服。

小偏心受压可分为 3 种情况:

①$\xi_{cy} > \xi > \xi_b$,这时 A_s 受拉或受压,但都不屈服,如图 5.19(a)所示;

②$h/h_0 > \xi \geqslant \xi_{cr}$,这时 A_s 受压屈服,但 $x < h$,如图 5.19(b)所示;

③$\xi > \xi_{cr}$,且 $\xi \geqslant h/h_0$,这时 A_s 受压屈服,且全截面受压,如图 5.19(c)所示。

ξ_{cr} 为 A_s 受压屈服时的相对受压区高度。

假定 A_s 是受拉的,如图 5.19(a)所示,根据力的平衡条件及力矩平衡条件得:

$$N_u = \alpha_1 f_c bx + f'_y A'_s - \sigma_s A_s \tag{5.17}$$

$$N_u e = \alpha_1 f_c bx\left(h_0 - \frac{x}{2}\right) + f'_y A'_s (h_0 - a'_s) \tag{5.18}$$

或

$$N_u e' = \alpha_1 f_c bx\left(\frac{x}{2} - a'_s\right) - \sigma_s A_s (h_0 - a'_s) \tag{5.19}$$

式中　x——混凝土受压区高度,当 $x > h$ 时,取 $x = h$;

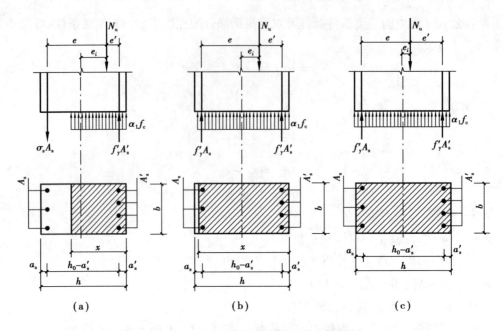

图 5.19　小偏心受压截面承载力计算简图

σ_s——钢筋 A_s 的应力值,可根据截面应变保持平面的假定计算,亦可近似取:

$$\sigma_s = \frac{\xi - \beta_1}{\xi_b - \beta_1} f_y \tag{5.20}$$

　　要求满足 $-f'_y \leqslant \sigma_s \leqslant f_y$;

x_b——界限破坏时的混凝土受压区高度, $x_b = \xi_b h_0$;

ξ、ξ_b——分别为相对受压区高度和相对界限受压区高度;

e、e'——分别为轴向力作用点至受拉钢筋 A_s 合力点和受压钢筋 A'_s 合力点之间的距离:

$$e' = \frac{h}{2} - e_i - a'_s \tag{5.21}$$

　　在 $x \leqslant h_0$(即 $\xi < 1$)的情况下,可利用图 5.19(a)的应变关系图推导出下列公式:

$$\sigma_s = \varepsilon_{cu} E_s \left(\frac{\beta_1}{\xi} - 1 \right) = \varepsilon_{cu} E_s \left(\frac{\beta_1 h_0}{\xi} - 1 \right) \tag{5.22}$$

　　式中,系数 β_1 是混凝土受压区高度 x 与截面中性轴高度 x_c 的比值系数(即 $x = \beta_1 x_c$)。当混凝土强度等级不超过 C50 时, $\beta_1 = 0.8$(详见第 3 章)。但用式(5.23a)计算钢筋应力 σ_s 时,需要利用式(5.18)和式(5.19)求解 x 值,势必要解 x 的三次方程,不便于手算。

　　根据我国试验资料分析,实测的钢筋应变 ε_s 与 ξ 接近直线关系,其线性回归方程为:

$$\varepsilon_s = 0.0044(0.81 - \xi) \tag{5.23a}$$

　　由于 σ_s 对小偏压截面承载力影响较小,考虑界限条件 $\xi = \xi_b$ 时, $E_s = f_y/E_s$; $\xi = \beta_1$ 时, $\varepsilon_s = 0$,调整回归方程(5.23a)后,简化成下式:

$$\varepsilon_s = \frac{f_y}{E_s} \frac{\beta_1 - \xi}{\beta_1 - \xi_b} \tag{5.23b}$$

　　在式(5.20)中,令 $\sigma_s = -f'_y$,则可得到 A_s 受压屈服时的相对受压区高度:

$$\xi_{cy} = 2\beta_1 - \xi_b \tag{5.24}$$

（3）矩形截面小偏心受压构件及向破坏的正截面承载力计算

当偏心距很小，A' 比 A_s 大得多，且轴向力很大时，截面的实际形心轴偏向 A'_s，导致偏心方向的改变，有可能在离轴向力较远一侧的边缘混凝土先压坏的情况，称为反向受压破坏。这时的截面承载力计算简图如图 5.20 所示。

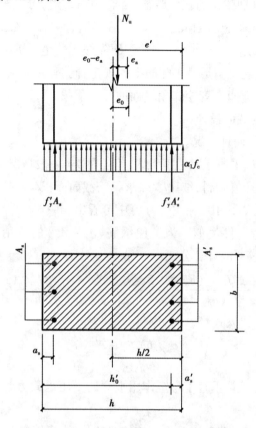

图 5.20　反向破坏时的截面承载力计算简图

这时，附加偏心距 e_a 反向了，使 e_0 减小，即：

$$e' = \frac{h}{2} - a'_s - (e_0 - e_a) \tag{5.25}$$

对 A'_s 合力点取矩，得：

$$A_s = \frac{N_u e' - a_1 f_c b h \left(h'_0 - \dfrac{h}{2} \right)}{f_y (h'_0 - a_s)} \tag{5.26}$$

截面设计时，令 $N_u = N$，按式（5.26）求得的 A_s 应不小于 ρ_{min}（$\rho_{min} = 0.2\%$），否则应取 $A_s = 0.002bh$。

数值分析表明，只有当 $N > a_1 f_c b h$ 时，按式（5.26）求得的 A_s 才有可能大于 $0.002bh$；当 $N \leqslant a_1 f_c b h$ 时，求得的 A_s 总是小于 $0.002bh$。所以《混凝土结构规范》（GB 50010—2010）规定，当 $N > f_c b h$ 时，尚应验算反向受压破坏的承载力。

5.3.3　矩形截面非对称配筋计算方法

与构件正截面受弯承载力计算一样，偏心受压构件正截面受压承载力的计算也分为截面设计与截面复核两类问题。计算时,首先要确定是否要考虑 P-δ 效应。

1) 截面设计

这时构件截面上的内力设计值 N、M、材料及构件截面尺寸为已知,欲求 A_s 和 A'_s。计算步骤为:先算出偏心距 e_i,初步判别截面的破坏形态,当 $e_i > 0.3 h_0$ 时,可先按大偏心受压情况计算;当 $e_i \leqslant 0.3 h_0$ 时,则先按属于小偏心受压情况计算,然后应用有关计算公式求得钢筋截面面积 A_s 及 A'_s。求出 A_s、A'_s 后再计算 x,用 $x \leqslant x_b$、$x > x_b$ 来检查原先假定的是否正确,如果不正确需要重新计算。在所有情况下,A_s 及 A'_s 还要满足最小配筋率的规定,同时 $(A_s + A'_s)$ 不宜大于 bh 的 5%。最后,要按轴心受压构件验算垂直于弯矩作用平面的受压承载力。

(1) 大偏心受压构件的截面设计

分为 A'_s 未知与 A'_s 已知的两种情况。

① 已知:截面尺寸 $b \times h$,混凝土的强度等级,钢筋种类(一般情况下 A_s 及 A'_s 取同一种钢筋),轴向力设计值 N 及弯矩设计值 M,长细比 l_c/h,求钢筋截面面积 A_s 及 A'_s。

令 $N = N_u$,$M = Ne_0$,从式(5.10)和式(5.11)中可看出,共有 x、A_s 和 A'_s 3 个未知数,而只有两个方程式,所以与双筋受弯构件类似。为了使钢筋 $(A_s + A'_s)$ 的总用量为最小,应取 $x = x_b = \xi_b h_0$,代入式(5.11),得钢筋 A'_s 的计算公式:

$$A'_s = \frac{Ne - \alpha_1 f_c b x_0 (h_0 - 0.5 x_b)}{f'_y (h_0 - a'_s)} = \frac{Ne - \alpha_1 f_c b h_0^2 \xi_b (1 - 0.5 \xi_b)}{f'_y (h_0 - a'_s)} \tag{5.27}$$

将求得的 A'_s 及 $x = \xi_b h_0$ 代入式(5.10),则得:

$$A_s = \frac{\alpha_1 f_c b h_0 \xi_b - N}{f_y} + \frac{f'_y}{f_y} A'_s \tag{5.28}$$

最后,按轴心受压构件验算垂直于弯矩作用平面的受压承载力。当其不小于 N 值时,满足要求;否则要重新设计。

② 已知:b,h,N,M,f_c,f_y,f'_y,l_c/h 及受压钢筋 A'_s 的数量,求钢筋截面面积 A_s。

令 $N = N_u$,$M = Ne_0$,从式(5.10)及式(5.11)可看出,仅有 x 及 A_s 两个未知数,完全可以通过式(5.10)和式(5.11)的联立,直接求算 A_s 的值,但要解算 x 的二次方程,相当麻烦。对此可仿照第 3 章中双筋截面已知 A'_s 时的情况,令 $M_{u2} = \alpha_1 f_c bx (h_0 - x/2)$,由式(5.11)知 $M_{u2} = Ne - f'_y A'_s (h_0 - a'_s)$,再算出 $\alpha_s = M_{u2}/\alpha_1 f_c b h_0^2$,于是 $\xi = 1 - (h_0 - x/2)$,代入式(5.10)求出 A_s。尚需注意,若求得 $x > \xi_b h_0$,就应改用小偏心受压重新计算;如果仍用大偏心受压计算,则要采取大截面尺寸或提高混凝土强度等级、加大 A'_s 的数量等措施,也可按 A'_s 未知的情况来重新计算,使其满足 $x < \xi_b h_0$ 的条件。若 $x < 2 a'_s$,仿照双筋受弯构件的办法,对受压钢筋 A'_s 合力点取矩,计算 A_s 值,得:

$$A_s = \frac{N \left(e_i - \dfrac{h}{2} + a'_s \right)}{f_y (h_0 - a'_s)} \tag{5.29}$$

另外,再按不考虑受压钢筋 A'_s,即取 $A'_s = 0$,利用式(5.10)、式(5.11)求算 A_s 值,然后与用式(5.29)求得的 A'_s 值作比较,取其中较小值配筋。最后,按轴心受压构件验算垂直于弯矩作用平面的受压承载力。

由前述可知,大偏心受压构件的截面设计方法,不论 A'_s 是未知还是已知,都基本上与双筋受弯构件相仿。

（2）小偏心受压构件正截面承载力设计

这时未知数有 x、A_s 和 A_s' 3 个，而独立的平衡方程式只有两个，故必须补充一个条件才能求解。注意，式（5.20）并不能作为补充条件，因为式中的 $\xi = x/h_0$，建议按以下两个步骤进行截面设计。

①确定 A_s，作为补充条件。当 $\xi_{cy} < \xi$ 且 $\xi > \xi_b$ 时，不论 A_s 配置多少，它总是不屈服的。为了经济，可取 $A_s = \rho_{min}$，同时考虑到防止反向破坏的要求，A_s 按以下方法确定：当 $N \leqslant f_c bh$ 时，取 $A_s = 0.002bh$；当 $N > f_c bh$ 时，A_s 由反向受压破坏的式（5.26）求得，如果 $A_s < 0.002bh$，取 $A_s = 0.002bh$。

②求出 ξ 值，再按 ξ 的 3 种情况求出 A_s'。把 A_s 代入力的平衡方程式（5.17）和力矩平衡方程式（5.18）中，消去 A_s'，得：

$$\xi = u + \sqrt{u^2 + \nu} \tag{5.30}$$

$$u = \frac{a_s'}{h_0} + \frac{f_y A_s}{(\xi_b - \beta_1)\alpha_1 f_c bh_0}\left(1 - \frac{a_s'}{h_0}\right) \tag{5.31}$$

$$\nu = \frac{2Ne}{\alpha_1 f_c bh_0^2} - \frac{2\beta_1 f_y A_s}{(\xi_b - \beta_1)\alpha_1 f_c bh_0}\left(1 - \frac{a_s'}{h_0}\right) \tag{5.32}$$

求 ξ 值后，按上述小偏心受压的 3 种情况分别求出 A_s'。

a. $\xi_{cy} > \xi > \xi_b$ 时，把 ξ 代入力的平衡方程式或力矩平衡方程式中，即可求出 A_s'。

b. $h/h_0 > \xi \geqslant \xi_{cy}$ 时，取 $\sigma_s = -f_y'$ 按下式重新求 ξ：

$$\xi = \frac{a_s'}{h_0} + \sqrt{\left(\frac{a_s'}{h_0}\right)^2 + 2\left[\frac{N'e}{\alpha_1 f_c bh_0^2} - \frac{A_s}{bh_0}\frac{f_y'}{\alpha_1 f_c}\left(1 - \frac{a_s'}{h_0}\right)\right]} \tag{5.33}$$

再按式（5.17）求出 A_s'。

c. $\xi \geqslant \xi_{cy}$ 且 $\xi \geqslant \dfrac{h}{h_0}$ 时，取 $x = h$，$\sigma_s = -f_y'$，由式（5.17）得：

$$A_s' = \frac{N - f_y'A_s - \alpha_1 f_c bh}{f_y'} \tag{5.34}$$

如果以上求得的 A_s 值小于 $0.002bh$，应取 $A_s' = 0.002bh$。

2）承载力复核

进行承载力复核时，一般已知 b、h、A_s 和 A_s'，混凝土强度等级及钢筋级别，构件长细比 l_c/h_0。分为两种情况：一种是已知轴向力设计值，求偏心距 e_0，即验算截面能承受的弯矩设计值 M；另一种是已知 e_0，求轴向力设计值。不论哪一种情况，都需要进行垂直于弯矩作用平面的承载力复核。

（1）弯矩作用平面的承载力复核

①已知轴向力设计值 N，求弯矩设计值 M。先将已知配筋和 ξ_b 代入式（5.10）计算界限情况下的受压承载力设计值 N_{ub}。如果 $N \leqslant N_{ub}$，则为大偏心受压，可按式（5.10）求 x，再将 x 代入式（5.11）求 e，则得弯矩设计值 $M = Ne_0$；如果 $N > N_{ub}$，则为小偏心受压，应按式（5.17）和式（5.20）求 x，再将 x 代入式（5.18）求 e，由式（5.13）、式（15.14）求得 e_0 及 $M = Ne_0$。

另一种方法是，先假定 $\xi \leqslant \xi_b$，式（5.10）求出 x，如果 $\xi = x/h_0 \leqslant \xi_b$，说明假定是对的，再由式（5.11）求 e_0；如果 $\xi = x/h_0 > \xi_b$，说明假定有误，则应按式（5.17）、式（5.20）求出 x，再由式（5.18）求出 e_0。

②已知偏心距 e_0，求轴向力设计值 N。因截面配筋已知，故可按图 5.18 对 N 作用点取矩求

x。当 $x \leqslant x_b$ 时,则为大偏压,将 x 及已知数据代入式(5.10)可求解出轴向力设计值 N 即为所求;当 $x > x_b$ 时,则为小偏心受压,将已知数据代入式(5.17)、式(5.18)和式(5.20)联立求解轴向力设计值 N。

综上可知,在进行弯矩作用平面的承载力复核时,与受弯构件正截面承载力复核一样,总是要求出 x 才能使问题得到解决。

(2)垂直于弯矩作用平面的承载力复核

无论是设计题或截面复核题,是大偏心受压还是小偏心受压,除了在弯矩作用平面内依照偏心受压进行计算外,都要验算垂直于弯矩作用平面的轴心受压承载力。此时,应考虑 φ 值,并取 b 作为截面高度。

【例5.4】　已知:荷载作用下柱的轴向力设计值 $N = 396$ kN,杆端弯矩设计值 $M_1 = 0.92M_2$,$M_2 = 218$ kN·m,截面尺寸:$b = 300$ mm,$h = 400$ mm,$a_s = a_s' = 40$ mm;混凝土强度等级为 C30,钢筋采用 HRB400 级;$l_c/h = 6$。求钢筋截面面积 A_s' 及 A_s。

【解】　因 $\dfrac{M_1}{M_2} = 0.92 > 0.9$,故需要考虑 $P\text{-}\delta$ 效应。

$$C_m = 0.7 + 0.3 \times \frac{M_1}{M_2} = 0.976$$

$$\zeta_c = \frac{0.5f_c A}{N} = 0.5 \times \frac{14.3 \times 300 \times 400}{396 \times 10^3} \approx 2.17 > 1\,(\text{取}\ \zeta_c = 1)$$

$$e_a = 20\ \text{mm}$$

$$\eta_{ns} = 1 + \frac{1}{1300 \times \dfrac{\left(\dfrac{M_1}{M_2} + e_a\right)}{h_0}} \left(\frac{l_c}{h}\right)^2 \zeta_c = 1 + \frac{1}{1300 \times \dfrac{\left(\dfrac{218 \times 10^6}{396 \times 10^3} + 20\right)}{360}} \times 6^2 \times 1 \approx 1.017$$

$$C_m \eta_{ns} = 0.976 \times 1.017 \approx 0.993 < 1\,(\text{取}\ C_m \eta_{ns} = 1)$$

$$M = C_m \eta_{ns} M_2 = M_2 = 218\ \text{kN·m}$$

则

$$e_i = \frac{M}{N} + e_a = \frac{218 \times 10^6}{396 \times 10^3} + 20 \approx 551 + 20 = 571\,(\text{mm})$$

因 $e_i = 571$ mm $> 0.3h_0 = 0.3 \times 360 = 108\,(\text{mm})$(先按大偏压情况计算)

$$e = e_i + \frac{h}{2} - a_s = 571 + \frac{400}{2} - 40 = 731\,(\text{mm})$$

由式(5.27)得:

$$A_s' = \frac{Ne - \alpha_1 f_c b h_0^2 \xi_b (1 - 0.5\xi_b)}{f_y'(h_0 - a_s')}$$

$$= \frac{396 \times 10^3 \times 731 - 1.0 \times 14.3 \times 300 \times 360^2 \times 0.518 \times (1 - 0.5 \times 0.518)}{360 \times (360 - 40)}$$

$$\approx 660\,(\text{mm}^2) > \rho_{min}' bh = 0.002 \times 300 \times 400 = 240\,(\text{mm}^2)$$

由式(5.28)得:

$$A_s = \frac{\alpha_1 f_c b h_0 \xi_b - N}{f_y} + \frac{f_y'}{f_y} A_s'$$

$$= \frac{1.0 \times 14.3 \times 300 \times 360 \times 0.518 - 396 \times 10^3}{360} + 660 \approx 1782 (\text{mm}^2)$$

受拉钢筋 A_s 选用 3 $\underline{\Phi}$ 22 + 2 $\underline{\Phi}$ 20 ($A_s = 1768 \text{ mm}^2$)，受压钢筋 A'_s 选用 2 $\underline{\Phi}$ 18 + 1 $\underline{\Phi}$ 14 ($A'_s = 662.9 \text{ mm}^2$)。

由式(5.10)，求出 x：

$$x = \frac{N - f'_y A'_s + f_y A_s}{\alpha_1 f_c b} = \frac{396 \times 10^3 - 360 \times 662.9 + 360 \times 1768}{1.0 \times 14.3 \times 300} \approx 185 (\text{mm})$$

$$\xi = \frac{x}{h_0} = \frac{185}{360} \approx 0.514 < \xi_b = 0.518$$

故前面假定为大偏心受压是正确的。

垂直于弯矩作用平面的承载力经验算满足要求，此处略。

【**例5.5**】　已知柱的轴向压力设计值 $N = 4600 \text{ kN}$，杆端弯矩设计值 $M_1 = 0.5 M_2$，$M_2 = 130 \text{ kN·m}$，截面尺寸为 $b = 400 \text{ mm}$，$h = 600 \text{ mm}$，$a_s = a'_s = 45 \text{ mm}$，混凝土强度等级为 C35，$f_c = 16.7 \text{ N/mm}^2$，采用 HRB400 级钢筋，$l_c = l_0 = 3 \text{ m}$。求钢筋截面面积 A_s 和 A'_s。

【**解**】　轴压比 $\dfrac{N}{f_c b h} = \dfrac{4600 \times 10^3}{16.7 \times 400 \times 600} \approx 1.15 > 0.9$，故要考虑 $P\text{-}\delta$ 效应。

$$C_m = 0.7 + 0.3 \frac{M_1}{M_2} = 0.7 + 0.3 \times 0.5 = 0.85$$

$$\zeta_c = 0.5 \frac{f_c A}{N} = \frac{0.5 \times 16.7 \times 400 \times 600}{4600 \times 10^3} \approx 0.436$$

$$\eta_{us} = 1 + \frac{1}{1300 \times \dfrac{\dfrac{M_2}{N} + e_a}{h_0}} \left(\frac{l_c}{h}\right)^2 \times \zeta_c$$

$$= 1 + \frac{1}{1300 \times \dfrac{\dfrac{130 \times 10^6}{4600 \times 10^3} + 20}{555}} \times \left(\frac{3.0}{0.6}\right)^2 \times 0.436 \approx 1.096$$

$$C_m \eta_{us} = 0.85 \times 1.096 \approx 0.932 < 1.0 (\text{取 } C_m \eta_{us} = 1.0)$$

故弯矩设计值：

$$M = C_m \eta_{us} M_2 = 1.0 \times 130 = 130 (\text{kN·m})$$

$$e_0 = \frac{M}{N} = \frac{130 \times 10^6}{4600 \times 10^3} \approx 28.26 (\text{mm})$$

$$e_i = e_0 + e_a = 28.26 + 20 = 48.26 (\text{mm}) < 0.3 h_0 = 0.3 \times 555 = 166.5 (\text{mm})$$

故初步按小偏心受压计算，并分为两个步骤。

①确定 A_s。由 $N = 4600 \text{ kN} > f b h = 16.7 \times 400 \times 600 = 4008 \text{ kN}$，故令 $N = N_u$，按反向破坏公式(5.28)或公式(5.29)求 A_s。

$$e = \frac{h}{2} - a'_s - (e_0 - e_a) = \frac{600}{2} - 45 - (28.26 - 20) = 246.74 (\text{mm})$$

$$A_s = \frac{Ne - \alpha_1 f_c b h \left(h'_0 - \dfrac{h}{2}\right)}{f_y (h_0 - a_s)}$$

$$= \frac{4600 \times 10^3 \times 246.74 - 1 \times 16.7 \times 400 \times 600 \times (555 - 300)}{360 \times (555 - 45)}$$

$$\approx 615 (\text{mm}^2) > 0.002bh = 0.002 \times 400 \times 600 = 480 (\text{mm}^2)$$

因此,取 $A_s = 615 \text{ mm}^2$ 作为补充条件。

②求 ξ 并按 ξ 的情况求 A_s'。

$$\xi = u + \sqrt{u^2 + \nu}$$

$$u = \frac{a_s'}{h_0} + \frac{f_y A_s}{(\xi_b - \beta)\alpha_1 f_c b h_0}\left(1 - \frac{a_s'}{h_0}\right)$$

$$= \frac{45}{555} + \frac{360 \times 615}{(0.518 - 0.8) \times 1 \times 16.7 \times 400 \times 555} \times \left(1 - \frac{45}{555}\right)$$

$$\approx 0.276$$

$$\nu = \frac{2Ne}{\alpha_1 f_c b h_0^2} - \frac{2\beta_1 f_y A_s}{(\xi_b - \beta_1)\alpha_1 f_c b h_0}\left(1 - \frac{a_s'}{h_0}\right)$$

$$= \frac{2 \times 4600 \times 10^3 \times 246.74}{1 \times 16.7 \times 400 \times 555^2} - \frac{2 \times 0.8 \times 360 \times 615}{(0.518 - 0.8) \times 1 \times 16.7 \times 400 \times 555^2} \times \left(1 - \frac{45}{555}\right)$$

$$= 1.103 + 0.0006 = 1.1036$$

$$\xi = -0.1136 + \sqrt{(-0.1136)^2 + 1.1036} = 0.9431 > \xi_b = 0.518$$

故确定是小偏心受压。

$$\xi_{cy} = 2\beta - \xi_b = 2 \times 0.8 - 0.518 = 1.082 > \xi = 0.9431$$

故属于小偏心受压的第一种情况:$\xi_{cy} > \xi > \xi_b$,由力的平衡方程得:

$$A_s' = \frac{N - \alpha_1 f_c b h_0 + \left(\dfrac{\xi - \beta}{\xi_b - \beta}\right) A_s}{f_y'}$$

$$= \frac{4600 \times 10^3 - 1 \times 16.7 \times 0.9431 \times 400 \times 600 + \dfrac{0.9431 - 0.8}{0.518 - 0.8} \times 360 \times 615}{360} \approx 1966 (\text{mm}^2)$$

对 A_s 采用 3 $\oplus$ 16,$A_s = 603 (\text{mm}^2)$;对 A_s' 采用 4 $\oplus$ 25,$A_s' = 1966 (\text{mm}^2)$。

再验算垂直弯矩作用平面的轴心受压承载力。由 $\dfrac{l_0}{b} = \dfrac{3000}{400} = 7.5$,查表 5.1,得 $\varphi = 1.0$。按式(5.4)得:

$$N_u = 0.9\varphi[f_c bh + f_y'(A_s' + A_s)]$$

$$= 0.9 \times 1.0 \times [16.7 \times 400 \times 600 + 360 \times (603 + 3927)]$$

$$= 5074.92 \text{ kN} > N = 4600 \text{ kN}(满足要求)$$

以上是理论计算的结果,A_s 与 A_s' 相差太大。为了实用,可加大 A_s,使 A_s' 减小,但($A_s' + A_s$) 的用量将增加。

5.3.4　矩形截面对称配筋计算方法

实际工程中,偏心受压构件在不同内力组合下,可能有相反方向的弯矩。当其数值相差不大时,或即使相反方向的弯矩值相差较大,但按对称配筋设计求得的纵向钢筋的总量比按不对称配筋设计所得纵向钢筋的总量增加不多时,均宜采用对称配筋。装配式柱为了保证吊装不会出错,一般采用对称配筋。

1)截面设计

对称配筋时,截面两侧的配筋相同,即 $A_s = A'_s$,$f_y = f'_y$。

（1）大偏心受压构件计算

令 $N = N_u$,由式(5.10)可得:

$$x = \frac{N}{\alpha_1 f_c b} \tag{5.35}$$

代入式(5.11),可以求得:

$$A_s = A'_s = \frac{Ne - \alpha_1 f_c bx\left(h_0 - \frac{x}{2}\right)}{f'_y(h_0 - a'_s)} \tag{5.36}$$

当 $x < 2a'_s$ 时,可按不对称配筋计算方法一样处理。若 $x > x_b$(也即 $\xi > \xi_b$ 时),则认为受拉筋 A_s 达不到受拉屈服强度,而属于"受压破坏"情况,不能用大偏心受压的计算公式进行配筋计算。此时,要用小偏心受压公式进行计算。

（2）小偏心受压构件计算

由于是对称配筋,即 $A_s = A'_s$,可以由式(5.17)、式(5.18)和式(5.19)直接计算 x 和 $A_s = A'_s$。取 $f_y = f'_y$,由式(5.19)代入式(5.17),并取 $x = \xi/h_0$,$N = N_u$,得:

$$N = \alpha_1 f_c bh_0 \xi + (f'_y - \sigma_s)A'_s$$

也即:

$$f'_y A'_s = \frac{N - \alpha_1 f_c bh_0 \xi}{\dfrac{\xi_b - \xi}{\xi_b - \beta_1}}$$

代入式(5.18),得:

$$Ne = \alpha_1 f_c bh_0^2 \xi\left(1 - \frac{\xi}{2}\right) + \frac{N - \alpha_1 f_c bh_0 \xi}{\dfrac{\xi_b - \xi}{\xi_b - \beta_1}}(h_0 - a'_s)$$

也即:

$$Ne\left(\frac{\xi_b - \xi}{\xi_b - \beta_1}\right) = \alpha_1 f_c bh_0^2 \xi(1 - 0.5\xi)\left(\frac{\xi_b - \xi}{\xi_b - \beta_1}\right) + (N - \alpha_1 f_c bh_0 \xi)(h_0 - a'_s) \tag{5.37}$$

由式(5.37)可知,求 $x(x = \xi h_0)$ 需要求解 3 次方程,手算十分麻烦,可采用下述简化方法:
令

$$\bar{y} = \xi(1 - 0.5\xi)\frac{\xi - \xi_b}{\beta_1 - \xi_b} \tag{5.38}$$

代入式(5.37),得:

$$\frac{Ne}{\alpha_1 f_c bh_0^2}\left(\frac{\xi_b - \xi}{\xi_b - \beta_1}\right) - \left(\frac{N}{\alpha_1 f_c bh_0^2} - \frac{\xi}{h_0}\right)(h_0 - a'_s) = \bar{y} \tag{5.39}$$

对于给定的钢筋级别和混凝土强度等级,ξ_b、β_1 为已知,则由式(5.39)可画出 $\bar{y}$-ξ 关系曲线,如图 5.21 所示。

由图 5.21 可知,在小偏心受压($\xi_b < \xi \leq \xi_{cy}$)区段内,$\bar{y}$-$\xi$ 逼近于直线关系。对于 HPB300、

HRB335、HRB400(或RRB400)级钢筋,$\bar{y}$与ξ的线性方程可近似取为:

$$\bar{y} = 0.43 \times \frac{\xi - \xi_b}{\beta_1 - \xi_b} \tag{5.40}$$

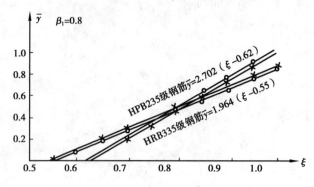

图5.21　参数$\bar{y}$-ξ关系曲线

将式(5.40)代入式(5.39),经整理后可得到《混凝土结构设计规范》(GB 50010—2010)给出了ξ的近似公式。

$$\xi = \frac{\dfrac{N - \xi_b \alpha_1 f_c b h_0}{Ne - 0.43\alpha_1 f_c b h_0^2}}{(\beta_1 - \xi_b)(h_0 - a_s') + \alpha_1 f_c b h_0} + \xi_b \tag{5.41}$$

代入式(5.36)即可求得钢筋面积:

$$A_s = A_s' = \frac{Ne - \alpha_1 f_c b h_0^2 \xi(1 - 0.5\xi)}{f_y'(h_0 - a_s')} \tag{5.42}$$

2)截面复核

可按不对称配筋的截面复核方法进行验算,但取$A_s = A_s'$,$f_y = f_y'$。

【例5.6】　已知条件同例5.4,设计成对称配筋。求钢筋截面面积$A_s' = A_s$。

【解】　由例5.4的已知条件,可求得$e_i = 571$ mm$> 0.3h_0$,属于大偏心受压情况。由式(5.35)及式(5.36)得:

$$x = \frac{N}{\alpha_1 f_c b} = \frac{396 \times 10^3}{1.0 \times 14.3 \times 300} \approx 92.3(\text{mm})$$

$$\begin{aligned} A_s = A_s' &= \frac{Ne - \alpha_1 f_c b x \left(h_0 - \dfrac{x}{2}\right)}{f_y'(h_0 - a_s')} \\ &= \frac{396 \times 10^3 \times 731 - 1.0 \times 14.3 \times 300 \times 92.3 \times \left(360 - \dfrac{92.3}{2}\right)}{360 \times (360 - 40)} \approx 1434(\text{mm}^2) \end{aligned}$$

每边配置3$\boldsymbol{\Phi}$20$+$1$\boldsymbol{\Phi}$18($A_s = A_s' = 1451$ mm^2)。

本题与例5.4比较可以看出,当采用对称配筋时,钢筋用量需要多一些。

计算值的比较为:例5.4中$A_s + A_s' = 1780 + 662.9 = 2442.9(\text{mm}^2)$;本题中$A_s + A_s' = 2 \times 1434 = 2868(\text{mm}^2)$

可见,采用对称配筋时,钢筋用量稍大一些。

验算结果安全。

综上可知,在矩形截面偏心受压构件的正截面受压承载力计算中,能利用的只有力与力矩两个平衡方程式。故当未知数多于 2 个时,就要采用补充条件[小偏心受压时,σ_s 的近似计算公式(5.20)中也含有未知数 x,所以不是补充条件];当未知数不多于 2 个时,计算也必须采用适当的方法才能顺利求解。

5.4　偏心受压构件斜截面受剪承载力计算

5.4.1　轴向压力对构件斜截面受剪承载力的影响

对于偏心受压构件,一般情况下剪力值相对较小,可不进行斜截面受剪承载力的计算;但对于有较大水平力作用下的框架柱、有横向力作用下的桁架上弦压杆,剪力影响相对较大,必须予以考虑。

试验表明,轴压力的存在能推迟垂直裂缝使裂缝宽度减小,出现受压区高度增大、斜裂缝倾角变小而水平投影长度基本不变、纵筋拉力降低的现象,使得构件斜截面受剪承载力要高一些。但有一定限度,当轴压比 $N/(f_c bh) = 0.3 \sim 0.5$ 时,再增加轴向压力将转变为带有斜裂缝的小偏心受压的破坏情况,斜截面受剪承载力达到最大值,如图 5.22 所示。

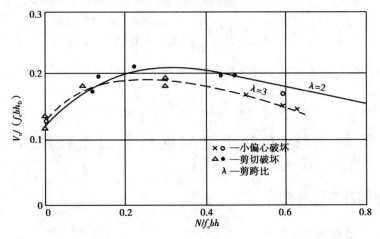

图 5.22　相对轴压力和剪力$\left[\dfrac{N}{f_c bh} - \dfrac{V_u}{f_c bh_0}\right]$关系

试验还说明,当 $N < 0.3 f_c bh$ 时,不同剪跨比构件的轴压力影响相差不多,如图 5.23 所示。

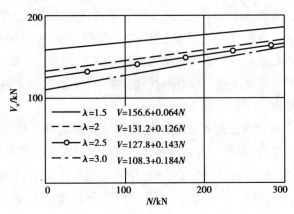

图 5.23　不同剪跨比时 V_u 和 N 的回归公式对比图

5.4.2 偏心受压构件斜截面受剪承载力的计算

通过试验资料分析和可靠度计算,规范建议对承受轴压力和横向力作用的矩形、T 形和工形截面偏心受压构件,其斜截面受剪承载力应按下列公式计算:

$$V_u = \frac{1.75}{\lambda + 1.0} f_c b h_0 + 1.0 \times f_{yv} \frac{A_{sv}}{S} h_0 + 0.07N \tag{5.43}$$

式中,λ 为偏心受压构件计算截面的剪跨比;对各类结构的框架柱,取 $\lambda = M/Vh_0$;当框架结构中柱的反弯点在层高范围内时,可取 $\lambda = \frac{H_n}{2h_0}$($H_n$ 为柱净高);当 $\lambda < 1$ 时,取 $\lambda = 1$;当 $\lambda > 3$ 时,取 $\lambda = 3$。此处,M 为计算截面上与剪力设计值 V 相应的弯矩设计值,H_n 为柱净高;对其他偏心受压构件,当承受均布荷载时,取 $\lambda = 1.5$;当承受集中荷载时(包括作用有多种荷载且集中荷载对支座截面或节点边缘所产生的剪力值占总剪力的 75% 以上的情况),取 $\lambda = a/h_0$;当 $\lambda < 1.5$ 时,取 $\lambda = 1.5$;当 $\lambda > 3$ 时,取 $\lambda = 3$。此处,a 为集中荷载至支座或节点边缘的距离;N 为与剪力设计值 V 相应的轴向压力设计值;当 $N > 0.3f_c A$ 时,取 $N = 0.3f_c A$(A 为构件的截面面积)。

若符合下列公式的要求时,则可不进行斜截面受剪承载力计算,而仅需根据构造要求配置箍筋。

$$V \leqslant \frac{1.75}{\lambda + 1.0} f_t b h_0 + 0.07N \tag{5.44}$$

偏心受压构件的受剪截面尺寸尚应符合《混凝土结构设计规范》(GB 50010—2010)的有关规定。

5.5 型钢混凝土柱和钢管混凝土柱简介

5.5.1 型钢混凝土柱简介

1)型钢混凝土柱概述

型钢混凝土柱又称钢骨混凝土柱,也称为劲性钢筋混凝土柱。在型钢混凝土柱中,除了主要配置轧制或焊接的型钢外,还配有少量的纵向钢筋与箍筋。

按配置的型钢形式不同,型钢混凝土柱分为实腹式和空腹式两类。实腹式型钢混凝土柱的截面形式如图 5.24 所示。空腹式型钢混凝土柱中的型钢不贯通柱截面的宽度和高度。例如,在柱截面的四角设置角钢,角钢间用钢缀条或钢缀板连接而成的钢骨架。

震害表明,实腹式型钢混凝土柱有较好的抗震性能,而空腹式型钢混凝土柱的抗震性能较差,故工程中大多采用实腹式型钢混凝土柱。

由于含钢率较高,因此型钢混凝土柱与同等截面的钢筋混凝土柱相比,承载力大大提高。另外,混凝土中配置型钢以后,混凝土与型钢相互约束。钢筋混凝土包裹型钢使其受到约束,从而使型钢基本不发生局部屈曲,同时,型钢又对柱中核心混凝土起着约束作用。又因为整体的型钢构件比钢筋混凝土中分散的钢筋刚度大得多,所以型钢混凝土柱较钢筋混凝土柱的刚度明显提高。

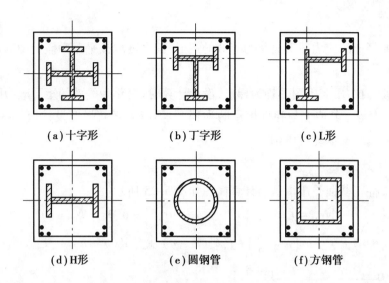

图 5.24　实腹式型钢混凝土柱的截面形式

实腹式型钢混凝土柱,不仅承载力高、刚度大,而且有良好的延性及韧性。因此,它更加适合用于要求抗震和要求承受较大荷载的柱子。

2)型钢混凝土柱承载力的计算

(1)轴心受压柱承载力计算公式

在型钢混凝土柱轴心受压试验中,无论是短柱还是长柱,由于混凝土对型钢的约束,均未发现型钢有局部屈曲现象。因此,在设计中不予考虑型钢局部屈曲。其轴心受压柱的正截面承载力可按下式计算:

$$N_u = 0.9\varphi(f_c A_c + f'_y A'_s + f'_s A_{ss}) \tag{5.45}$$

式中　N_u——轴心受压承载力设计值;

φ——型钢混凝土柱稳定系数;

f_c——混凝土轴心抗压强设计值;

A_c——混凝土的净面积;

A_{ss}——型钢的有效截面面积,即应扣除因孔洞削弱的部分;

A'_s——纵向钢筋的截面面积;

f'_y——纵向钢筋的抗压强度设计值;

f'_s——型钢的抗压强度设计值;

0.9——系数,考虑到与偏心受压型钢柱的正截面承载力计算具有相近的可靠度。

(2)型钢混凝土偏心受压柱正截面承载力计算

对于配置实腹型钢的混凝土柱,其偏心受压柱正截面承载力的计算,可按《型钢混凝土组合结构技术规程》(JGJ 138—2001)进行。

根据试验分析型钢混凝土偏心受压柱的受力性能及破坏特点,型钢混凝土柱正截面偏心承载力计算,采用如下基本假定:

a.截面中型钢、钢筋与混凝土的应变均保持平面;

b.不考虑混凝土的抗压强度;

c.受压区边缘混凝土极限压应变取 $\varepsilon_{cu} = 0.0033$,相应的最大应力取混凝土轴心抗压强度设计值为$f_c$；

d. 受压区混凝土的应力图形简化为等效的矩形,其高度取按平截面假定中确定的中性轴高度乘以系数0.8；

e. 型钢腹板的拉、压应力图形均为梯形,设计计算时,简化为等效的矩形应力图形；

f. 钢筋的应力等于其应变与弹性模量的乘积,但不应大于其强度设计值,受拉钢筋和型钢受拉翼缘的极限拉应变取$\varepsilon_{cu} = 0.01$。

3) 承载力计算公式

型钢混凝土柱正截面受压承载力计算简图如图5.25所示。

$$N_u = f_c bx + f'_y A'_s + f'_a A'_a - \sigma_s A_s - \sigma_a A_a + N_{aw} \tag{5.46}$$

$$N_u e = f_c bx\left(h - \frac{x}{2}\right) + f'_y A'_s(h - a) + f'_a A'_a(h - a) + M_{aw} \tag{5.47}$$

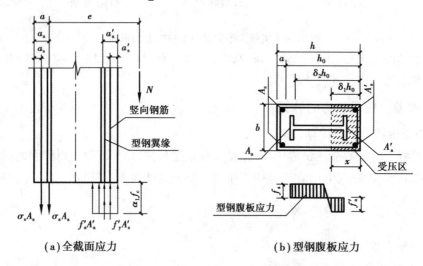

(a) 全截面应力　　　　　　　(b) 型钢腹板应力

图5.25　偏心受压柱的截面应力图形

式中　N——轴向压力设计值；

e——轴向力作用点至受拉钢筋和型钢受拉翼缘的合力点之间的距离,按5.5.2节式(5.12)和式(5.13)计算；

f'_y、f'_a——受压钢筋、型钢的抗压强度设计值；

A'_s、A'_a——竖向受压钢筋、型钢受压翼缘的截面面积；

A_s、A_a——竖向受拉钢筋、型钢受拉翼缘的截面面积；

b、x——柱截面宽度和柱截面受压区高度；

a'_s、a'_a——受压纵筋合力点、型钢受压翼缘合力点到截面受压边缘的距离；

a_s、a_a——受拉纵筋合力点、型钢受拉翼缘合力点到截面受拉边缘的距离；

a——受拉纵筋和型钢受拉翼缘合力点到截面受拉边缘的距离；

N_{aw}、M_{aw}——按《型钢混凝土组合结构技术规程》(JGJ 138—2001)6.1.2节计算。受拉边或受压较小边的钢筋应力σ_s和型钢翼缘应力σ_a可按下列条件计算：当$x \leqslant \xi_b h_0$时,为大偏心受压构件,取$\sigma_s = f_y$,$\sigma_a = f_a$；当$x \geqslant \xi_b h_0$时,为小偏心受压构件,取：

$$\sigma_s = \frac{f_y}{\xi_b - 0.8}\left(\frac{x}{h_0} - 0.8\right) \tag{5.48}$$

$$\sigma_a = \frac{f_a}{\xi_b - 0.8}\left(\frac{x}{h_0} - 0.8\right) \tag{5.49}$$

其中，ξ_b 为柱混凝土截面的相对界限受压区高度，即：

$$\xi_b = \frac{0.8}{1 + \dfrac{f_y + f_a}{2 \times 0.003E_s}} \tag{5.50}$$

5.5.2　钢管混凝土柱简介

1）钢管混凝土柱概述

钢管混凝土柱是指在钢管中填充混凝土而形成的构件。按钢管截面形式的不同，分为方钢管混凝土柱、圆钢管混凝土柱和多边形钢管混凝土柱。常用的钢管混凝土组合柱为圆钢管混凝土柱，其次为方形截面、矩形截面钢管混凝土柱，如图 5.26 所示。为了提高抗火性能，有时还在钢管内设置纵向钢筋和箍筋。

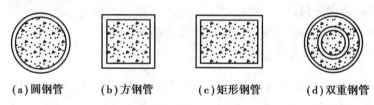

（a）圆钢管　　　（b）方钢管　　　（c）矩形钢管　　　（d）双重钢管

图 5.26　钢管混凝土柱的截面形式

钢管混凝土柱的基本原理是：首先借助内填混凝土增强钢管壁的稳定性；其次借助钢管对核心混凝土的约束（套箍）作用，使核心混凝土处于三向受压状态，从而使混凝土具有更高的抗压强度和压缩变形能力，这样不仅使混凝土的塑性和韧性大为改善，而且可以避免或延缓钢管发生局部屈曲。因此，与钢筋混凝土柱相比，钢管混凝土柱具有承载力高、质量轻、塑性好、耐疲劳、耐冲击、省工、省料、施工速度快等优点。

对于钢管混凝土柱，最能发挥其轴心受压的特长，因此，钢管混凝土柱最适合于轴心受压或小偏心受压构件。当轴心力偏心较大或采用单肢钢管混凝土柱不够经济合理时，宜采用双肢或多肢钢管混凝土组合结构，如图 5.27 所示。

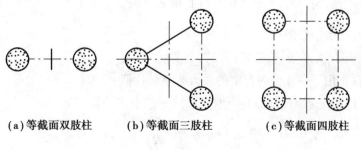

（a）等截面双肢柱　　　（b）等截面三肢柱　　　（c）等截面四肢柱

图 5.27　截面形式

2）钢管混凝土受压柱承载力计算

（1）钢管混凝土轴心受压承载力计算

钢管混凝土轴心受压柱的承载力设计值按下式计算：

$$N_u = \varphi(f_s A_s + k_1 f_c A_c) \tag{5.51}$$

式中 N_u——轴心受压承载力设计值；

φ——钢管混凝土轴心受压稳定系数；

A_s——钢管截面面积；

f_s——钢管钢材抗压强度设计值；

A_c——钢管内核心混凝土截面面积；

f_c——混凝土轴心抗压强度设计值；

k_1——核心混凝土轴心抗压强度提高系数。

（2）钢管混凝土偏心受压柱正截面承载力计算

①钢管混凝土偏心受压杆件承载力设计值可按下式计算：

$$N_u = \gamma \varphi_c (f_s A_s + k_1 f_c A_c) \tag{5.52}$$

式中 N_u——轴向力设计值；

φ_c——钢管混凝土偏心受压杆件设计承载力折减系数；

k_1——核心混凝土强度提高系数；

γ——钢管混凝土强度的修正值，按下式计算：$\gamma = 1.124 \times \dfrac{2t}{D} - 0.0003f$；

D、t——钢管的外直径和厚度；

f——钢管钢材抗压强度设计值。

②钢管混凝土偏心受压杆件在外荷载作用下的设计计算偏心距 e_i 按下列公式计算：

$$e_i = \eta e_1 \tag{5.53}$$

$$e_i = e_0 + e_a \tag{5.54}$$

$$e_0 = \frac{M}{N_c} \tag{5.55}$$

$$e_a = 0.12 \times \left(0.3D - \frac{M}{N_c}\right) \tag{5.56}$$

式中 e_a——杆件附加偏心距，当 $\dfrac{M}{N_c} \geqslant 0.3D$ 时，取 $e_0 = 0$；

e_0——杆件初始偏心距；

η——偏心距增大系数，按公式（5.57）计算；

M——荷载作用下在杆件内产生的最大弯矩设计值。

③钢管混凝土偏心受压杆件偏心距增大系数 η 按下式计算：

$$\eta = \frac{1}{1 - \dfrac{N_e}{N_k}} \tag{5.57}$$

$$N_k = \varphi(A_s f_{sk} + k_1 A_c f_{ck}) \tag{5.58}$$

式中 N_e——钢管混凝土偏心受压杆件纵向压力设计值；

N_k——相同杆件在轴心受压下极限承载力；

φ——钢管混凝土轴心受压稳定系数；

f_{sk}——钢材抗压、抗拉、抗弯强度设计值。

本章小结

1. 介绍受压构件的构造要求。

2. 轴心受压螺旋筋柱间接配筋的原理。

3. 偏心受压构件的破坏形态和矩形截面受压承载力的计算简图和基本计算公式。

4. 矩形截面对称配筋偏心受压构件的受压承载力计算。

5. 受压构件中纵向钢筋和箍筋的主要构造要求。

6. 简要介绍型钢混凝土柱和钢管混凝土柱。

思考练习题

5.1　轴心受压构件为什么不宜采用高强度钢筋？

5.2　如何划分受压构件的长柱与短柱？

5.3　为什么实际工程中没有绝对的轴压构件？

5.4　为什么随偏心距的增加,受压构件承载力降低？

5.5　大小偏心破坏的界限是什么？

5.6　普通受压柱中箍筋有何作用？

5.7　什么是轴心受压构件的稳定系数？影响稳定系数的主要因素是什么？

5.8　某钢筋混凝土框架结构底层柱,截面尺寸 $b \times h = 350\ mm \times 350\ mm$,从基础顶面到一层楼盖顶面的高度 $H = 4.5\ m$,承受轴向压力设计值为 $N = 1840\ kN$,C25 混凝土,纵向钢筋为 HRB400 级钢筋。求所需纵向受压钢筋的面积 A'_s。

第6章 受拉构件截面承载力计算

【本章导读】
通过本章学习,理解并掌握轴心受拉构件、大偏心受拉和小偏心受拉构件正截面承载力计算原理和计算方法;了解偏心受拉构件斜截面承载力计算方法。

【重点】
轴心受拉、偏心受拉构件的正截面承载力计算。

【难点】
偏心受拉构件的正截面承载力计算。

6.1 概　述

受拉构件(通常不用钢筋混凝土作受拉构件)分为两类:

①轴心受拉构件:纵向拉力作用线与构件截面形心轴线重合。

②偏心受拉构件:纵向拉力作用线与构件截面形心轴线不重合。另外,偏心受拉构件也可定义为轴心拉力和弯矩(有时还有剪力)共同作用的构件。它介于轴拉构件和受弯构件之间。

工程上,理想的轴拉构件实际上是不存在的,但对于屋架的受拉弦杆和腹杆以及拱的拉杆和圆形水池壁等[图6.1(a)],可近似按轴心受拉构件计算。

偏心受拉构件在工程实际中很常见,如悬臂桁架上弦等[图6.1(b)]。

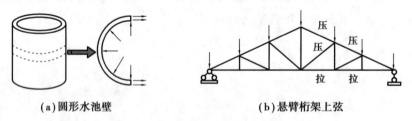

(a)圆形水池壁　　　　　　　(b)悬臂桁架上弦

图6.1　受拉构件

6.2 轴心受拉构件

6.2.1 轴心受拉构件的受力特点

轴心受拉构件的试验结果如图6.2所示。

构件从开始加荷到破坏的受力过程分为3个阶段:混凝土开裂前、混凝土开裂后、破坏阶段(钢筋屈服后阶段)。

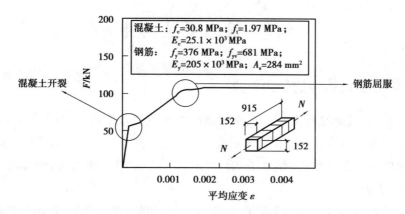

图 6.2　轴心受拉构件试验结果

（1）混凝土开裂前

开始加载时，轴心拉力很小，混凝土和钢筋都处于弹性受力状态。如果荷载继续增加，混凝土和钢筋的应力仍将继续加大。当混凝土的应力达到其抗拉强度值时，构件即将开裂。

（2）混凝土开裂后

构件开裂后，裂缝截面与构件轴线垂直，并贯穿于整个截面（截面全部裂通）。在裂缝截面上，混凝土退出工作，即不能承担拉力，所有外力全部由钢筋承受。在开裂前和开裂后的瞬间，裂缝截面处的钢筋应力发生突变。由于钢筋的抗拉强度远高于混凝土的抗拉强度，所以构件开裂一般并不意味着丧失承载力，因而荷载还可以继续增加，新的裂缝也将产生，原有的裂缝将随荷载的增加不断加宽。

（3）破坏阶段

钢筋屈服后，构件进入破坏阶段。

6.2.2　轴心受拉构件正截面受拉承载力计算

与适筋梁相似，轴心受拉构件从加载开始到破坏为止，其受力全过程也可为 3 个阶段。第 I 段为从加载到混凝土受拉开裂前，第 II 段为混凝土开裂后至钢筋即将屈服，第 III 段为受拉钢筋开始屈服到全部受拉钢筋屈服。此时，混凝土裂缝开展很大，可认为构件达到了破坏状态，即达到极限荷载 N_u。

轴心受拉构件破坏时，混凝土早已被拉裂，全部拉力由钢筋来承受，直到钢筋受拉屈服。故轴心受拉构件正截面受拉承载力计算公式如下：

$$N_u = f_y A_s \tag{6.1}$$

式中　N_u——轴心受拉承载力设计值；

　　　f_y——钢筋的抗拉强度设计值；

　　　A_s——受拉钢筋的全部截面面积。

【例 6.1】　已知某钢筋混凝土屋架下弦，截面尺寸 $b \times h = 200\ mm \times 150\ mm$，其所受的轴心拉力设计值为 288 kN，混凝土强度等级为 C30，钢筋为 HRB400 级。求钢筋截面面积。

【解】　对于 HRB400 钢筋，$f_y = 360\ N/mm^2$，代入式（6.1）得：

$$A_s = N/f_y = 288 \times 10^3/360 = 800\ (mm^2)$$

选用 4 ⾣ 16，$A_s = 804\ mm^2$。

6.3 偏心受拉构件

6.3.1 偏心受拉构件的受力特点

偏心受拉构件正截面的承载力计算,按纵向拉力 N 的位置不同,可分为大偏心受拉与小偏心受拉两种情况:当纵向拉力 N 作用在钢筋合力点 A_s 及 A_s' 的合力点范围以外时,属于大偏心受拉的情况;当纵向拉力 N 作用在钢筋 A_s 合力点及 A_s' 合力点范围以内时,属于小偏心受拉的情况。

(1)大偏心受拉

由于拉力作用在 A_s 和 A_s' 之外,随 N 增大,靠近 N 一侧的混凝土开裂,但不会贯通,最终破坏特征取决于 A_s' 的多少。当 A_s 适量时,A_s 先屈服,最后混凝土被压碎而破坏(A_s' 也能屈服)(同大偏压,多数情况);A_s 当过多时,混凝土被压碎时,A_s 没有屈服(类似小偏压),属脆性破坏(少数情况)。

(2)小偏心受拉

由于拉力在 A_s 和 A_s' 之间,故临近破坏时截面裂缝全部贯通,拉力完全由钢筋承担,A_s 和 A_s' 一般都能受拉屈服。

值得注意的是,偏拉构件也产生纵向弯曲,但与偏压相反,纵向弯曲使截面的弯矩 M 减小,这在设计中不考虑(有利影响)。

大偏心受拉构件的受力特点是:当拉力增大到一定程度时,受拉钢筋首先达到抗拉屈服强度;随着受拉钢筋塑性变形的增长,受压区面积逐步缩小;最后构件由于受压区混凝土达到极限应变而破坏。其破坏形态与小偏心受压构件相似。

小偏心受拉构件的受力特点是:混凝土开裂后,裂缝贯穿整个截面,全部轴向拉力由纵向钢筋承担;当纵向钢筋达到屈服强度时,截面即达到极限状态。

6.3.2 偏心受拉构件正截面受拉承载力计算

1)大偏心受拉构件正截面承载力计算

当轴向拉力作用在 A_s 合力点及 A_s' 合力点以外时,截面虽开裂,但还有受压区,否则拉力 N 得不到平衡。既然还有受压区,截面不会裂通,这种情况称为大偏心受拉。

图 6.3 所示为矩形截面大偏心受拉构件的计算简图。构件破坏时,钢筋 A_s 及 A_s' 的应力都达到屈服强度,受压区混凝土强度达到 $\alpha_1 f_c$。

基本公式如下:

$$N_u = f_y A_s - f_y' A_s' - \alpha_1 f_c b x \tag{6.2}$$

$$N_u e = \alpha_1 f_c b x \left(h_0 - \frac{x}{2} \right) + f_y' A_s' (h_0 - a_s') \tag{6.3}$$

$$e = e_0 - \frac{h}{2} + a_s \tag{6.4}$$

受压区的高度应当符合 $x \leq x_b$ 的条件,计算中考虑受压钢筋时,还要符合 $x \geq 2a_s'$ 的条件。

设计时,为了使钢筋总用量 $(A_s + A_s')$ 最少,与偏心受压构件一样,应取 $x = x_b$,代入式(6.3)

及式(6.2),可得:

$$A'_s = \frac{N_u e - \alpha_1 f_c b x_b \left(h_0 - \dfrac{x_b}{2} \right)}{f'_y (h_0 - a'_s)} \tag{6.5}$$

$$A_s = \frac{\alpha_1 f_c b x_b + N_u}{f_y} + \frac{f'_y}{f_y} A'_s \tag{6.6}$$

式中　x_b——界限破坏时受压区高度,$x_b = \xi_b h_0$。

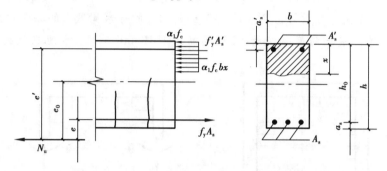

图 6.3　大偏心受拉构件截面受拉承载力计算简图

对称配筋时,由于 $A_s = A'_s$ 和 $f_y = f'_y$,将其代入基本公式(6.2)后,必然会求得 x 为负值,即属于 $x < 2a'_s$ 的情况。此时,可按偏心受压的相应情况类似处理,即取 $x = 2a'_s$,并对 A'_s 合力点取矩和取 $A'_s = 0$ 分别计算 A_s 值,最后按所得较小值配筋。

其他情况的设计题和复核题的计算与大偏心受压构件相似,所不同的是轴向力为拉力。

2)小偏心受拉构件正截面承载力计算

在小偏心拉力作用下,临近破坏前,一般情况是截面裂缝全部贯通。拉力完全由钢筋承担,其计算简图如图 6.4 所示。

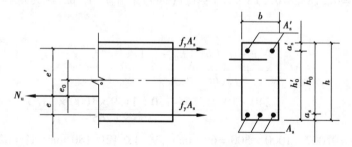

图 6.4　小偏心受拉构件截面受拉承载力计算简图

在这种情况下,不考虑混凝土的受拉工作。设计时,可假定构件破坏时钢筋 A_s 及 A'_s 的应力都达到屈服强度。根据内外力分别对钢筋 A_s 及 A'_s 的合力点取矩的平衡条件,可得:

$$N_u e = f_y A'_s (h_0 - a'_s) \tag{6.7}$$

$$N_u e' = f_y A_s (h'_0 - a_s) \tag{6.8}$$

$$e = \frac{h}{2} - e_0 - a_s \tag{6.9}$$

$$e' = e_0 + \frac{h}{2} - a'_s \tag{6.10}$$

对称配筋时,可取:

$$A'_s = A_s = \frac{N_u e'}{f_y(h_0 - a'_s)} \quad (6.11)$$

$$e' = e_0 + \frac{h}{2} - a'_s \quad (6.12)$$

《混凝土结构设计规范》(GB 50010—2010)规定:轴心受拉及小偏心受拉杆件的纵向受力钢筋不得采用绑扎接头。

【例6.2】 如图6.5所示,已知某矩形水池,壁厚为300 mm。通过内力分析,求得跨中水平方向每米宽度上最大弯矩设计值$M = 120$ kN·m,相应的每米宽度上的轴向拉力设计值$N = 240$ kN。该水池的混凝土强度等级为C25,钢筋用HRB400级。求水池在该处需要的A_s及A'_s值。

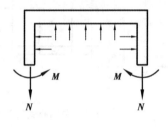

图6.5 矩形水池池壁弯矩M和拉力N示意图

【解】 令$N = N_u, M = N_u e_0, b \times h = 1000$ mm $\times 300$ mm;取$a_s = a'_s = 35$ mm。

$$e_0 = \frac{M}{N} = \frac{120 \times 1000}{240} = 500(\text{mm})(\text{大偏心受拉})$$

$$e = e_0 - \frac{h}{2} + a_s = 500 - 150 + 35 = 385(\text{mm})$$

先假定$x = x_b = 0.518 h_0 = 0.518 \times 265 \approx 137(\text{mm})$来计算$A'_s$值,因为这样能使$(A_s + A'_s)$的用量最少。

$$A'_s = \frac{N_u e - \alpha_1 f_c b x_b \left(h_0 - \frac{x_b}{2}\right)}{f'_y(h_0 - a'_s)}$$

$$= \frac{240 \times 10^3 \times 385 - 1.0 \times 11.9 \times 1000 \times 137 \times (265 - 137/2)}{360 \times (265 - 45)} < 0$$

取$A'_s = \rho'_{min} bh = 0.002 \times 1000 \times 300 = 600$ mm^2,选用$\Phi 12@180$ mm$(A'_s = 628$ mm$^2)$。

该题由计算A'_s及A_s的问题转化为已知A'_s求A_s的问题。此时,x不再是界限值x_b,必须重新求算x值,计算方法和偏心受压构件计算相同。由式(6.3)计算x值。

将式(6.3)转化成下式:

$$\alpha_1 f_c b x^2/2 - \alpha_1 f_c b h_0 x + Ne - f'_y A'_s(h_0 - a'_s) = 0$$

代入数据得:

$$1.0 \times 11.9 \times 1000 \times \frac{x^2}{2} - 1.0 \times 11.9 \times 1000 \times 265x + 240 \times 10^3 \times 385 - 360 \times 628 \times (265 - 35) = 0$$

化简得: $$5.95x^2 - 3153.5x + 40401.6 = 0$$

求解得: $$x = \frac{3153.5 - \sqrt{3153.5^2 - 4 \times 5.95 \times 40401.6}}{2 \times 5.95} \approx 13.1(\text{mm})$$

$x = 13.1 \text{ mm} < 2a'_s = 90 \text{ mm}$，取 $x = 2a'_s$，并对 A'_s 合力点取距，可求得：

$$A_s = \frac{Ne}{f_y(h_0 - a'_s)} = \frac{240000 \times (500 + 150 - 35)}{360 \times (265 - 35)} \approx 1782.6(\text{mm}^2)$$

另外，当不考虑 A'_s，即取 $A'_s = 0$，由式(6.3)重求 x 值。

$$\alpha_1 f_c b x^2/2 - \alpha_1 f_c b h_0 x + Ne = 0$$

代入数据得：

$$1.0 \times 11.9 \times 1000 \times \frac{x^2}{2} - 1.0 \times 11.9 \times 1000 \times 265x + 240 \times 10^3 \times 385 = 0$$

化简得：

$$5.95x^2 - 3153.5x + 92400 = 0$$

求解得：

$$x = \frac{3153.5 - \sqrt{3153.5^2 - 4 \times 5.95 \times 92400}}{2 \times 5.95} \approx 31.13(\text{mm})$$

由式(6.2)重求得 A_s 值：

$$A_s = \frac{N + f'_y A'_s + \alpha_1 f_c b x}{f_y} = \frac{240 \times 10^3 + 1.0 \times 11.9 \times 1000 \times 31.13}{360} \approx 1696(\text{mm}^2)$$

从上面计算中取小者配筋(即在 $A_s = 1782.6 \text{ mm}^2$ 和 1696 mm^2 中取小的值配筋)。

取 $A_s = 1696 \text{ mm}^2$ 来配筋，选用直径 $\Phi 14@90 \text{ mm}(A_s = 1710 \text{ mm}^2)$。

6.3.3　偏心受拉构件斜截面受剪承载力计算

一般偏心受拉构件，在承受弯矩和拉力的同时，也存在着剪力。当剪力较大时，不能忽视斜截面承载力的计算。

试验表明，拉力 N 的存在有时会使斜裂缝贯穿全截面，使斜截面末端没有剪压区，构件的斜截面承载力比无轴向拉力时要降低一些，降低的程度与轴向拉力的数值有关。

通过对试验资料的分析，偏心受拉构件的斜截面受剪承载力可按下式计算：

$$V_u = \frac{1.75}{\lambda + 1.0} f_t b h_0 + f_{yv} \frac{A_{sv}}{s} h_0 - 0.2N \tag{6.13}$$

式中　λ——计算截面的剪跨比；

N——轴向拉力设计值。

式(6.13)右侧的计算值小于 $f_{yv} \dfrac{A_{sv}}{s} h_0$ 时，应取等于 $f_{yv} \dfrac{A_{sv}}{s} h_0$，且 $f_{yv} \dfrac{A_{sv}}{s} h_0$ 不得小于 $0.36 f_t b h_0$。

与偏心受压构件相同，受剪截面尺寸尚应符合《混凝土结构设计规范》(GB 50010—2010)的有关要求。

本章小结

1. 轴心受拉构件的承载力是由截面所配的纵向钢筋的强度和面积决定的。

2. 偏心受拉构件根据偏心力的位置分为大偏心受拉构件和小偏心受拉构件。当轴心拉力 N 作用点落在两侧受拉钢筋之间时，为小偏心受拉构件；当轴心拉力 N 作用点落在两侧受拉钢筋的外侧时，为大偏心受拉构件。

3. 大偏心受拉构件与大偏心受压构件正截面承载力计算公式相似，截面配筋计算方法也可参照大偏心受压构件进行;区别在于轴向力方向相反,大偏心受拉构件不考虑二阶弯矩影响下的偏心距增大,也不考虑附加偏心距的影响。

4.偏心受拉构件斜截面承载力计算公式是在受弯构件斜截面受剪承载力计算公式的基础上,考虑到轴心拉力对斜截面受剪不利影响后修正得到的。

思考练习题

6.1   试举例说明实际工程结构中,哪些构件属于受拉构件?

6.2   大、小偏心受拉构件如何区分? 两种受拉构件的受力特点和破坏形态有何不同?

6.3   为什么小偏心受拉设计计算公式中,只采用弯矩受力状态,没有采用力受力状态,而在大偏心受拉设计计算公式中,既采用了力受力状态又采用弯矩受力状态建立?

6.4   已知截面尺寸为 $b \times h = 300$ mm $\times 500$ mm 钢筋混凝土偏拉构件,承受轴向拉力设计值 $N = 300$ kN,弯矩设计值 $M = 90$ kN·m。采用的混凝土强度等级为 C30,钢筋为 HRB335 级。试确定该柱所需的纵向钢筋截面面积 A_s 和 A_s'。

第7章　钢筋混凝土构件的应力、变形和裂缝

【本章导读】

通过本章学习,加深对钢筋混凝土结构 3 个受力阶段的特性以及对正常使用极限状态的验算的理解;理解正常使用阶段截面弯曲刚度的定义,理解裂缝间纵向受拉钢筋应变不均匀系数 ψ 的物理意义和裂缝开展的机理;会进行挠度和裂缝宽度的验算;知道耐久性设计的主要内容和技术措施。

【重点】

钢筋混凝土构件的变形、裂缝及最大裂缝宽度验算。

【难点】

最大裂缝宽度验算。

7.1　概　述

钢筋混凝土构件除了按前几章所述的承载能力极限状态计算外,还应进行正常使用极限状态的验算,以防由于构件变形过大或裂缝过宽而影响构件的适用性、耐久性等要求或导致构件不能正常使用。

《公路桥规》规定,钢筋混凝土受弯构件必须进行使用阶段的变形和最大裂缝、宽度验算,除此之外,还应进行受弯构件在施工阶段混凝土和钢筋应力验算。

对钢筋混凝土受弯构件进行使用阶段验算时,通常取荷载挠度曲线图上的第Ⅱ阶段——带裂缝工作阶段进行验算。带裂缝工作阶段的主要特征是:竖向裂缝已形成并开展,中性轴以下大部分混凝土已退出工作,拉力由钢筋承受,钢筋应力 σ_s 还远小于其屈服强度,受压区混凝土的压应力图形大致呈抛物线。而受弯构件的荷载-挠度(跨中)关系曲线是一条接近于直线的曲线。因此,第Ⅱ阶段又称为开裂后弹性阶段。

根据上述主要特征,对于第Ⅱ阶段的计算,可作如下假定:

① 平截面假定。即假定梁在受力发生弯曲变形后,各截面仍保持为平面。根据平截面假定,平行于梁中性轴的各纵向纤维的应变与其到中性轴的距离成正比,且由于钢筋与混凝土之间的黏结力,两者共同变形,钢筋与同一水平线的混凝土应变相等。因此,由图 7.1 可得:

$$\frac{\varepsilon_c'}{x} = \frac{\varepsilon_c}{h_0 - x} \tag{7.1}$$

$$\varepsilon_s = \varepsilon_c \tag{7.2}$$

式中　ε_c——混凝土的受拉平均应变;

ε'_c——混凝土的受压平均应变；

ε_s——与混凝土受拉平均应变ε_c同一水平位置处的钢筋平均拉应变；

x——受压区高度；

h_0——截面有效高度。

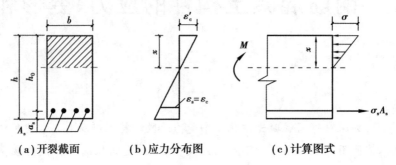

（a）开裂截面　　　（b）应力分布图　　　（c）计算图式

图7.1　受弯构件开裂截面

②弹性体假定。钢筋混凝土受弯构件在第Ⅱ工作阶段时，受压区混凝土的压应力图形大致呈抛物线，但并不丰满，可近似看作直线分布，即受压区混凝土的应力与平均应变成正比，即：

$$\sigma'_c = \varepsilon'_c E_c \tag{7.3}$$

同时，假定在受拉钢筋水平位置处混凝土的平均拉应变与应力成正比，即：

$$\sigma_c = \varepsilon_c E_c \tag{7.4}$$

③裂缝出现后，受拉区混凝土全部退出工作，拉应力全部由钢筋承担。

根据前述3项基本假定，钢筋混凝土受弯构件在第Ⅱ工作阶段的计算图式如图7.1所示。由式(7.2)、式(7.4)可得：

$$\sigma_c = \varepsilon_c E_c = \varepsilon_s E_s$$

将$\varepsilon_s = \sigma_s / E_s$代入上式，可得：

$$\sigma_c = \frac{\sigma_s}{E_s} E_c = \frac{\sigma_s}{\alpha_{E_s}} \tag{7.5}$$

$$\alpha_{E_s} = \frac{E_s}{E_c}$$

式中　E_s, E_c——钢筋、混凝土的弹性模量；

α_{E_s}——钢筋混凝土构件的截面换算系数，表明钢筋的拉应力σ是同位置处混凝土拉应力σ_c的α_{E_s}倍。

7.2　换算截面及应力计算

钢筋混凝土构件是由钢筋和混凝土两种受力性能完全不同的材料组成的，无法直接按照材料力学的方法进行构件截面的应力计算。因此，考虑换算截面，即将钢筋和受压区混凝土换算一种拉压性能相同的假想材料组成的匀质截面，再借助材料力学的方法进行计算。

通常，将钢筋截面A_s换算成假想的受力混凝土截面A_{sc}，位于钢筋的重心处，如图7.2所示。

因假想的混凝土所承受的总拉力应该与钢筋承受的总拉力相等，故：

$$A_s \sigma_s = A_{sc} \sigma_c = A_{sc} \frac{\sigma_s}{\alpha_{E_s}}$$

$$A_{sc} = \alpha_{E_s} A_s \qquad (7.6)$$

式中　A_{sc}——钢筋换算成混凝土的截面面积。

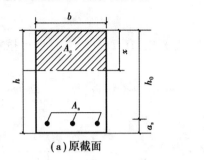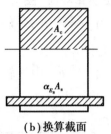

(a)原截面　　　　　　　(b)换算截面

图 7.2　截面换算示意图

1)单筋矩形截面

其开裂截面换算截面的几何特性表达式如下:

①开裂截面换算截面面积 A_c^r。

$$A_c^r = bx + \alpha_{E_s} A_s \qquad (7.7)$$

②开裂截面换算截面对中性轴的静矩 S_{cr}。

受压区:

$$S_{cra} = \frac{1}{2} bx^2 \qquad (7.8)$$

受拉区:

$$S_{crl} = \alpha_{E_s} A_s (h_0 - x) \qquad (7.9)$$

③开裂截面换算截面惯性矩 I_{cr}。

$$I_{cr} = \frac{1}{3} bx^3 + \alpha_{E_s} A_s (h_0 - x)^2 \qquad (7.10)$$

④开裂截面换算截面抵抗矩 W_{cr}。

对混凝土受压边缘:

$$W_{cra} = \frac{I_{cr}}{x} \qquad (7.11)$$

对混凝土受拉边缘:

$$W_{crl} = \frac{I_{cr}}{h_0 - x} \qquad (7.12)$$

⑤受压区高度 x。由 $S_{cra} = S_{crl}$,可得:

$$\frac{1}{2} bx^2 = \alpha_{E_s} A_s (h_0 - x) \qquad (7.13)$$

化简计算,求得换算截面的受压区高度 x 为:

$$x = \frac{\alpha_{E_s} A_s}{b} \left[\sqrt{1 + \frac{2bh_0}{\alpha_{E_s} A_s}} - 1 \right] \qquad (7.14)$$

2)双筋矩形截面

与单筋矩形截面不同的是,双筋矩形截面在受压区配置了受压钢筋。因此进行截面换算时,将受拉钢筋的截面A_s和受压钢筋截面A'_s分别用假想的两个混凝土块代替,换算截面的几何特性表达式可在单筋矩形截面的基础上,计入受压钢筋换算截面$\alpha_{E_s}A'_s$即可。

3)单筋 T 形截面换算截面(图 7.3)

①第一类 T 形截面:$x \leqslant h'_f$,中性轴在翼缘板内[图 7.3(a)],此时可按宽度为b'_f的单筋矩形截面采用前述公式进行计算。

②第二类 T 形截面:$x > h'_f$,中性轴在梁肋内[图 7.3(b)],其换算截面几何特性表达式如下:

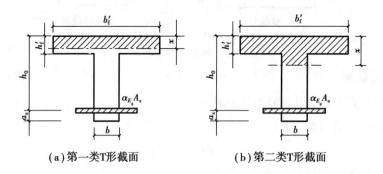

(a)第一类T形截面   (b)第二类T形截面

图 7.3 开裂状态下 T 形截面换算图式

a. 开裂截面换算截面面积A_{cr}。

$$A_{cr} = bx + (b'_f - b)h'_f + \alpha_{E_s}A_s \tag{7.15}$$

受压区:

$$S_{cra} = \frac{1}{2}bx^2 + (b'_f - b)h'_f\left(x - \frac{1}{2}h'_f\right) \tag{7.16}$$

受拉区:

$$S_{crl} = \alpha_{E_s}A_s(h_0 - x) \tag{7.17}$$

b. 开裂截面换算截面惯性矩I_{cr}。

$$I_{cr} = \frac{1}{3}b'_f x^3 - \frac{1}{3}(b'_f - b)(x - h'_f)^3 + \alpha_{E_s}A_s(h_0 - x)^2 \tag{7.18}$$

c. 开裂截面换算截面抵抗矩W_{cr}。

对混凝土受压边缘:

$$W_{cra} = \frac{I_{cr}}{x} \tag{7.19}$$

对混凝土受拉边缘:

$$W_{crl} = \frac{I_{cr}}{h_0 - x} \tag{7.20}$$

d. 受压区高度x。由$S_{cra} = S_{crl}$,可得:

$$\frac{1}{2}bx^2 + (b'_f - b)h'_f\left(x - \frac{1}{2}h'_f\right) = \alpha_{E_s}A_s(h_0 - x) \tag{7.21}$$

化简计算,求得换算截面的受压区高度x为:

$$x = \sqrt{A^2 + B} - A \tag{7.22}$$

其中，$A = \dfrac{\alpha_{E_s} A_s + (b'_f - b) h'_f}{b}$，$B = \dfrac{2\alpha_{E_s} A_s h_0 + (b'_f - b) h'^2_f}{B}$。

4）全截面换算截面

钢筋混凝土受弯构件使用阶段和施工阶段的应力计算，会遇到全截面换算截面的问题。

全截面换算截面是混凝土全截面面积和钢筋的换算面积所组成的截面。对于图 7.4 所示的 T 形截面，全截面的换算截面几何特性计算式为：

①全截面换算截面面积 A_0。

$$A_0 = bh + (b'_f - b) h'_f + (\alpha_{E_s} - 1) A_s \tag{7.23}$$

②受压区高度 x。

$$x = \frac{\dfrac{1}{2} bh^2 + \dfrac{1}{2} (b'_f - b) h'^2_f + (\alpha_{E_s} - 1) A_s h_0}{A_0} \tag{7.24}$$

③全截面换算截面对中性轴的惯性矩 I_0。

$$I_0 = \frac{1}{12} bh^3 + bh \left(\frac{1}{2} h - x \right)^2 - \frac{1}{12} (b'_f - b) h'^3_f + (b'_f - b) h'_f \left(\frac{h'_f}{2} - x \right)^2 + (\alpha_{E_s} - 1) A_s (h_0 - x)^2 \tag{7.25}$$

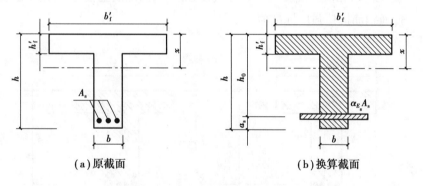

（a）原截面　　　　　　　（b）换算截面

图 7.4　全截面换算图式

5）应力计算

对于钢筋混凝土梁在施工阶段，特别是梁的运输和安装过程中，梁的支承条件、受力图式会发生变化，应根据受弯构件在施工中的实际受力体系进行应力计算。例如，简支梁吊装吊点的位置并不在支座截面，吊点位置 a 较大时，将会在吊点截面处引起较大的负弯矩（图 7.5），因此，应根据受弯构件在施工中的实际受力体系进行应力计算。

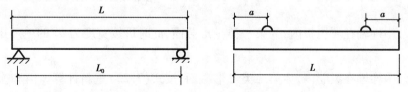

图 7.5　简支梁吊装施工

下面按照换算截面法分别介绍矩形截面和 T 形截面正应力验算方法。

（1）矩形截面（图7.2）

《公路桥规》规定，钢筋混凝土受弯构件施工阶段的应力计算按短暂状况计算，正截面应力计算公式如下：

①受压区混凝土边缘纤维应力：

$$\sigma_{cc}^t = \frac{M_k^t}{I_{cr}} \leqslant 0.80 f_{ck}' \tag{7.26}$$

②受拉钢筋应力：

$$\sigma_{si}^t = \alpha_{E_s} \frac{M_k^t(h_{0i} - x)}{I_{cr}} \leqslant 0.75 f_{sk} \tag{7.27}$$

式中 M_k^t——由临时的施工荷载标准值引起的弯矩值；

x——换算截面的受压区高度，按换算截面受压区和受拉区对中性轴面积矩相等的原则求得；

I_{cr}——开裂截面换算截面的惯性矩，根据已求得的受压区高度 x_0，按开裂换算截面对中性轴惯性矩之和求得；

σ_{si}^t——按短暂状况计算时受拉区第 i 层钢筋的应力；

h_{0i}——受压区边缘至受拉区第 i 层钢筋截面重心的距离；

f_{ck}'——施工阶段相应于混凝土立方体抗压强度 f_{cu}' 的混凝土轴心抗压强度标准值；

f_{sk}——普通钢筋抗拉强度标准值。

（2）T形截面（图7.6）

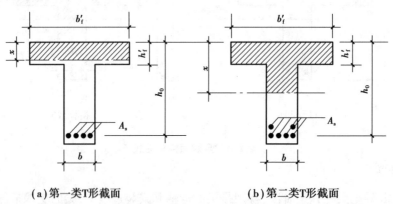

（a）第一类T形截面　　　　（b）第二类T形截面

图 7.6 T形截面应力计算图式

当翼缘板位于受压区时，先按下式进行计算判断：

$$\frac{1}{2} b_f' x^2 = \alpha_{E_s} A_s (h_0 - x) \tag{7.28}$$

若 $x \leqslant h_f'$，中性轴在翼缘板内，为第一类 T 形截面，此时可按宽度为 b_f' 的单筋矩形截面进行计算。

若 $x \geqslant h_f'$，中性轴在梁肋内，为第二类 T 形截面，按式（7.22）重新计算 x 值和换算截面惯性矩，然后按式（7.26）和式（7.27）进行截面应力验算。

7.3　钢筋混凝土构件的变形

7.3.1　截面弯曲刚度的定义

结构或结构构件受力后将在截面上产生内力,并使截面产生变形。截面上的材料抵抗内力的能力就是截面承载力,抵抗变形的能力就是截面刚度。对于承受弯矩的截面来说,抵抗截面转动的能力,就是截面弯曲刚度。截面的转动是以截面曲率 ϕ 来度量的,因此截面弯曲刚度就是使截面产生单位曲率需要施加的弯矩值。

对于匀质弹性材料,M-ϕ 关系是不变的(正比例关系,如图 7.7 中虚线 OA 所示),故其截面弯曲刚度 EI 是常数,$EI = M/\phi$。这里,E 是材料的弹性模量,I 是截面的惯性矩。可见,当弯矩一定时,截面弯曲刚度越大,其截面曲率就越小。由材料力学知,匀质弹性材料梁当忽略剪切变形的影响时,其跨中挠度:

$$f = S \frac{Ml_0^2}{EI} \text{ 或 } f = S\phi l_0^2 \tag{7.29}$$

式中,S 是与荷载形式、支承条件有关的挠度系数,例如承受均布荷载的简支梁,$S = 5/48$;l_0 是梁的计算跨度。由式(7.29)知,截面弯曲刚度 EI 越大,挠度 f 越小。

注意,这里研究的是截面弯曲刚度,而不是杆件的弯曲线刚度 $i = EI/l_0$。但是,钢筋混凝土是不匀质的非弹性材料。钢筋混凝土受弯构件的正截面在其受力全过程中,弯矩与曲率(M-ϕ)的关系在不断变化,所以截面弯曲刚度不是常数,而是变化的,记作 B。

图 7.7 所示为适筋梁正截面的 M-ϕ 曲线,曲线上任一点处切线的斜率 $\mathrm{d}M/\mathrm{d}\phi$ 就是该点处的截面弯曲刚度 B。虽然这样做在理论上是正确的,但既有困难,又不实用。为了便于工程应用,截面弯曲刚度的确定采用以下两种简化方法。

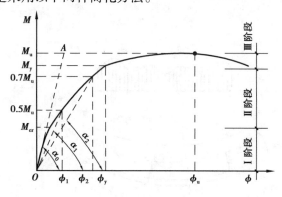

图 7.7　弯曲刚度的定义

1)混凝土未裂时的截面弯曲刚度

在混凝土开裂前的第 Ⅰ 阶段,可近似地把 M-ϕ 关系曲线看成是直线,它的斜率就是截面弯曲刚度。考虑到受拉区混凝土的塑性,故把混凝土的弹性模量降低15%,即取截面弯曲刚度:

$$B = 0.85 E_c I_0 \tag{7.30}$$

式中　E_c——混凝土的弹性模量;

　　　I_0——换算截面的截面惯性矩。

换算截面是指把截面上的钢筋换算成混凝土后的纯混凝土截面。换算的方法是把钢筋截面面积乘以钢筋弹性模量E_s与混凝土弹性模量E_c的$\alpha_E = E_s/E_c$,把钢筋换算成混凝土后,其重心应仍在钢筋原来的重心处。式(7.30)也可用于要求不出现裂缝的预应力混凝土构件。

2)正常使用阶段的截面弯曲刚度

钢筋混凝土受弯构件的挠度验算按正常使用极限状态的要求进行,正常使用时它是带裂缝工作的,即处于第Ⅱ阶段,这时$M\text{-}\phi$不能简化成直线,所以截面弯曲刚度应该比$0.85 E_c I_0$小,而且随弯矩的增大而变小,是变化的值。

研究表明,钢筋混凝土受弯构件正常使用时,正截面承受的弯矩大致是其受弯承载力M_u的50% ~70%。此外,还要求所给出的截面弯曲刚度必须适合于用手算的方法来进行挠度验算。

在大量科学试验以及工程实践经验的基础上,《混凝土结构设计规范》(GB 50010—2010)给出了受弯构件截面弯曲刚度B的定义,即在$M\text{-}\phi$曲线的$0.5 M_u \sim 0.7 M_u$区段内,曲线上的任一点与坐标原点相连割线的斜率。

因此,由图7.7知,$B = \tan \alpha = M/\phi$,$M = 0.5 M_u \sim 0.7 M_u$;在弯矩的这个区段内割线的倾角α随弯矩的增大而减小,由α_0减小到α_1,再减小到α_2,也就是说截面弯曲刚度随弯矩的增大而减小。

可以理解到,这样定义的截面弯曲刚度就是弯矩由零增加到$0.5 M_u \sim 0.7 M_u$过程中,截面弯曲刚度的总平均值。

7.3.2 短期截面弯曲刚度

截面弯曲刚度不仅随弯矩(或者说荷载)的增大而减小,而且还将随荷载作用时间的增长而减小。这里先讲不考虑时间因素的短期截面弯曲刚度,记作B_s。

1)B_s的基本表达式

研究变形、裂缝的钢筋混凝土试验梁如图7.8所示。

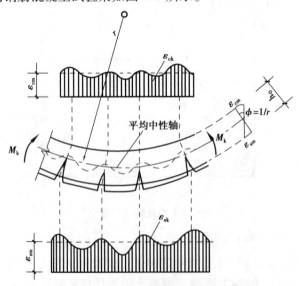

图7.8 纯弯段内的平均应变

纯弯区段内,弯矩$M_k = 0.5 M_u^0 \sim 0.7 M_u^0$时,测得的钢筋和混凝土的应变情况如下:

①沿梁长,各正截面上受拉钢筋的拉应变和受压区边缘混凝土的压应变都是不均匀分布的,裂缝截面处最大,分别为ε_{sk}、ε_{ck},裂缝与裂缝之间逐渐变小,呈曲线变化。这里ε_{sk}、ε_{ck}的第2

个下标"k"表示它们是由弯矩的标准组合值M_k产生的。

②沿梁长,截面受压区高度是变化的,裂缝截面处最小,因此沿梁长中性轴呈波浪形变化。

③当量测范围比较长(≥750 mm)时,则各水平纤维的平均应变沿截面高度的变化符合平截面假定。

根据平截面假定,可得纯弯区段的平均曲率:

$$\varphi = \frac{1}{r} = \frac{\varepsilon_{sm} + \varepsilon_{cm}}{h_0} \tag{7.31}$$

式中　r——与平均中性轴相对应的平均曲率半径;

　　　ε_{sm}, ε_{cm}——纵向受拉钢筋重心处的平均拉应变和受压区边缘混凝土的平均压应变,这里第二个下标"m"表示平均值;

　　　h_0——截面的有效高度。

前面讲过,截面弯曲刚度就是使截面产生单位曲率需要施加的弯矩值。因此,短期截面弯曲刚度为:

$$B_s = \frac{M_k}{\varphi} = \frac{M_k h_0}{\varepsilon_{sm} + \varepsilon_{cm}} \tag{7.32}$$

式(7.32)中,M_k称为弯矩的标准组合值:挠度验算时要用荷载标准直,由荷载标准值在截面上产生的弯矩称为弯矩的标准值,为了区别于弯矩设计值M,故添加下标"k";荷载有多种,如结构自重的永久荷载、楼面活荷载等,把每一种荷载标准值在同一截面上产生的弯矩标准值组合起来就是弯矩的标准组合值。

2)平均应变ε_{sm}和ε_{cm}

纵向受拉钢筋的平均应变ε_{sm}可以由裂缝截面处纵向受拉钢筋的应变ε_{sk}来表达,即:

$$\varepsilon_{sm} = \varphi\varepsilon_{sk} \tag{7.33}$$

式中,φ为裂缝间纵向受拉钢筋应变不均匀系数。

图7.9所示为第Ⅱ阶段裂缝截面的应力图。对受压区合压力点取矩,可得裂缝截面处纵向受拉钢筋的应力:

$$\sigma_{sk} = \frac{M_k}{A_s \eta h_0} \tag{7.34}$$

式中　η——正常使用阶段裂缝截面处的内力臂系数。

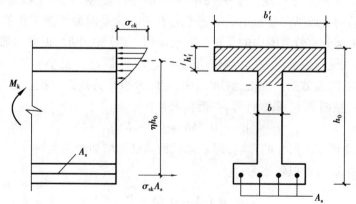

图7.9　第Ⅱ阶段裂缝截面的应力图

研究表明,对常用的混凝土强度等级及配筋率,可近似地取:

$$\eta = 0.87 \tag{7.35}$$

$$\varepsilon_{sm} = \varphi \varepsilon_{sk} = \varphi \frac{M_k}{A_s \eta h_0 E_s} = 1.15 \varphi \frac{M_k}{A_s h_0 E_s} \tag{7.36}$$

另外,通过试验研究,对受压区边缘混凝土等级及配筋率,可近似地取:

$$\varepsilon_{cm} = \frac{M_k}{\xi b h_0^2 E_c} \tag{7.37}$$

以上公式中,E_s、E_c 分别为钢筋、混凝土的弹性模量,ξ 为受压区边缘混凝土平均应变综合系数。

3) 裂缝间纵向受拉钢筋应变不均匀系数 φ

图 7.10 所示沿一根试验梁的梁长,实测的纵向受拉钢筋的应变分布图。由图 7.10 可见,在纯弯区段 $A—A$ 内,钢筋应变是不均匀的,裂缝截面处最大应变为 ε_{sk},离开裂缝截面就逐渐减小,这是由于裂缝间的受拉混凝土参加工作,承担部分拉力的缘故。图 7.10 中的水平虚线表示平均应变 $\varepsilon_{sm} = \varphi \varepsilon_{sk}$。因此,系数 φ 反映了受拉钢筋应变的不均匀性,其物理意义就是裂缝间受拉混凝土参加工作,减小了变形和裂缝宽度。φ 越小,说明裂缝间受拉混凝土帮助纵向受拉钢筋承担的拉力越大,ε_{sm} 降低得越多,对增大截面弯曲刚度、减小变形和裂缝宽度的贡献越大。φ 越大,则效果相反。

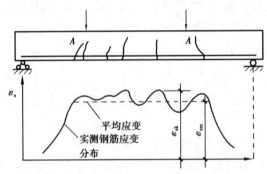

图 7.10　纯弯曲段内受拉钢筋的应变分布

试验表明,随着荷载(或弯矩)的增大,ε_{sm} 与 ε_{sk} 间的差距逐渐减小,也就是说,随着荷载(或弯矩)的增大,裂缝间受拉混凝土逐渐退出工作。当 $\varepsilon_{sm} = \varepsilon_{sk}$ 时,即 $\varphi = 1$,此时裂缝间受拉混凝土全部退出工作。当然,φ 不可能大于 1。φ 的大小还与有效受拉混凝土截面面积计算、考虑钢筋黏结性能差异后的有效纵向受拉钢筋配筋率 ρ_{te} 有关。这是因为参加工作的受拉混凝土主要是指钢筋周围的那部分有效范围内的受拉混凝土面积。当 ρ_{te} 较小时,说明参加受拉的混凝土相对面积大些,对纵向受拉钢筋应变的影响程度也相应大些,因此 φ 就小一些。

对轴心受拉构件,有效受拉混凝土截面面积 A_{te} 即为构件的截面面积。对受弯(即偏心受压和偏心受拉)构件,按图 7.11 采取计算,并近似取:

$$A_{te} = 0.5bh + (b_f - b)h_f \tag{7.38}$$

此外,φ 值还受到截面尺寸的影响,即 φ 随截面高度的增加而增大。

试验研究表明,φ 可近似表达为:

$$\varphi = 1.1 - 0.65 \frac{f_{tk}}{\rho_{te} \sigma_{sq}} \tag{7.39}$$

式中　σ_{sq}——与计算最大裂缝宽度时的相同,即按荷载准永久组合计算的钢筋混凝土构件纵向受拉普通钢筋应力。

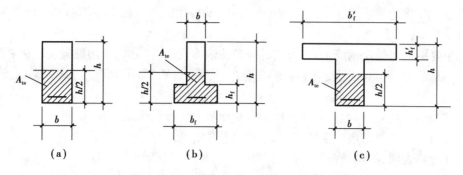

图 7.11　有效受拉混凝土面积

对于受弯构件：

$$\sigma_{sq} = \frac{M_q}{0.87 h_0 A_s} \tag{7.40}$$

式中　M_q——按荷载准永久组合计算的截面弯矩。

当 $\varphi < 0.2$ 时，取 $\varphi = 0.2$；当 $\varphi > 1$ 时，取 $\varphi = 1$；对直接承受重复荷载的构件，取 $\varphi = 1$。

按有效受拉混凝土截面面积计算的纵向受拉钢筋配筋率 ρ_{te} 为：

$$\rho_{te} = \frac{A_s}{A_{te}} \tag{7.41}$$

在最大裂缝宽度和挠度验算中，当 $\rho_{te} < 0.01$ 时，都取 $\rho_{te} = 0.01$。

4）B_s 的计算公式

国内外试验资料表明，受压区边缘混凝土平均应变综合系数 ξ 与 $\alpha_E \rho$ 及受压翼缘加强系数 γ'_f 有关。为简化计算，可直接给出 $\alpha_E \rho / \xi$ 的值：

$$\frac{\alpha_E \rho}{\xi} = 0.2 + \frac{6\alpha_E \rho}{1 + 3.5\gamma'_f} \tag{7.42}$$

式中，$\alpha_E = E_s / E_c$，$\gamma'_f = (b'_f - b) h'_f / (b h_0)$，即 γ'_f 等于受压翼缘截面面积与腹板有效截面面积的比值。

把式（7.33）、式（7.36）和式（7.37）、式（7.42）代入 B_s 的基本表达式（7.32）中，即得短期截面弯曲刚度 B_s 的计算公式：

$$B_s = \frac{E_s A_s h_0^2}{1.15\varphi + 0.2 + \dfrac{6\alpha_E \rho}{1 + 3.5\gamma'_f}} \tag{7.43}$$

式中，当 $h'_f > 0.2 h_0$ 时，取 $h'_f = 0.2 h_0$ 计算。γ'_f 因为当翼缘较厚时，靠近中性轴的翼缘部分受力较小，如仍按全部 h'_f 计算 γ'_f，将使 B_s 的计算值偏高。在荷载效应的标准组合作用下，受压钢筋对刚度的影响不大，计算时可不考虑。如需估计其影响，可在 γ'_f 计算式中加入 $\alpha_E \rho'$，即：

$$\gamma'_f = \frac{(b'_f - b) h'_f}{b h_0} + \alpha_E \rho' \tag{7.44}$$

式中　ρ'——受压钢筋的配筋率，$\rho' = A'_s / (b h_0)$。

式（7.43）适用于矩形、T 形、倒 T 形和工形截面受弯构件，由该式计算的平均曲率与试验结果符合较好。

综上可知，短期截面弯曲刚度 B_s 是受弯构件纯弯区段在承受 50% ~ 70% 的正截面受弯承载力 M_u 的第 Ⅱ 阶段区段内，考虑了裂缝间受拉混凝土的工作，即纵向受拉钢筋应变不均匀系数

φ,也考虑了受压区边缘混凝土压应变的不均匀性,从而用纯弯区段的平均曲率来求得B_s的。对B_s可有以下认识:

①B_s主要用纵向受拉钢筋来表达,其计算公式表面复杂,实际上比用混凝土表达更简单。

②B_s不是常数,随弯矩而变化,弯矩M_k增大,B_s减小;M_k减小,B_s增大,这种影响通过φ来反映。

③当其他条件相同时,截面有效高度h_0对截面弯曲刚度的影响最显著。

④当截面有受拉翼缘或有受压翼缘时,都会使B_s有所增大。

⑤具体计算表明,纵向受拉钢筋配筋率ρ增大,B_s也略有增大。

⑥在常用配筋率$\rho = 1\% \sim 2\%$的情况下,提高混凝土强度等级对提高B_s的作用不大。

⑦B_s的单位与弹性材料的EI一样,都是"N/mm^2",因为弯矩的单位是"N·mm",截面曲率的单位是"1/mm"。

7.3.3 受弯构件的截面弯曲刚度

在荷载长期作用下,构件截面弯曲刚度将会降低,致使构件的挠度增大。在实际工程中,总是有部分荷载长期作用在构件上,因此计算挠度时必须采用按荷载效应的标准组合并考虑荷载效应的长期作用影响的刚度。

1)荷载长期作用下刚度降低的原因

在荷载长期作用下,受压混凝土将发生徐变,即荷载不增加而变形却随时间增长。在配筋率不高的梁中,由于裂缝间受拉混凝土的应力松弛以及混凝土和钢筋的徐变滑移,使受拉区混凝土不断退出工作,因而受拉钢筋平均应变和平均应力也将随时间而增大。同时,由于裂缝不断向上发展,上部原来受拉的混凝土脱离工作以及受压混凝土的塑性发展,使内力臂减小,也将引起钢筋应变和应力的增大。以上这些情况都会导致曲率增大、刚度降低。此外,受拉区和受压区混凝土的收缩不一致,使梁发生翘曲,也将导致曲率增大和刚度降低。总之,凡是影响混凝土徐变和收缩的因素都将导致刚度降低,使构件挠度增大。

2)截面弯曲刚度

前面讲了弯矩的标准组合值M_k,现在简单介绍弯矩的准永久组合值M_q。

在结构设计使用期间,荷载的值不随时间而变化,或其变化与平均值相比可以忽略不计的荷载,称为永久荷载或恒荷载,如结构的自身重力等。在结构设计使用期间,荷载的值随时间而变化,或其变化与平均值相比不可忽略的荷载,称为可变荷载或活荷载,如楼面活荷载等。

不过,活荷载中也会有一部分荷载值随时间变化不大,这部分荷载称为准永久荷载,如住宅中的家具等。而书库等建筑物的楼面活荷载中,准永久荷载值占的比例将达到80%。

作用在结构上的荷载往往有多种,如作用在楼面梁上的荷载有结构自重(永久荷载)和楼面活荷载。由永久荷载产生的弯矩与由活荷载中的准永久荷载产生的弯矩组合起来,就称为弯矩的准永久组合。

受弯构件挠度验算时,采用的截面弯曲刚度B是在它的短期刚度B_s的基础上,用弯矩的准永久组合值M_q计算得来的。通常用M_q对挠度增大的影响系数θ来考虑荷载长期作用部分的影响。因此,仅需对在M_q作用下的那部分长期挠度乘以θ,而在$(M_k - M_q)$作用下产生的短期挠度部分不必增大。参照式(7.29),受弯构件的挠度为:

$$f = S \frac{(M_k - M_q) l_0^2}{B_s} + S \frac{M_q l_0^2 \theta}{B_s} \tag{7.45}$$

式中　θ——考虑荷载长期作用对挠度增大的影响系数。

如果式(7.45)仅用刚度 B 表达,则有:

$$f = S \frac{M_k l_0^2}{B} \tag{7.46}$$

当荷载作用形式相同时,式(7.46)等于式(7.45),可得截面刚度 B 的计算公式:

$$B = \frac{M_k}{M_q(\theta - 1) + M_k} B_s \tag{7.47}$$

该式即为弯矩的标准组合并考虑荷载长期作用影响的刚度,实质上是考虑荷载长期作用部分使刚度降低的因素后,对短期刚度 B_s 进行了修正。

关于 θ 的取值,根据有关长期荷载试验的结果,考虑了受压钢筋在荷载长期作用下对混凝土受压徐变及收缩所起的约束作用,从而减小了刚度的降低,《混凝土结构设计规范》(GB 50010—2010)建议对混凝土受弯构件:当 $\rho' = 0$ 时,$\theta = 2.0$;当 $\rho' = \rho$ 时,$\theta = 1.6$;当 ρ' 为中间数值时,θ 按直线内插。即:

$$\theta = 2.0 - 0.4 \frac{\rho'}{\rho} \tag{7.48}$$

式中　ρ, ρ'——受拉及受压钢筋的配筋率。

上述 θ 值适用于一般情况下的矩形、T 形和工形截面梁。由于 θ 值与温度、湿度有关,对于干燥地区,收缩影响大,因此建议 θ 应酌情增加 $15\% \sim 25\%$。对翼缘位于受拉区的倒 T 形梁,由于在荷载标准组合作用下受拉混凝土参加工作较多,而在荷载准永久组合作用下退出工作的影响较大,《混凝土结构设计规范》(GB 50010—2010)建议 θ 应增大 20%(但当按此求得的挠度大于按肋宽为矩形截面计算得的挠度时,应取后者)。此外,对于因水泥用量较大等导致混凝土的徐变和收缩较大的构件,也应考虑使用经验,将 θ 酌情增大。

7.3.4　最小刚度原则与挠度验算

前述刚度计算公式都是指纯弯区段内平均的截面弯曲刚度。但是,一个受弯构件,如图 7.12 所示简支梁,在剪跨范围内各截面弯矩是不相等的,靠近支座的截面弯曲刚度要比纯弯区段内的大,如果都用纯弯区段的截面弯曲刚度,似乎会使挠度计算值偏大。但实际情况却不是这样,因为在剪跨段内还存在着剪切变形,甚至可能出现少量斜裂缝,它们都会使梁的挠度增大,而这在计算中是没有考虑到的。为了简化计算,对图 7.12 所示的梁,可近似地都按纯弯区段平均的截面弯曲刚度采用,这就是"最小刚度原则"。

最小刚度原则就是在简支梁全跨长范围内,可都按弯矩最大处的截面弯曲刚度,也即按最小的截面弯曲刚度[图 7.12(b)中虚线所示],用材料力学方法中不考虑剪切变形影响的公式来计算挠度。当构件上存在正、负弯矩时,可分别取同号弯矩区段内 $|M_{max}|$ 处截面的最小刚度计算挠度。

试验分析表明,一方面按 B_{min} 计算的挠度值偏大,即如图 7.12(c)中多算了用阴影线示出的两小块 M_k / B_{min} 面积;另一方面,不考虑剪切变形的影响,对出现如图 7.13 所示斜裂缝的情况,剪跨内钢筋应力大于按正截面的计算值,这些均导致挠度计算值偏小。然而,上述两方面的影响大致可以相互抵消。对国内外约 350 根试验梁验算的结果表明,计算值与试验值符合较好。因此,采用"最小刚度原则"是可以满足工程要求的。

当用 B_{min} 代替匀质弹性材料梁截面弯曲刚度 EI 后,梁的挠度计算就十分简便。按《混凝土

结构设计规范》(GB 50010—2010)要求,挠度验算应满足下式:

$$f \leq f_{\lim} \tag{7.49}$$

式中 $f_{\lim}$——挠度限值;

f——根据最小刚度原则采用的刚度 B 进行计算的挠度,当跨间为同号弯矩时,由式(7.29)可得:

$$f = S \frac{M_k l_0^2}{B} \tag{7.50}$$

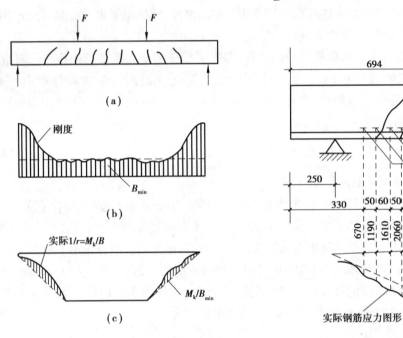

图 7.12 沿梁长的刚度和曲率分布　　　图 7.13 梁剪跨段内钢筋应力分布

对连续梁的跨中挠度,当等截面且计算跨度内的支座截面弯曲刚度不大于跨中截面弯曲刚度的 2 倍或不小于跨中截面弯曲刚度的 1/2 时,也可按跨中最大弯矩截面的截面弯曲刚度计算。

7.3.5 对挠度验算的讨论

1)与截面承载力计算的区别

要注意的是,这里将要讲的挠度验算以及下面要讲的裂缝宽度验算与前面几章讲的截面承载力计算有以下 3 个方面的区别。

(1)极限状态不同

截面承载力计算是为了使结构构件满足承载能力极限状态要求,挠度、裂缝宽度验算则是为了满足正常使用极限状态。

(2)要求不同

结构构件不满足正常使用极限状态对生命财产的危害程度比不满足承载能力极限状态的要小,因此对满足正常使用极限状态的要求可以放宽些(在有关规范中将讲到其相应的目标可靠指标[β]值要小些)。所以,称挠度、裂缝宽度为"验算"而不是"计算",并在验算时采用由荷载标准组合值、荷载准永久组合值产生的内力标准值、内力准永久值以及材料强度的标准值,而不是像截面承载力计算时那样采用由荷载设计值产生的内力设计值以及材料强度的设计值(详见第 2 章)。

(3)受力阶段不同

第 3 章讲过,3 个受力阶段是钢筋混凝土结构的基本属性,截面承载力以破坏阶段为计算的依据;第Ⅱ阶段是构件正常使用时的受力状态,它是挠度、裂缝宽度验算的依据。

2)配筋率对承载力和挠度的影响

一根梁,如果满足了承载力的计算要求,是否就满足挠度的验算要求呢? 这就要看它的配筋率大小了。当梁的尺寸和材料性能给定时,若其正截面弯矩设计值 M 比较大,就应配置较多的受拉钢筋方可满足 $M_u \geqslant M$ 的要求。然而,配筋率加大对提高截面弯曲刚度并不显著,因此就有可能出现不满足挠度验算的要求。

3)跨高比

从式(7.50)可知,l_0 越大,f 越大。因此,在承载力计算前若选定足够的截面高度或较小的跨高比 l_0/h,配筋率又限制在一定范围内时,如满足承载力要求,挠度也必然同时满足。对此,可以给出不需做挠度验算的最大跨高比。

根据工程经验,为了便于满足挠度的要求,建议设计时可选用下列跨高比:对采用 HRB335 级钢筋配筋的简支梁,当允许挠度为 $l_0/200$ 时,l_0/h 在 20 ~ 10 范围内选取;当永久荷载所占比例大时,取较小值;当用 HPB235 级或 HRB400 级钢筋配筋时,分别取较大值或较小值;当允许挠度为 $l_0/250$ 或 $l_0/300$ 时,l_0/h 取值应相应减小些;当为整体肋形梁或连续梁时,则取值可大些。

4)混凝土结构构件变形限值

在一般建筑中,对混凝土构件的变形有一定的要求,主要是出于以下 4 方面考虑:

①保证建筑的使用功能要求。结构构件产生过大的变形将损害甚至丧失其使用功能。例如,楼盖梁、板的挠度过大,将使仪器设备难以保持水平;吊车梁的挠度过大会妨碍吊车的正常运行;屋面构件和挑檐的挠度过大会造成积水和渗漏等。

②防止对结构构件产生不良影响。这是指防止结构性能与设计中的假定不符。例如,梁端的旋转将使支承面积减小,当梁支承在砖墙上时,可能使墙体沿梁顶、底出现内外水平缝,严重时将产生局部承压或墙体失稳破坏(图 7.14);又如当构件挠度过大,在可变荷载下可能出现因动力效应引起的共振等。

③防止对非结构构件产生不良影响。这包括防止结构构件变形过大使门窗等活动部件不能正常开关,防止非结构构件(如隔墙)及天花板的开裂、压碎、膨出或其他形式的损坏等。

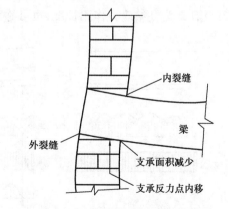

图 7.14　梁端支撑处转角过大引起的问题

④保证人们的感觉在可接受程度之内。例如,防止梁、板明显下垂引起的不安全感,防止可变荷载引起的振动及噪声产生的不良感觉等。调查表明,从外观要求来看,构件的挠度宜控制在 $l_0/250$ 的限值以内。

随着高强度混凝土和钢筋的采用,构件截面尺寸相应减小,变形问题更为突出。

《混凝土结构设计规范》(GB 50010—2010)在考虑前述因素的基础上,根据工程经验,对受弯构件规定了允许挠度值。

7.4　钢筋混凝土构件的裂缝宽度验算

裂缝有多种,这里讲的是与轴心受拉、受弯、偏心受力等构件的计算轴线相垂直的垂直裂缝,即正截面裂缝。与挠度验算时一样,裂缝宽度验算也采用荷载准永久组合和材料强度的标准值。

7.4.1　裂缝的机理

1)裂缝的出现

未出现裂缝时,在受弯构件纯弯区段内,各截面受拉混凝土的拉应力、拉应变大致相同;由于这时钢筋和混凝土间的黏结没有被破坏,因此钢筋拉应力、拉应变沿纯弯区段长度亦大致相同。

当受拉区外边缘的混凝土达到其抗拉强度f_t^0时,由于混凝土的塑性变形,因此还不会马上开裂;当其拉应变接近混凝土的极限拉应变值时,就处于即将出现裂缝的状态,这就是第Ⅰ阶段,如图7.15(a)所示。

当受拉区外边缘混凝土在最薄弱的截面处达到其极限拉应变值ε_{ct}^0后,就会出现第一批裂缝,一条或几条裂缝,如图7.15(b)中的a—a、c—c截面处。

混凝土一开裂,张紧的混凝土就像剪断了的橡皮筋那样向裂缝两侧回缩,但这种回缩是不自由的,它受到钢筋的约束,直到被阻止。在回缩的那一段长度l中,混凝土与钢筋之间有相对滑移,产生黏结应力τ^0。通过黏结应力的作用,随着离裂缝截面距离的增大,混凝土拉应力由裂缝处的零逐渐增大,达到l后,黏结应力消失,混凝土的应力又趋于均匀分布,如图7.15(b)所示。在此,l即为黏结应力作用长度,也可称传递长度。

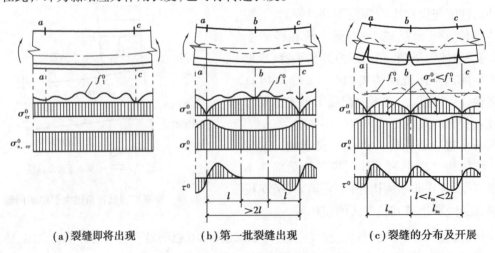

(a)裂缝即将出现　　(b)第一批裂缝出现　　(c)裂缝的分布及开展

图7.15　裂缝的出现、分布和开展

在裂缝处,钢筋的情况与混凝土相反。在裂缝出现瞬间,裂缝处的混凝土应力突然降至零,使得钢筋的拉应力突然增大。通过黏结应力的作用,随着离开裂缝截面距离的增大,钢筋拉应力逐渐降低,混凝土逐渐张紧达到 l 后,混凝土又处于要开裂的状态。

2)裂缝的发展

第一批裂缝出现后,在黏结应力作用长度 l 以外的那部分混凝土仍处于受拉张紧状态之中,因此当弯矩继续增大时,就有可能在离裂缝截面大于或等于 l 的另一薄弱截面处出现新裂缝,如图 7.15(b)、(c)中的 b—b 截面处。

按此规律,随着弯矩的增大,裂缝将逐条出现。当截面弯矩为 $0.5 M_u^0 \sim 0.7 M_u^0$ 时,裂缝将基本“出齐”,即裂缝的分布处于稳定状态。从图 7.15(c)可知,此时,在两条裂缝之间,混凝土拉应力 σ_{cr}^0 小于实际混凝土抗拉强度,即不足以产生新的裂缝。

3)裂缝间距

假设材料是匀质的,则两条相邻裂缝的最大间距应为 $2l$。比 $2l$ 稍大一点时,就会在其中央再出现一条新裂缝,使裂缝间距变为 l。因此,从理论上讲,裂缝间距在 $l \sim 2l$,其平均裂缝间距为 $1.5l$。

4)裂缝宽度

同一条裂缝,不同位置处的裂缝宽度是不同的,如梁底面的裂缝宽度比梁侧表面的大。试验表明,沿裂缝深度,裂缝宽度也是不相等的,钢筋表面处的裂缝宽度大约只有构件混凝土表面裂缝宽度的 $1/5 \sim 1/3$。

《混凝土结构设计规范》(GB 50010—2010)定义的裂缝开展宽度是指受拉钢筋重心水平处构件侧表面混凝土的裂缝宽度。

裂缝的开展是由于混凝土的回缩、钢筋的伸长,导致混凝土与钢筋之间不断产生相对滑移而造成的,因此裂缝的宽度就等于裂缝间钢筋的伸长减去混凝土的伸长。可见,裂缝间距小,裂缝宽度就小,即裂缝密而细,这是工程中所希望的。

在荷载长期作用下,混凝土的滑移徐变和拉应力的松弛将导致裂缝间受拉混凝土不断退出工作,使裂缝开展宽度增大;混凝土的收缩使裂缝间混凝土的长度缩短,这也会引起裂缝的进一步开展;此外,由于荷载的变动使钢筋直径时胀时缩等因素,也将引起黏结强度降低,导致裂缝宽度增大。

实际上,由于材料的不均匀性以及截面尺寸偏差等因素的影响,裂缝的出现具有某种程度的偶然性,因此裂缝的分布和宽度同样是不均匀的。但是,大量试验资料的统计分析表明,从平均的观点来看,平均裂缝间距和平均裂缝宽度是有规律的,平均裂缝宽度与最大裂缝宽度之间也具有一定的规律性。

下面介绍平均裂缝间距和平均裂缝宽度以及根据统计求得的“扩大系数”来确定最大裂缝宽度的验算方法。

7.4.2　平均裂缝间距

前面讲过,平均裂缝间距 $l_m = 1.5l$。黏结应力传递长度 l 可由平衡条件求得。以轴心受拉构件为例,即将出现裂缝时($\mathbb{I}_a$ 阶段),截面上混凝土拉应力为 f,钢筋的拉应力为 σ_{s2},如图7.16

所示。当薄弱截面 a—a 出现裂缝后,混凝土拉应力降至零,钢筋应力由 $\sigma_{s,cr}$ 突然增加至 σ_{s1}。如前所述,通过黏结应力的传递,经过传递长度 l 后,混凝土拉应力从截面 a—a 处为零提高到截面 b—b 处的 f_t,钢筋应力则降至 σ_{s2},又恢复到出现裂缝时的状态。

按图7.16(a)的内力平衡条件,有:

$$\sigma_{s1}A_s = \sigma_{s2}A_s + f_t A_{te} \tag{7.51}$$

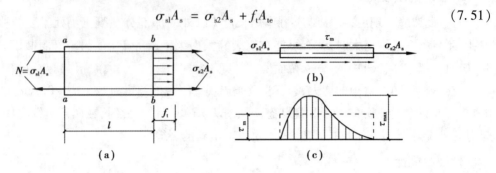

图7.16　轴心受拉构件黏结应力传递长度

取 l 段内的钢筋为隔离体,作用在其两端的不平衡力由黏结力来平衡。黏结力为钢筋表面积上黏结应力的总和,考虑到黏结应力的不均匀分布,在此取平均黏结应力 τ_m。由图7.16(b)得:

$$\sigma_{s1}A_s = \sigma_{s2}A_s + \tau_m u l \tag{7.52}$$

代入式(7.51)即得:

$$l = \frac{f_t}{\tau_m}\frac{A_{te}}{u} \tag{7.53}$$

钢筋直径相同时,$A_{te}/u = d/4\rho_{te}$(u 为钢筋总周界长度),乘以3/2后得平均裂缝间距:

$$l_m = \frac{3}{8}\frac{f_t}{\tau_m}\frac{d}{\rho_{te}} \tag{7.54}$$

试验表明,混凝土和钢筋间的黏结强度大致与混凝土抗拉强度成正比例关系,且可取 f_t^0/τ_m 为常数。因此,式(7.54)可表示为:

$$l_m = k_1\frac{d}{\rho_{te}} \tag{7.55}$$

式中　k_1——经验系数;

　　　d——钢筋直径。

试验还表明,l_m 不仅与 d/ρ_{te} 有关,而且与混凝土保护层厚度 c 有较大的关系。此外,用带肋变形钢筋时比用光圆钢筋的平均裂缝间距要小些,钢筋表面特征同样影响平均裂缝间距。对此,可用钢筋的等效直径 d_{eq} 代替 d。据此,对 l_m 采用两项表达式,即:

$$l_m = k_2 c + k_1\frac{d_{eq}}{\rho_{te}} \tag{7.56}$$

对受弯构件、偏心受拉和偏心受压构件,均可采用式(7.56)的表达式,但其中的经验系数 k_2、k_1 的取值不同。在下面讨论最大裂缝宽度表达式时,k_2、k_1 值还将与其他影响系数合并起来。

7.4.3　平均裂缝宽度

如前所述,裂缝宽度是指受拉钢筋截面重心水平处构件侧表面的裂缝宽度。试验表明,裂缝宽度的离散性比裂缝间距更大一些。因此,平均裂缝宽度的确定,必须以平均裂缝间距为基础。

1) 平均裂缝宽度计算式

平均裂缝宽度 ω_m 等于构件裂缝区段内钢筋的平均伸长与相应水平处构件侧表面混凝土平均伸长的差值(图 7.17),即:

$$\omega_m = \varepsilon_{sm} l_m - \varepsilon_{ctm} l_m = \varepsilon_{sm}\left(1 - \frac{\varepsilon_{ctm}}{\varepsilon_{sm}}\right) l_m \tag{7.57}$$

式中　ε_{sm}——纵向受拉钢筋的平均拉应变,$\varepsilon_{sm} = \varphi \varepsilon_{sq} = \varphi \sigma_{sq}/E_s$;

　　　ε_{ctm}——与纵向受拉钢筋相同水平处侧表面混凝土的平均拉应变。

令

$$a_c = 1 - \varepsilon_{ctm}/\varepsilon_{sm} \tag{7.58}$$

a_c 称为裂缝间混凝土自身伸长对裂缝宽度的影响系数。

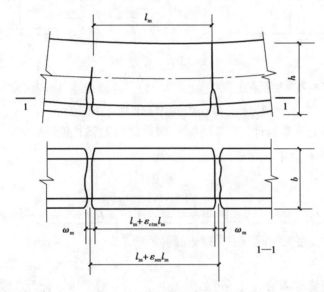

图 7.17　平均裂缝宽度计算图式

试验研究表明,系数 a_c 虽然与配筋率、截面形状和混凝土保护层厚度等因素有关,但在一般情况下,a_c 变化不大,且对裂缝开展宽度的影响也不大。为简化计算,对受弯、轴心受拉、偏心受力构件,均可近似取 $a_c = 0.85$。则

$$\omega_m = a_c \varphi \frac{\sigma_{sq}}{E_s} l_m = 0.85 \varphi \frac{\sigma_{sq}}{E_s} l_m \tag{7.59}$$

2) 裂缝截面处的钢筋应力 σ_{sq}

式(7.59)中,φ 可按式(7.39)取值,σ_{sq} 是指按荷载准永久组合计算的钢筋混凝土构件裂缝截面处纵向受拉普通钢筋的应力。对于受弯、轴心受拉、偏心受拉以及偏心受压构件,σ_{sq} 均可按裂缝截面处力的平衡条件求得。

(1)受弯构件

σ_{sq} 按下式计算:

$$\sigma_{sq} = \frac{M_q}{0.87 A_s h_0} \tag{7.60a}$$

（2）轴心受拉构件

σ_{sq} 按下式计算：

$$\sigma_{sq} = \frac{N_q}{A_s} \tag{7.60b}$$

式中　N_q——按荷载准永久组合计算的轴向力值；

　　　A_s——受拉钢筋总截面面积。

（3）偏心受拉构件

大、小偏心受拉构件裂缝截面应力图形分别如图 7.18（a）、（b）所示。

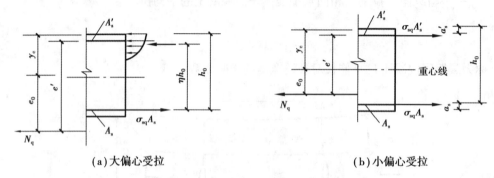

（a）大偏心受拉　　　　　　　　　　　　　（b）小偏心受拉

图 7.18　偏心受拉构件钢筋应力计算图式

若近似采用大偏心受拉构件[图 7.18（a）]的截面内力臂长度 $\eta h_0 = h_0 - a'_s$，则大小偏心受拉构件的 σ_{sq} 计算可统一由下式表达：

$$\sigma_{sq} = \frac{N_q e'}{A_s(h_0 - a'_s)} \tag{7.61}$$

式中　e'——轴向拉力作用点至受压区或受拉较小边纵向钢筋合力点的距离，$e' = e_0 + y_c - a'_s$；

　　　y_c——截面重心至受压或较小受拉边缘的距离。

（4）偏心受压构件

偏心受压构件裂缝截面的应力图形如图 7.19 所示。对受压区合力点取矩，得：

$$\sigma_{sq} = \frac{N_q(e - z)}{A_s z} \tag{7.62}$$

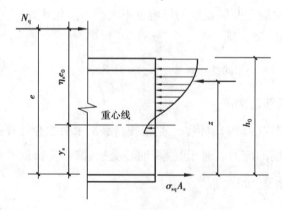

图 7.19　偏心受压构件钢筋应力计算图式

式中　N_q——按荷载准永久组合计算的轴向压力值；

　　　e——N_q 至受拉钢筋 A_s 合力点的距离，$e = \eta_s e_0 + y_s$，即考虑了侧向挠度的影响，此处 y_s 为截面重心至纵向受拉钢筋合力点的距离，η_s 是指使用阶段的轴向压力偏心距增大系数，可近似地取：

$$\eta_s = 1 + \frac{1}{\dfrac{4000e_0}{h_0}}\left(\frac{l_0}{h}\right)^2 \qquad (7.63)$$

当 $l_0/h \leqslant 14$ 时，取 $\eta_s = 1.0$；

z——纵向受拉钢筋合力点至受压区合力点的距离，近似地取：

$$z = \left[0.87 - 0.12(1 - r'_f)\left(\frac{h_0}{e}\right)^2\right]h_0 \qquad (7.64)$$

7.4.4 最大裂缝宽度及其验算

1) 短期荷载作用下的最大裂缝宽度 $\omega_{s,max}$

短期荷载作用下的最大裂缝宽度 $\omega_{s,max}$ 可由平均裂缝宽度乘以裂缝宽度扩大系数 τ 得到，即：

$$\omega_{s,max} = \tau \omega_m$$

2) 长期荷载作用下的最大裂缝宽度 ω_{max}

在长期荷载作用下，由于混凝土收缩将使裂缝宽度不断增大，同时由于受拉区混凝土的应力松弛和滑移徐变，裂缝间受拉钢筋的平均应变将不断增大，从而也使裂缝宽度不断增大。研究表明，长期荷载作用下的最大裂缝宽度可由短期荷载作用下的最大裂缝宽度乘以裂缝扩大系数 τ_1 得到，即：

$$\omega_{max} = \tau_1 \omega_{s,max} = \tau \tau_1 \omega_m \qquad (7.65)$$

根据有关长期加载试验梁的试验结果，分别给出了荷载标准组合下的扩大系数 τ 以及荷载长期作用下的扩大系数 τ_1：对于轴心受拉构件和偏心受拉构件，$\tau = 1.9$；对于偏心受压构件，$\tau = 1.66$；$\tau_1 = 1.5$。

根据试验结果，将相关的各种系数归并后，《混凝土结构设计规范》（GB 50010—2010）规定，对矩形、T 形、倒 T 形和工形截面的钢筋混凝土受拉、受弯和偏心受压构件，按荷载效应的准永久组合并考虑长期作用影响的最大裂缝宽度可按下列公式计算：

$$\omega_{max} = \alpha_{cr}\psi\frac{\sigma_{sq}}{E_s}\left(1.9c_s + 0.08\frac{d_{eq}}{\rho_{te}}\right) \qquad (7.66)$$

式中 ψ——钢筋应变不均匀系数，$\psi = 1.1 - 0.65\dfrac{f_{tk}}{\sigma_{sk}\rho_{te}}$，当 ψ < 0.2 时，取 $\psi = 0.2$；当 ψ > 1.0 时，取 $\psi = 1.0$；对直接承受重复荷载作用的构件，取 $\psi = 1.0$；

ρ_{te}——$\rho_{te} = \dfrac{A_s}{A_{te}}$，对受拉构件，$A_{te} = bh$；对受弯构件，$A_{te} = 0.5bh + (b_f - b)h_f$（图 7.20）；

c_s——最外层纵向受拉钢筋外边缘至受拉区底边的距

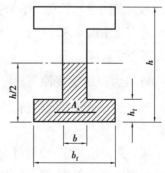

图 7.20 最大裂缝宽度计算示意图

离,mm:当 $c_s < 20$ mm 时,取 $c_s = 20$ mm;当 $c_s > 65$ mm 时,取 $c_s = 65$ mm;

σ_{sq}——按荷载准永久组合计算的钢筋混凝土构件纵向受拉普通钢筋应力;

d_{eq}——纵向受拉钢筋的等效直径,mm: $d_{eq} = \sum n_i d_i^2 / \sum n_i v_i d_i$; n_i、d_i 分别为受拉区第 i 种纵向钢筋的根数、公称直径,mm; v_i 为第 i 种纵向钢筋的相对黏结特性系数,光面钢筋 $v_i = 0.7$,带肋钢筋 $v_i = 1.0$;

α_{cr}——构件受力特征系数,对钢筋混凝土构件有:轴心受拉构件,$\alpha_{cr} = 2.7$;偏心受拉构件,$\alpha_{cr} = 2.4$;受弯和偏心受压构件,$\alpha_{cr} = 1.9$。

应该指出,由式(7.66)计算出的最大裂缝宽度,并不就是绝对最大值,而是具有 95% 保证率的相对最大裂缝宽度。

3)最大裂缝宽度验算

《混凝土结构设计规范》(GB 50010—2010)把钢筋混凝土构件和预应力混凝土构件的裂缝控制等级分为 3 个等级。一级和二级指的是要求不出现裂缝的预应力混凝土构件,详见第 8 章;采用三级裂缝控制等级时,钢筋混凝土构件的最大裂缝宽度可按荷载准永久组合并考虑长期作用影响的效应计算,最大裂缝宽度应符合下列规定:

$$\omega_{max} \leq \omega_{lim} \tag{7.67}$$

式中 ω_{lim}——《混凝土结构设计规范》(GB 50010—2010)规定的最大裂缝宽度限值。

与受弯构件挠度验算相同,裂缝宽度的验算也是在满足构件承载力的前提下进行的,因而诸如截面尺寸、配筋率等均已确定。在验算中,可能会满足了挠度的要求却不满足裂缝宽度的要求,这通常在配筋率较低而选用的钢筋直径较大的情况下出现。因此,当计算最大裂缝宽度超过允许值不大时,常可用减小钢筋直径的方法解决,必要时可适当增加配筋率。

从式(7.66)可知,ω_{max} 主要与钢筋应力、有效配筋率及钢筋直径等有关。为简化起见,根据 ρ_{sq}、σ_{eq} 及 d_s 三者的关系,可以给出钢筋混凝土构件不需做裂缝宽度验算的最大钢筋直径图表,可供参考。

对于受拉及受弯构件,当承载力要求较高时,往往会出现不能同时满足裂缝宽度或变形限值要求的情况,这时增大截面尺寸或增加用钢量,显然是不经济也是不合理的。对此,有效的措施是施加预应力。

此外,尚应注意《混凝土结构设计规范》(GB 50010—2010)中的有关规定。例如,对直接承受吊车荷载的受弯构件,因吊车荷载满载的可能性较小,且已取 $\varphi = 1$,所以可将计算求得的最大裂缝宽度乘以 0.85;对于 $e_0/h_0 \leq 0.55$ 的偏心受压构件,试验表明最大裂缝宽度小于允许值,因此可不予验算。

4)最大裂缝宽度限值

确定最大裂缝宽度限值,主要考虑两个方面的理由:一是外观要求,二是耐久性要求,并以后者为主。

从外观要求考虑,裂缝过宽将给人以不安全感,同时也影响对结构质量的评价。满足外观要求的裂缝宽度限值,与人们的心理反应、裂缝开展长度、裂缝所处位置,乃至光线条件等因素有关。这方面尚待进一步研究,目前有提出可取 0.25 ~ 0.3 mm。

对于斜裂缝宽度,当配置受剪承载力所需的腹筋后,使用阶段的裂缝宽度一般小于

0.2 mm,故不必验算。

本章小结

1. 主要对钢筋混凝土结构 3 个受力阶段的特性以及对正常使用极限状态的验算进行介绍。重点介绍构件在第Ⅱ工作阶段中的基本特性,包括截面上与截面间的应力分布、裂缝开展的原理与过程、截面曲率的变化等。

2. 换算截面及应力计算。

3. 裂缝宽度、截面受弯刚度的定义与计算原理。

4. 裂缝宽度与构件挠度的验算方法。

思考练习题

7.1　简介裂缝宽度的定义,为何其与保护层厚度有关?

7.2　为什么裂缝条数不会无限增加,最终将趋于稳定?

7.3　T 形截面、侧 T 形截面的 A_{te} 有何区别? 为什么?

7.4　裂缝宽度与哪些因素有关? 如不满足裂缝宽度限值,应如何处理?

7.5　钢筋混凝土构件挠度计算与材料力学中挠度计算有何不同?

7.6　简述参数 ϕ 的物理意义和影响因素。

7.7　什么是"最小刚度原则"? 挠度计算时为何要引入这一原则?

7.8　受弯构件短期刚度 B_s 与哪些因素有关? 如不满足构件变形限值,应如何处理?

7.9　确定构件裂缝宽度限值和变形限值时,分别考虑哪些因素?

第8章 预应力混凝土结构

【本章导读】

通过本章学习,理解预应力混凝土的基本原理;掌握预应力混凝土对材料的要求;了解施加预应力的方法;了解预应力损失种类及减少损失的措施;理解预应力混凝土轴心受拉和受弯构件设计计算方法;熟练掌握预应力混凝土的构造要求;了解无黏结预应力混凝土的施工过程及优缺点。

【重点】

掌握预应力混凝土对材料的要求。

8.1 概 述

8.1.1 预应力混凝土的基本概念

钢筋混凝土构件的最大缺点是抗裂性能差。当应力达到较高值时,构件裂缝宽度将过大而无法满足使用要求,因此普通钢筋混凝土结构不能充分发挥采用高强度材料的作用。为了满足变形和裂缝控制的要求,则需增加构件的截面尺寸和用钢量,这既不经济也不合理,因为构件的自重也会增加。

预应力混凝土是改善构件抗裂性能的有效途径。在混凝土构件承受外荷载之前对其受拉区预先施加压应力,就成为预应力混凝土结构。预压应力可以部分或全部抵消外荷载产生的拉应力,这样可推迟甚至避免裂缝的出现。

如图8.1(a)所示简支梁,在承受外荷载之前,先在梁的受拉区施加一对偏心预压力N_p,从而在梁截面混凝土中产生预压应力[图8.1(b)];而后,按荷载标准值p_k计算时,梁跨中截面应力如图8.1(c)所示,将图8.1(b)、(c)叠加得梁跨中截面应力分布,如图8.1(d)所示。显然通过人为控制预压力的大小,可使梁截面受拉边缘混凝土产生压应力、零应力或很小的拉应力,以满足不同的裂缝控制要求,从而改善了普通钢筋混凝土构件原有的抗裂性能差的缺点。

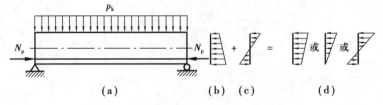

(a) **(b) (c)** **(d)**

图8.1 预应力混凝土受弯构件

8.1.2　预应力混凝土结构的基本原理

钢筋混凝土受拉与受弯等构件,由于混凝土抗拉强度及极限拉应变值都很低,其极限拉应变为$(0.1 \sim 0.15) \times 10^{-3}$,即每米只能拉长 $0.1 \sim 0.15$ mm,所以在使用荷载作用下,通常是带裂缝工作的。因而对使用上不允许开裂的构件,受拉钢筋的应力只能用到$(20 \sim 30)$ N/mm^2,此时的裂缝宽已达到 $0.2 \sim 0.3$ mm,构件耐久性有所降低,故不宜用于高湿度或侵蚀性环境中。为了满足变形和裂缝控制的要求,则需增大构件的截面尺寸和用钢量,这将导致自重过大,使钢筋混凝土结构用于大跨度或承受动力荷载的结构成为不可能或很不经济。如果采用高强度钢筋,在使用荷载作用下,其应力可达$(500 \sim 1\,000)$ N/mm^2,此时的裂缝宽度将很大,无法满足使用要求。因此,钢筋混凝土结构中采用高强度钢筋不能充分发挥其作用。

为了避免钢筋混凝土结构的裂缝过早出现,充分利用高强度钢筋及高强度混凝土,可以设法在结构构件受荷载前,用预压的办法来减小或抵消荷载所引起的混凝土拉应力,甚至使其处于受压状态。在构件承受荷载以前预先对混凝土施加压应力的方法有多种,有配置预应力钢筋,再通过张拉或其他方法建立预加应力的;也有在离心制管中采用膨胀混凝土生产的自应力混凝土等。本章所讨论的预应力混凝土构件是指常用的张拉预应力钢筋的预应力混凝土构件。

现以图 8.2 所示预应力混凝土简支梁为例,说明预应力混凝土结构的基本原理。

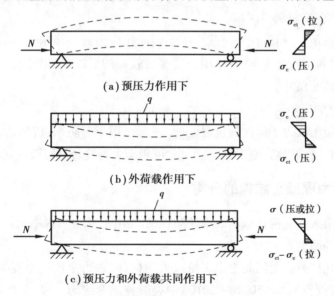

图 8.2　预应力混凝土简支梁

在荷载作用之前,预先在梁的受拉区施加偏心压力 N,使梁下边缘混凝土产生预压应力为 σ_c,梁上边缘产生预拉应力 σ_{ct},如图 8.2(a)所示。当荷载 q(包括梁自重)作用时,如果梁跨中截面下边缘产生拉应力 σ_{ct},梁上边缘产生压应力 σ_c,如图 8.2(b)所示。这样,在预压力 N 和荷载 q 共同作用下,梁的下边缘拉应力将减至 $\sigma_{ct} - \sigma_c$。梁上边缘应力一般为压应力,但也有可能为拉应力,如图 8.2(c)所示。如果增大预压力 N,则在荷载作用下梁的下边缘的拉应力还可减小,甚至变成压应力。

由此可见,预应力混凝土构件可延缓混凝土构件的开裂,提高构件的抗裂度和刚度,还能节约钢筋,减轻自重,克服钢筋混凝土的主要缺点。

预应力混凝土具有很多优点,其缺点是构造、施工和计算均较钢筋混凝土构件复杂,且延性也差些。

下列结构物宜优先采用预应力混凝土:

①要求裂缝控制等级较高的结构;

②大跨度或受力很大的构件;

③对构件的刚度和变形控制要求较高的结构构件,如工业厂房中的吊车梁、码头和桥梁中的大跨度梁式构件等。

8.1.3　预应力混凝土结构的特点

与普通钢筋混凝土相比,预应力混凝土有如下特点:

(1)提高了构件的抗裂能力

因为承受外荷载之前,受拉区已有预压应力存在,所以在外荷载作用下只有当混凝土的预压应力被全部抵消转而受拉且拉应变超过混凝土的极限拉应变时,构件才会开裂。

(2)增大了构件的刚度

因为预应力混凝土构件正常使用时,在荷载效应标准组合下可能不开裂或只有很小的裂缝,混凝土基本上处于弹性阶段工作,因此构件的刚度比普通钢筋混凝土构件有所增大。

(3)充分利用高强度材料

预应力钢筋先被预拉,而后在外荷载作用下钢筋拉应力进一步增大,因而始终处于高拉应力状态,即能够有效利用高强度钢筋;采用强度等级较高的混凝土,以便与高强度钢筋相配合,获得较经济的构件截面尺寸。

(4)扩大了构件的应用范围

由于预应力混凝土改善了构件的抗裂性能,因此可用于有防水、抗渗透及抗腐蚀要求的环境;采用高强度材料,结构轻巧,刚度大、变形小,可用于大跨度、重荷载及承受反复荷载的结构。

8.1.4　预应力混凝土结构的分类

根据预加应力值大小对构件截面裂缝控制程度的不同,预应力混凝土构件分为全预应力构件与部分预应力构件两类。

荷载作用下不允许截面上混凝土出现拉应力的构件,称为全预应力混凝土构件,大致相当于《混凝土结构设计规范》(GB 50010—2010)中裂缝控制等级为一级,即严格要求不出现裂缝的构件。

在使用荷载作用下,允许出现裂缝,但最大裂缝宽度不超过允许值的构件,则称为部分预应力混凝土构件,大致相当于《混凝土结构设计规范》(GB 50010—2010)中裂缝控制等级为三级,即允许出现裂缝的构件。

在使用荷载作用下根据荷载效应组合情况,不同程度地保证混凝土不开裂的构件,则称为限值预应力混凝土构件,大致相当于《混凝土结构设计规范》(GB 50010—2010)中裂缝控制等级为二级,即一般要求不出现裂缝的构件。限值预应力混凝土也属部分预应力混凝土。

《部分预应力混凝土结构设计建议》(以下简称《建议》)中提出按预应力度大小不同,将预应力混凝土分成全预应力混凝土、部分预应力混凝土和钢筋混凝土3类。

预应力度 λ 定义为：

$$\lambda = M_0/M(\text{受弯构件})$$

$$\lambda = N_0/N(\text{轴心受拉构件})$$

式中　M_0——消压弯矩，即使构件控制截面受拉边缘应力抵消到零时的弯矩；

　　　　M——使用荷载(不包括预加力)标准组合作用下控制截面的弯矩；

　　　　N_0——消压轴向力，即使构件截面应力抵消到零时的轴向力；

　　　　N——使用荷载(不包括预加力)标准组合作用下截面上的轴向拉力。

当 $\lambda \geq 1$，为全预应力混凝土；当 $0 < \lambda < 1$，为部分预应力混凝土；当 $\lambda = 0$，为钢筋混凝土。

可见，部分预应力混凝土介于全预应力混凝土和钢筋混凝土两者之间。

为设计方便，按照使用荷载标准组合作用下正截面的应力状态，《建议》又将部分预应力混凝土分为以下两类：

A 类：正截面混凝土的拉应力不超过表 8.1 的规定限值；

B 类：正截面中混凝土的拉应力虽已超过表 8.1 的规定值，但裂缝宽度不超过表 8.2 的规定值。

表 8.1　A 类构件混凝土拉应力限值表

构件类型	受弯构件	受拉构件
拉应力限值	$0.8f_t$	$0.5f_t$

表 8.2　房屋建筑结构裂缝限值表

单位：mm

环境条件	荷载组合	钢丝、钢绞线、V 级钢筋	冷拉 II、III、IV 级钢筋
轻度	短期	0.15	0.3
	长期	0.05	(不验算)
中度	短期	0.10	0.2
	长期	(不得消压)	(不验算)
严重	短期	(不得采用 B 类)	0.10
	长期	(不得消压)	(不验算)

8.2　施加预应力的方法、材料和设备

8.2.1　施加预加应力的方法

在构件承受外力之前，预先在构件的受拉区对混凝土施加预压力，这种压力称为预应力。

构件在使用阶段的外荷载作用下产生的拉应力，首先要抵消预压应力，推迟混凝土裂缝出现的同时也限制了裂缝的开展，从而提高了构件的抗裂度和刚度。

施加预加应力的方法：张拉受拉区中的预应力钢筋，通过预应力钢筋和混凝土之间的黏结力或锚具，将预应力钢筋的弹性收缩力传递到混凝土构件中，并产生预压应力。

8.2.2　预应力混凝土结构的材料

1) 混凝土

预应力混凝土结构构件所用的混凝土，需满足下列要求：

①强度高。与钢筋混凝土不同，预应力混凝土必须采用强度高的混凝土。因为强度高的混凝土对采用先张法的构件可提高钢筋与混凝土之间的黏结力；对采用后张法的构件，可提高锚固端的局部承压承载力。

②收缩、徐变小。这样可以减少因收缩、徐变引起的预应力损失。

③快硬、早强。这样可以尽早施加预应力，加快台座、锚具、夹具的周转率，以加速施工进度。

因此，《混凝土结构设计规范》(GB 50010—2010)规定，预应力混凝土构件的混凝土强度等级不应低于C30。采用钢绞线、钢丝、热处理钢筋作预应力钢筋的构件，特别是大跨度结构，混凝土强度等级不宜低于C40。

2) 钢材

预应力混凝土的构件所用的钢筋(或钢丝)，需满足下列要求：

①强度高。混凝土预压力的大小，取决于预应力钢筋张拉应力的大小。考虑到构件在制作过程中会出现各种应力损失，因此需要采用较高的张拉应力，这就要求预应力钢筋具有较高的抗拉强度。

②具有一定的塑性。为了避免预应力混凝土构件发生脆性破坏，要求预应力钢筋在拉断前，具有一定的伸长率。当构件处于低温或受冲击荷载作用时，更应注意对钢筋塑性和抗冲击韧性的要求。一般要求极限伸长率大于4%。

③良好的加工性能。要求有良好的可焊性，同时要求钢筋"镦粗"后并不影响其原来的物理力学性能。

④与混凝土之间能较好地黏结。对于采用先张法的构件，当采用高强度钢丝时，其表面经过"刻痕"或"压波"等措施进行处理。

我国目前用于预应力混凝土构件中的预应力钢材主要有钢绞线、钢丝、热处理钢筋三大类。

(1)钢绞线

常用的钢绞线由直径5 ~ 6 mm高强度钢丝捻制而成。用3根钢丝捻制的钢绞线，其结构为1 ×3，公称直径有8.6 mm、10.8 mm、12.9 mm。用7根钢丝捻制的钢绞线，其结构为1 ×7，公称直径为9.5 ~ 15.2 mm。钢绞线的极限抗拉强度标准值可达1860 N/mm^2，在后张法预应力混凝土中采用较多。

钢绞线经最终热处理后以盘或卷供应，每盘钢绞线应由一整根组成。如无特殊要求，每盘钢绞线长度不小于200 m。成品的钢绞线表面不得带有润滑剂、油渍等，以免降低钢绞线与混凝土之间的黏结力。钢绞线表面允许有轻微的浮锈，但不得锈蚀成目视可见的麻坑。

（2）钢丝

预应力混凝土用钢丝可分为冷拉钢丝与消除应力钢丝两种。按外形分有光圆钢丝、螺旋肋钢丝、刻痕钢丝；按应力松弛性能分有普通松弛（即Ⅰ级松弛）及低松弛（即Ⅱ级松弛）两种。钢丝的公称直径为 3～9 mm，其极限抗拉强度标准值可达 1770 N/mm²。要求钢丝表面不得有裂纹、小刺、机械损伤、氧化铁皮和油污。

（3）热处理钢筋

热处理钢筋是用热轧螺纹钢筋经淬火和回火调质热处理而成。热处理钢筋按其螺纹外形可分为有纵肋和无纵肋两种。钢筋经热处理后应卷成盘，每盘钢筋由一整根钢筋组成，其公称直径为 6～10 mm，极限抗拉强度标准值可达 1470 N/mm²。

热处理钢筋表面不得有肉眼可见的裂纹、结疤、折叠。钢筋表面允许有凸块，但不得超过横肋的高度，钢筋表面不得沾有油污，端部应切割正直。在制作过程中，除端部外，应使钢筋不受切割火花或其他方式造成的局部加热影响。

张拉预应力钢筋一般采用液压千斤顶，但应注意每种锚具都有各种适用的千斤顶，可根据锚具或千斤顶厂家的说明书选用。

8.2.3　锚具和夹具

为了阻止被张拉的钢筋发生回缩，必须将钢筋端部进行锚固。锚固预应力钢筋和钢丝的工具分为夹具和锚具两种。在构件制作完成后能重复使用的，称为夹具；永久锚固在构件端部，与构件一起承受荷载，不能重复使用的，称为锚具。

锚、夹具的种类很多，常用的有锚固钢丝用的套筒式夹具，锚固粗钢筋用的螺丝端杆锚具，锚固直径 12 mm 的钢筋或钢筋绞线束的 JM12 夹片式锚具。详细内容可参考有关施工技术类书籍。

8.2.4　千斤顶

①拉杆式千斤顶。适于张拉带有螺杆式和镦式锚具的单根粗钢筋、钢筋束、钢丝束。

②穿心式千斤顶。常用的为 YC-60 型，适于张拉各种预应力筋，是应用最广泛的张拉机具。

③锥锚式双作用千斤顶。适于张拉以 KT-Z 型锚具的钢筋束、钢绞线束，以钢质锥形锚具为张拉锚具的钢丝束。

8.3　张拉控制应力和预应力损失

8.3.1　张拉控制应力

张拉控制应力是指预应力钢筋在进行张拉时所控制达到的最大应力值。其值为张拉设备（如千斤顶油压表）所指示的总张拉力除以应力钢筋截面面积而得的应力值，以 σ_{con} 表示。

张拉控制应力的取值，直接影响预应力混凝土的使用效果。如果张拉控制应力取值过低，则预应力钢筋经过各种损失后，对混凝土产生的预压应力过小，不能有效地提高预应力混凝土构件的抗裂度和刚度。如果张拉控制应力取值过高，则可能引起以下问题：

①在施工阶段会使构件的某些部位受到拉力(称为预拉力)甚至开裂,对后张法构件可能造成端部混凝土局部受压破坏。

②构件出现裂缝时的荷载值很接近,使构件在破坏前无明显的预兆,构件的延性较差。

③为了减少预应力损失,有时需进行超张拉,有可能在超张拉过程中使个别钢筋的应力超过它的实际屈服强度,使钢筋产生较大塑性变形或脆断。

张拉控制应力值的大小与施加预应力的方法有关,对于相同的钢种,先张法取值高于后张法。这是由于先张法和后张法建立预应力的方式不同。先张法是在浇筑混凝土之前在台座上张拉钢筋,故在预应力钢筋中建立的拉应力就是张拉控制应力σ_{con}。后张法是在混凝土构件上张拉钢筋,在张拉的同时混凝土被压缩,张拉设备千斤顶所指示的张拉控制应力已扣除混凝土弹性压缩后的钢筋应力。为此,后张法构件的σ_{con}值应适当低于先张法。

张拉控制应力值大小的确定,还与预应力的钢种有关。由于预应力混凝土采用的都为高强度钢筋,其塑性较差,故控制应力不能取得太高。

根据长期积累的设计和施工经验,《混凝土结构设计规范》(GB 50010—2010)规定,一般情况下,张拉控制应力不宜超过表8.3的限值。

表8.3　张拉控制应力限值

钢筋种类	张拉方法	
	先张法	后张法
预应力钢丝、钢绞线	$0.75f_{ptk}$	$0.75f_{ptk}$
热处理钢筋	$0.70f_{ptk}$	$0.65f_{ptk}$

注:①表中f_{ptk}为预应力钢筋的强度标准值。

②预应力钢丝、钢绞线、热处理钢筋的张拉控制应力值不应小于$0.4f_{ptk}$。

③符合下列情况之一时,表8.3中的张拉控制应力限值可提高$0.05f_{ptk}$:

a. 要求提高构件在施工阶段的抗裂性能,而在使用阶段受压区内设置的预应力钢筋;

b. 要求部分抵消由于应力松弛、摩擦、钢筋分批张拉以及预应力钢筋与张拉台座之间的温差等因素产生的预应力损失。

8.3.2　预应力损失

将预应力钢筋张拉到控制应力σ_{con}后,出于种种原因,其应力值将逐渐下降,即存在预应力损失,扣除损失后的预应力才是有效预应力。

1) 张拉端锚具变形和钢筋内缩引起的预应力损失σ_{l1}

张拉端由于锚具的压缩变形,或因钢筋、钢丝、钢绞线在锚具内的滑移,使钢筋内缩引起的预应力损失值σ_{l1}应按下列公式计算:

$$\sigma_{l1} = \frac{a}{l}E_s \tag{8.1}$$

式中　a——张拉端锚具变形和钢筋内缩值,可查《混凝土结构设计规范》(GB 50010—2010);

l——张拉端至锚固端之间的距离,mm;

E_s——预应力钢筋的弹性模量。

对先张法生产的构件,当台座长度超过100 m时,σ_{l1}可忽略不计。减少此项损失的措施有:选择变形小的锚夹具,尽量少用垫板;增加台座长度。

2)预应力钢筋与孔道壁之间的摩擦引起的预应力损失σ_{l2}

后张法预应力钢筋的预留孔道有直线形和曲线形。由于孔道的制作偏差、孔道壁粗糙等,张拉预应力钢筋时,钢筋将与孔壁发生接触摩擦,从而使预应力钢筋的拉应力值逐渐减小,这种预应力损失记为σ_{l2}。

减少此项损失的措施有:对较长的构件可在两端张拉,则计算孔道长度可减少一半;采用超张拉,张拉程序为:$0 \rightarrow 1.1\sigma_{con} \xrightarrow{停\ 2\ min} 0.85\sigma_{con} \xrightarrow{停\ 2\ min} \sigma_{con}$ 或 $0 \rightarrow 1.03\,\sigma_{con}$。

采用电热后张法时,不考虑这项损失。

3)预应力筋与台座间的温差引起的预应力损失σ_{l3}

制作先张法构件时,为了缩短生产周期,常采用蒸汽养护,使混凝土快硬。当新浇筑的混凝土尚未结硬时,加热升温,预应力钢筋伸长,但台座间距离保持不变;而降温时,混凝土已结硬并与预应力钢筋结成整体,钢筋应力不能恢复原值,于是就产生了预应力损失 σ_{l3}。计算公式如下:

$$\sigma_{l3} = 2\Delta t \tag{8.2}$$

式中 Δt——预应力钢筋与台座间的温差,℃;

  σ_{l3}——以 N/mm^2 计。

由式(8.2)可知,若温度一次升高 75 ~ 80 ℃时,则$\sigma_{l3} = 150 ~ 160$ N/mm^2,预应力损失很大。通常采用两阶段升温养护来减小温差损失。

4)预应力钢筋的应力松弛引起的预应力损失σ_{l4}

钢筋受力后,在长度不变的条件下,钢筋应力随时间的增长而降低,这种现象称为钢筋的松弛。在钢筋应力保持不变的条件下,应变会随时间的增长而逐渐增加,这种现象称为钢筋的徐变。钢筋的松弛和徐变均将引起预应力钢筋中的应力损失,记为σ_{l4}。

根据应力松弛的性质,可以采用超张拉的方法减小松弛损失。因为钢筋的松弛与初始应力有关,初始应力越高,松弛越大,其松弛速度也越快,在高应力下松弛可在短时间完成。

5)混凝土的收缩和徐变引起的预应力损失σ_{l5}

收缩、徐变导致预应力混凝土构件的长度缩短,预应力钢筋也随之回缩,产生预应力损失σ_{l5}。混凝土收缩徐变引起的预应力损失很大,在曲线配筋的构件中,约占总损失的30%,在直线配筋构件中可达60%。

试验表明,混凝土收缩徐变所引起的预应力损失值与构件配筋率、张拉预应力钢筋时混凝土的预压应力值、混凝土的强度等级、预应力的偏心距、受荷时的龄期、构件的尺寸以及环境的温湿度等因素有关,而以前三者为主。

所有能减少混凝土收缩、徐变的措施,相应地都将减少σ_{l5}。如采用高等级水泥,减少水泥用量,采用干硬性混凝土;采用级配好的骨料,加强振捣,提高混凝土的密实性;加强养护,以减少混凝土收缩。

6)预应力筋挤压混凝土引起的预应力损失σ_{l6}

对用螺旋式预应力钢筋作配筋的水管、蓄水池等环形构件,施加预应力时,由于张紧的预应

力钢筋挤压混凝土,构件的直径将减小,造成预应力的损失σ_{l6}计算如下:

$$\sigma_{l6} = \frac{\Delta d}{d}E_s \tag{8.3}$$

式中,Δd 为构件直径减少值。当 d 较大时,这项损失可以忽略不计。《混凝土结构设计规范》(GB 50010—2010)规定:当构件直径 $d \leqslant 3$ m 时,$\sigma_{l6} = 30$ N/mm^2;当构件直径 $d > 3$ m 时,$\sigma_{l6} = 0$。

8.3.3   预应力损失的组合

施加预应力方法不同,产生的预应力损失也不相同。

各项预应力损失是分批出现的,不同受力阶段应考虑相应的预应力损失组合。将预应力损失按各受力阶段进行组合,可计算出不同阶段预应力钢筋的有效预拉应力值,进而计算出在混凝土中建立的有效预应力σ_{pe}。在实际计算中,以"混凝土预压完成"为界,把预应力损失分成两批。预压完成之前的损失称为第一批损失,记为σ_{lI},预压完成以后出现的损失称为第二批损失,记为σ_{lII}。各阶段预应力损失组合见表8.4。

表 8.4   各阶段预应力损失值的组合

预应力损失值的组合	先张法构件	后张法构件
混凝土预压前(第一批)的损失	$\sigma_{l1} + \sigma_{l2} + \sigma_{l3} + \sigma_{l4}$	$\sigma_{l1} + \sigma_{l2}$
混凝土预压后(第二批)的损失	σ_{l5}	$\sigma_{l4} + \sigma_{l5} + \sigma_{l6}$

先张法构件由钢筋应力松弛引起的损失值 σ_{l4} 在第一批和第二批损失中所占的比例,如需区分,可根据实际情况确定;一般将 σ_{l4} 全部计入第一批损失中。

考虑到预应力损失计算值与实际值的差异,并为了保证预应力混凝土构件具有足够的抗裂度,《混凝土结构规范》(GB 50010—2010)规定,当计算求得的预应力总损失值 σ_l 小于下列数值时,按下列数值取用:先张法构件,100 N/mm^2;后张法构件,80 N/mm^2。

8.4   预应力混凝土轴心受拉构件计算

8.4.1   轴心受拉构件应力分析

预应力混凝土轴心受拉构件从张拉钢筋开始直到构件破坏,截面中混凝土和钢筋应力的变化可以分为两个阶段:施工阶段和使用阶段。每个阶段又包括若干个特征受力过程,因此,在设计预应力混凝土构件时,除应进行荷载作用下的承载力、抗裂度或裂缝宽度计算外,还要对各个特征受力过程的承载力和抗裂度进行验算。先张法预应力混凝土构件是在台座上张拉预应力钢筋至张拉控制应力σ_{con}后,经过锚固、浇筑混凝土、养护,混凝土达到预定强度后进行放张。先张法轴心受拉构件各阶段的应力状态如表8.5所示。

表 8.5　先张法轴心受拉构件各阶段的应力状态

受力阶段		简　图	预应力钢筋应力 σ_p	混凝土应力 σ_{pc}	非预应力钢筋应力 σ_s
施工阶段	a. 张拉预应力钢筋		σ_{con}	—	—
	b. 完成第一批预应力损失 σ_{lI}		$\sigma_{con} - \sigma_{lI}$	0	0
	c. 放松预应力钢筋, 预压混凝土	σ_{peI}（压）　$\sigma_{pcI}A_p$	$\sigma_{peI} = \sigma_{con} - \sigma_{lI} - \alpha_E \sigma_{pcI}$	$\sigma_{pcI} = (\sigma_{con} - \sigma_{lI})A_p/A_0$（压）	$\sigma_{sI} = \alpha_E \sigma_{pcI}$（压）
	d. 完成第二批预应力损失 σ_{lII}	σ_{peII}（压）　$\sigma_{peII}A_p$	$\sigma_{peII} = \sigma_{con} - \sigma_l - \alpha_E \sigma_{pcII}$	$\sigma_{pcII} = [(\sigma_{con} - \sigma_l)A_p - \sigma_{l5}A_s]/A_0$（压）	$\sigma_{sII} = \alpha_E \sigma_{pcII} + \sigma_{l5}$（压）
使用阶段	e. 加载至混凝土应力为零	N_0　0　N_0	$\sigma_{p0} = \sigma_{con} - \sigma_l$	0	$\sigma_{s0} = \sigma_{l5}$（压）
	f. 加载至混凝土即将开裂	N_{cr}　f_{tk}（拉）　N_{cr}	$\sigma_{pcr} = \sigma_{con} - \sigma_l + \alpha_{Ep} f_{tk}$	f_{tk}	$\sigma_{scr} = \alpha_E f_{tk} - \sigma_{l5}$（拉）
	g. 加载至破坏	N_u　N_u	f_{py}	0	f_y

1）施工阶段

（1）张拉预应力钢筋

如表 8.5 中 a 项所示, 在台座上放置预应力钢筋, 并张拉至张拉控制应力 σ_{con}, 这时混凝土尚未浇筑, 构件尚未形成, 预应力钢筋的总拉力 $\sigma_{con}A_p$（A_p 为预应力钢筋的截面面积）由台座承受。非预应力钢筋不承担任何应力。

（2）完成第一批预应力损失 σ_{lI}

如表 8.5 中 b 项所示, 张拉钢筋完毕, 将预应力钢筋锚固在台座上, 因锚具变形和钢筋内缩将产生预应力损失 σ_{l1}。而后浇筑混凝土并进行养护, 由于混凝土加热养护温差将产生预应力损失 σ_{l3}；由于钢筋应力松弛将产生预应力损失 σ_{l4}（严格地说, 此时只完成 σ_{l4} 的一部分, 而另一部分将在以后继续完成。为了简化分析, 近似认为 σ_{l4} 已全部完成）。至此, 预应力钢筋已完成第一批预应力损失 σ_{lI}。预应力钢筋的拉力由 σ_{con} 降低到 $\sigma_{pe} = \sigma_{con} - \sigma_l$。此时, 由于预应力钢筋尚未放松, 混凝土应力为零；非预应力钢筋应力也为零。

(3)放松预应力钢筋,预压混凝土

如表 8.5 中 c 项所示,当混凝土达到规定的强度后,放松预应力钢筋,则预应力钢筋回缩,这时由于钢筋与混凝土之间已有足够的黏结强度,组成构件的 3 部分(混凝土、非预应力钢筋和预应力钢筋)将共同变形,从而导致混凝土和非预应力钢筋受压。

设此时混凝土所获得的预压应力为 σ_{peI},非预应力钢筋产生的压应力为 $\sigma_{\text{sI}} = \alpha_{\text{E}}\sigma_{\text{pcI}}$,由于钢筋与混凝土两者的变形协调,则预应力钢筋的拉应力相应减小了 $\alpha_{\text{E}}\sigma_{\text{pcI}}$,即:

$$\sigma_{\text{peI}} = \sigma_{\text{con}} - \sigma_{l\text{I}} - \alpha_{\text{E}}\sigma_{\text{pcI}} \tag{8.4}$$

式中　α_{E_p}——预应力钢筋的弹性模量与混凝土弹性模量之比,$\alpha_{E_p} = \dfrac{E_p}{E_c}$;

α_{E}——非预应力钢筋的弹性模量与混凝土弹性模量之比,$\alpha_{\text{E}} = \dfrac{E_s}{E_c}$。

混凝土的预压应力为 σ_{peI} 可根据截面力的平衡条件确定,即:

$$A_s\sigma_{\text{peI}}A_c = \sigma_{\text{pcI}}A_c + \sigma_{\text{sI}}A_s \tag{8.5}$$

将 σ_{peI} 和 σ_{s1} 的表达式代入式(8.5),可得:

$$\sigma_{\text{pcI}} = \frac{(\sigma_{\text{con}} - \sigma_{l\text{I}})A_p}{A_c + \alpha_{\text{E}}A_s + \alpha_{E_p}A_p} = \frac{N_{\text{pI}}}{A_n + \alpha_{E_p}A_p} = \frac{N_{\text{pI}}}{A_0} \tag{8.6}$$

式中　A_c——扣除非预应力钢筋截面面积后的混凝土截面面积;

A_s——非预应力钢筋截面面积,$A_0 = A_c + \alpha_{E1}A_p + \alpha_{E2}A_s$;

A_p——预应力钢筋截面面积;

A_0——换算截面面积(混凝土截面面积),即 $A_0 = A_c + \alpha_{\text{E}}A_s + \alpha_{E_p}A_p$,对由不同混凝土强度等级组成的截面,应根据混凝土弹性模量比值换算成同一混凝土等级的截面面积;

A_n——净截面面积(扣除孔道、凹槽等削弱部分以外的混凝土截面面积 A_c 加全部纵向非预应力钢筋截面面积换算成混凝土的截面面积之和);

N_{pI}——完成第一批损失后,预应力钢筋的总预拉力,$N_{\text{pI}} = (\sigma_{\text{con}} - \sigma_{l\text{I}})A_p$。

(4)完成第二批预应力损失 $\sigma_{l\text{II}}$

如表 8.5 中 d 项所示,混凝土预压后,随着时间的增长,由于混凝土的收缩、徐变将产生预应力损失 σ_{l5},即预应力钢筋将完成第二批预应力损失 $\sigma_{l\text{II}}$,构件进一步缩短,混凝土压应力 σ_{pcI} 降低至 σ_{pcII},预应力钢筋的拉应力也由 σ_{peI} 降低至 σ_{peII},非预应力钢筋的压应力降至 σ_{sII},于是:

$$\begin{aligned}\sigma_{\text{peII}} &= (\sigma_{\text{con}} - \sigma_{l\text{I}} - \alpha E_p\sigma_{\text{pcI}})\sigma_{l\text{II}} + \alpha E_p(\sigma_{\text{pcI}} - \sigma_{\text{pcII}})\\ &= \sigma_{\text{con}} - \sigma_l - \alpha E_p\sigma_{\text{pcII}}\end{aligned} \tag{8.7}$$

式中　$\alpha E_p(\sigma_{\text{pcI}} - \sigma_{\text{pcII}})$——由于混凝土压应力减少,构件的弹性压缩有所恢复,其差额值所引起的预应力钢筋中拉应力的增加值。

此时,非预应力钢筋所得到的压应力为 σ_{sII},除有 $\alpha E_p\sigma_{\text{pcII}}$ 外,考虑到因混凝土收缩、徐变而在非预应力钢筋中产生的压应力 σ_{l5},所以:

$$\sigma_{\text{sII}} = \alpha E\sigma_{\text{pcII}} + \sigma_{l5} \tag{8.8}$$

混凝土的预压应力为 σ_{pcII} 可根据截面力的平衡条件确定,即:

$$\sigma_{\text{peII}}A_p = \sigma_{\text{pcII}}A_c + \sigma_{\text{sII}}A_s \tag{8.9}$$

将 σ_{peII} 和 σ_{sII} 的表达式代入式(8.9),可得:

$$\sigma_{\mathrm{pcII}} = \frac{(\sigma_{\mathrm{con}} - \sigma_l)A_{\mathrm{p}} - \sigma_{l5}A_{\mathrm{s}}}{A_{\mathrm{c}} + \alpha_{\mathrm{E}}A_{\mathrm{s}} + \alpha_{E_p}A_{\mathrm{p}}} = \frac{N_{\mathrm{pII}}A_{\mathrm{p}} - \sigma_{l5}A_{\mathrm{s}}}{A_0} \tag{8.10}$$

式中　σ_{pcII}——预应力混凝土中所建立的有效预压应力;

　　　σ_{l5}——非预应力钢筋由于混凝土收缩、徐变引起的应力;

　　　N_{pII}——完成全部损失后,预应力钢筋的总预拉力, $N_{\mathrm{pII}} = (\sigma_{\mathrm{con}} - \sigma_l)A_{\mathrm{p}}$。

2)使用阶段

(1)加载至混凝土应力为零

如表 8.5 中 e 项所示,由轴向拉力 N_0 所产生的混凝土拉应力恰好全部抵消混凝土的有效预压应力 σ_{pcII},使截面处于消压状态,即 $\sigma_{\mathrm{pc}} = 0$。这时,预应力钢筋的拉应力 σ_{p0} 是在 σ_{peII} 的基础上增加了 $\alpha E_{\mathrm{p}}\sigma_{\mathrm{pcII}}$,即:

$$\sigma_{\mathrm{p0}} = \sigma_{\mathrm{peII}} + \alpha_{E_p}\sigma_{\mathrm{pcII}} \tag{8.11}$$

将式(8.8)代入式(8.11),可得:

$$\sigma_{\mathrm{p0}} = \sigma_{\mathrm{con}} - \sigma_l \tag{8.12}$$

非预应力钢筋的压应力 σ_{s0} 由原来压应力 σ_{sII} 的基础上,增加了一个拉应力 $\alpha_{E_p}\sigma_{\mathrm{pcII}}$,因此:

$$\sigma_{\mathrm{s0}} = \sigma_{\mathrm{sII}} - \alpha_{\mathrm{E}}\sigma_{\mathrm{pcII}} = \alpha_{\mathrm{E}}\sigma_{\mathrm{pcII}} + \sigma_{l5} - \alpha_{\mathrm{E}}\sigma_{\mathrm{pcII}} = \sigma_{l5} \tag{8.13}$$

由式(8.13)得知,此阶段的非预应力钢筋仍为压应力值等于 σ_{l5}。

轴向拉力 N_0 可根据截面力的平衡条件求得:

$$N_0 = \sigma_{\mathrm{p0}}A_{\mathrm{p}} - \sigma_{\mathrm{s0}}A_{\mathrm{s}} \tag{8.14}$$

将 σ_{p0} 和 σ_{s0} 的表达式代入式(8.14),可得:

$$N_0 = (\sigma_{\mathrm{con}} - \sigma_l)A_{\mathrm{p}} - \sigma_{l5}A_{\mathrm{s}}$$

由式(8.14)知:

$$(\sigma_{\mathrm{con}} - \sigma_l)A_{\mathrm{p}} - \sigma_{l5}A_{\mathrm{s}} = \sigma_{\mathrm{pcII}}A_0$$

所以:

$$N_0 = A_{\mathrm{pcII}}A_0 \tag{8.15}$$

式中　N_0——混凝土应力为零时的轴向拉力。

(2)加载至混凝土即将开裂

如表 8.5 中的 f 项所示,当轴向拉力超过 N_0 后,混凝土开始受拉,随着荷载的增加,其拉应力亦不断增长;当荷载加至 N_{cr},即混凝土拉应力达到混凝土轴心抗拉强度标准值 f_{tk} 时,混凝土即将出现裂缝,这时预应力钢筋的拉应力是在 σ_{p0} 的基础上再增加 $\alpha_{E_p}f_{\mathrm{tk}}$,即:

$$\sigma_{\mathrm{pcr}} = \sigma_{\mathrm{p0}} + \alpha_{E_p}f_{\mathrm{tk}} = \sigma_{\mathrm{con}} - \sigma_l + \alpha_{E_p}f_{\mathrm{tk}}$$

非预应力钢筋的应力 σ_{scr} 由压应力 σ_{l5} 转为拉应力,其值为:

$$\sigma_{\mathrm{scr}} = \alpha_{\mathrm{E}}f_{\mathrm{tk}} - \sigma_{l5}$$

轴向拉力 N_{cr} 可根据截面力的平衡条件求得:

$$N_{\mathrm{cr}} = \sigma_{\mathrm{pcr}}A_{\mathrm{p}} + \sigma_{\mathrm{scr}}A_{\mathrm{s}} + f_{\mathrm{tk}}A_{\mathrm{c}} \tag{8.16}$$

将 σ_{pcr} 和 σ_{scr} 的表达式代入式(8.16),可得:

$$\begin{aligned} N_{\mathrm{cr}} &= (\sigma_{\mathrm{con}} - \sigma_l + \alpha\sigma_{E_p}f_{\mathrm{tk}})A_{\mathrm{p}} + (\alpha_{\mathrm{E}}f_{\mathrm{tk}} - \sigma_{l5})A_{\mathrm{s}} + f_{\mathrm{tk}}A_{\mathrm{c}} \\ &= (\sigma_{\mathrm{con}} - \sigma_l)A_{\mathrm{p}} - \sigma_{l5}A_{\mathrm{s}} + f_{\mathrm{tk}}(A_{\mathrm{c}} + \alpha_{\mathrm{E}}A_{\mathrm{s}} + \alpha_{E_p}A_{\mathrm{p}}) \end{aligned}$$

$$= (\sigma_{con} - \sigma_l)A_p - \sigma_{l5}A_s + f_{tk}A_0$$

由式(8.14)知:

$$(\sigma_{con} - \sigma_l)A_p - \sigma_{l5}A_s = \sigma_{pcⅡ}A_0$$

所以:

$$N_{cr} = \sigma_{pcⅡ}A_0 + f_{tk}A_0 = (\sigma_{pcⅡ} + f_{tk})A_0 \tag{8.17}$$

可见,由于预压力 $\sigma_{pcⅡ}$ 的作用($\sigma_{pcⅡ}$ 比 f_{tk} 大得多),预应力混凝土轴心受拉构件的 N_{cr} 值比钢筋混凝土轴心受拉构件大很多,这就是预应力混凝土构件抗裂度高的原因。

(3)加载至破坏

如表8.5中的g项所示,当轴向拉力超过 N_{cr} 后,混凝土开裂,在裂缝截面上,混凝土不再承受拉力,拉力全部由预应力钢筋和非预应力钢筋承担。破坏时,预应力钢筋及非预应力钢筋的拉应力分别达到抗拉强度设计值 f_{py}、f_y。

轴向拉力 N_u 可根据截面力的平衡条件求得:

$$N_u = f_{py}A_p + f_yA_s \tag{8.18}$$

8.4.2　预应力混凝土轴心受拉构件的计算

预应力混凝土轴心受拉构件,应进行使用阶段承载力计算、裂缝控制验算及施工阶段张拉(或放松)预应力钢筋时构件的承载力验算,对后张法构件还要进行端部锚固区局部受压的验算。

1)使用阶段承载力计算

当预应力混凝土轴心受拉构件达到承载力极限状态时,全部轴向拉力由预应力钢筋和非预应力钢筋共同承担。此时,预应力钢筋和非预应力钢筋均已屈服。构件正截面受拉承载力按下式计算:

$$N \leqslant N_u = f_{py}A_p + f_yA_s \tag{8.19}$$

式中　N——轴向拉力设计值;

　　f_{py}、f_y——预应力钢筋、非预应力钢筋的抗拉强度设计值;

　　A_p、A_s——预应力钢筋、非预应力钢筋的截面面积。

2)使用阶段裂缝控制验算

根据结构的使用功能及其所处环境不同,对构件裂缝控制要求的严格程度也应不同。因此,对于预应力混凝土轴心受拉构件,应根据《混凝土结构设计规范》(GB 50010—2010)规定,采用不同的裂缝控制等级进行验算。

可以看出,如果轴向拉力值 N 不超过 N_{cr},则构件不会开裂。

$$N \leqslant N_{cr} = (\sigma_{pcⅡ} + f_{tk})A_0 \tag{8.20}$$

设 $\sigma_{pcⅡ} = \sigma_{pc}$,上式用应力形式表达,则可写成:

$$\frac{N}{A_0} \leqslant \sigma_{pc} + f_{tk}$$

$$\sigma_c - \sigma_{pc} \leqslant f_{tk} \tag{8.21}$$

《混凝土结构设计规范》(GB 50010—2010)规定,预应力构件按所处环境类别和结构类别确定相应的裂缝控制等级及最大裂缝宽度限值,并按下列规定进行受拉边缘应力或正截面裂缝宽度验算。

（1）一级——严格要求不出现裂缝的构件

在荷载效应的标准组合下，应符合下列规定：

$$\sigma_{ck} - \sigma_{pc} \leqslant 0 \tag{8.22}$$

（2）二级——一般要求不出现裂缝的构件

在荷载效应的标准组合下，应符合下列规定：

$$\sigma_{ck} - \sigma_{pc} \leqslant f_{tk} \tag{8.23}$$

在荷载效应的准永久组合下，宜符合下列规定：

$$\sigma_{cq} - \sigma_{pc} \leqslant 0 \tag{8.24}$$

式中　σ_{ck}，σ_{cq}——荷载效应的标准组合、准永久组合下抗裂验算边缘混凝土的法向应力。

$$\sigma_{ck} = \frac{N_k}{A_0} \tag{8.25}$$

$$\sigma_{cq} = \frac{N_q}{A_0} \tag{8.26}$$

式中　N_k，N_q——按荷载效应的标准组合、准永久组合计算的轴向力值；

　　　σ_{pc}——扣除全部预应力损失后在抗裂验算边缘混凝土的预压应力；

　　　A_0——换算截面面积，$A_0 = A_c + \alpha_E A_s + \alpha_{E_p} A_p$。

（3）三级——允许出现裂缝的构件

按荷载效应的标准组合并考虑长期作用的影响计算的最大裂缝宽度，应符合下列规定：

$$\omega_{max} \leqslant \omega_{lim}$$

$$\omega_{max} = \alpha_{cr} \psi \frac{\sigma_{sk}}{E_s} \left(1.9c + 0.08 \frac{d_{eq}}{\rho_{te}} \right) \tag{8.27}$$

$$\psi = 1.1 - 0.65 \frac{f_{tk}}{\rho_{te} \sigma_{sk}}$$

$$\rho_{te} = \frac{A_s + A_p}{A_{te}}$$

式中　ω_{max}——按荷载效应的标准组合并考虑长期作用的影响计算的最大裂缝宽度；

　　　α_{cr}——构件受力特征系数，对轴心受拉构件，取 $\alpha_{cr} = 2.2$；

　　　ψ——裂缝间纵向受拉钢筋应变不均匀系数，当 $\psi < 0.2$ 时，取 $\psi = 0.2$；当 $\psi > 1.0$ 时，取 $\psi = 1.0$；对直接承受重复荷载的构件，取 $\psi = 1.0$；

　　　ρ_{te}——按有效受拉混凝土截面面积计算的纵向受拉钢筋配筋率，在最大裂缝宽度计算中，当 $\rho_{te} < 0.01$ 时，取 $\rho_{te} = 0.01$；

　　　A_{te}——有效受拉混凝土截面面积，对于轴心受拉构件 $A_{te} = bh$；

　　　σ_{sk}——按荷载效应的标准组合计算的预应力混凝土构件纵向受拉钢筋的等效应力，对于轴心受拉构件，$\sigma_{sk} = \dfrac{N_k - N_{p0}}{A_p + A_s}$；

　　　N_{p0}——混凝土法向应力等于零时，全部纵向预应力和非预应力钢筋的合力；

　　　c——最外层纵向受拉钢筋外边缘至受拉区底边的距离，mm，当 $c < 20$ 时，取 $c = 20$；当 $c > 65$ 时，取 $c = 65$；

A_p，A_s——受拉区纵向预应力、非预应力钢筋的截面面积；

d_{eq}——纵向受拉钢筋的等效直径，mm。

$$d_{eq} = \frac{\sum n_i d_i^2}{\sum n_i \nu_i d_i} \qquad (8.28)$$

式中　d_i——受拉区第 i 种纵向钢筋的公称直径，mm；对钢丝束或钢绞线束，$d_i = 1.6\sqrt{A_p}$；对单根的 7 股钢丝线，$d_i = 1.75 d_w$；对单根的 3 股钢绞线，$d_i = 1.2 d_w$（d_w 为单根钢丝的直径）；

n_i——受拉区第 i 种纵向钢筋的根数；

ν_i——受拉区第 i 种纵向钢筋的相对黏结特性系数，可按表 8.6 取用。

表 8.6　钢筋的相对黏结特性系数

钢筋类别	非预应力钢筋		先张法预应力钢筋			后张法预应力钢筋		
	光圆钢筋	带肋钢筋	带肋钢筋	螺旋肋钢丝	刻痕钢丝钢绞线	带肋钢筋	钢绞线	光面钢丝
ν_i	0.7	1.0	1.0	0.8	0.6	0.8	0.5	0.4

注：①对环氧树脂涂层带肋钢筋，其相对黏结特性系数应按表中系数的 0.8 倍取用。

②ω_{lim} 为最大裂缝宽度限值，按环境类别及规范规定取用，参见《混凝土结构设计规范》（GB 50010—2010）表 3.4.5。

【例 8.1】　某 24 m 预应力混凝土屋架下弦杆的计算，设计资料及条件如表 8.7 所示。

表 8.7　设计资料及条件

材　料	混凝土	预应力钢筋	非预应力钢筋
品种和强度等级	C50	普通松弛钢绞线	HRB400
截　面	280 mm × 180 mm （孔道 2ϕ55）	ϕ^s10.8	按构造要求配置 4 $\underline{\Phi}$ 12（$A_s = 452\ mm^2$）
材料强度/(N·mm^{-2})	$f_c = 23.1$，$f_{ck} = 32.4$ $f_t = 1.89$，$f_{tk} = 2.64$	$f_{ptk} = 1720$ $f_{py} = 1220$	$f_{yk} = 400$ $f_y = 360$
弹性模量/(N·mm^{-2})	$E_c = 3.45 \times 10^4$	$E_p = 1.95 \times 10^5$	$E_s = 2.0 \times 10^5$
张拉控制应力	$\sigma_{con} = 0.7 f_{ptk} = 0.7 \times 1720 = 1204\ N/mm^2$		
张拉时混凝土强度	$f'_{cu} = 40\ N/mm^2$		
张拉工艺	后张法，一端张拉(超张拉)，采用 OVM 锚具，孔道为预埋金属波纹管		
杆件内力	永久荷载标准值产生的轴向拉力：$N_{Gk} = 530$ kN；可变荷载标准值产生的轴向拉力：$N_{Qk} = 210$ kN；可变荷载的标准永久值系数为 0.5		
结构重要性系数	$\gamma_0 = 1.1$		
裂缝控制等级	二级		

【解】　（1）使用阶段的承载力计算

由式(8.19)得：

$$A_p = \frac{\gamma_0 N - f_y A_s}{f_{py}} = \frac{1.1 \times (1.2 \times 530 \times 10^3 + 1.4 \times 210 \times 10^3) - 360 \times 452}{1220} \approx 705 (\text{mm}^2)$$

采用 2 束钢绞线，每束 $6\phi^s 10.8$，$A_p = 712 \text{ mm}^2$。

（2）使用阶段抗裂度验算

① 截面几何特征。

$$A_c \approx 280 \times 180 - 2 \times \frac{3.14}{4} \times 55^2 = 45650.75 (\text{mm}^2)$$

预应力钢筋弹性模量与混凝土弹性模量比：

$$\alpha_{E_p} = \frac{E_p}{E_c} = \frac{1.95 \times 10^5}{3.45 \times 10^4} \approx 5.65$$

非预应力钢筋弹性模量与混凝土弹性模量比：

$$\alpha_E = \frac{E_s}{E_c} = \frac{2.0 \times 10^5}{3.45 \times 10^4} \approx 5.80$$

净截面面积：

$$A_n = A_c + \alpha_E A_s = 45650.75 + 5.80 \times 452 \approx 48272 (\text{mm}^2)$$

换算截面面积：

$$A_0 = A_c + \alpha_E A_s + \alpha_{E_p} A_p = A_n + \alpha_{E_p} A_p = 48272 + 5.65 \times 712 \approx 52295 (\text{mm}^2)$$

② 预应力损失值。

a. 锚具变形损失：采用夹片式 OVM 锚具，得 $a = 5 \text{ mm}$。

$$\sigma_{l1} = \frac{a}{l} E_p = \frac{5}{24000} \times 1.95 \times 10^5 \approx 40.63 \ (\text{N/mm}^2)$$

b. 孔道摩擦损失：按锚固端计算该项损失，所以 $l = 24 \text{ m}$，直线配筋 $\theta = 0$，$\kappa x + \mu\theta = 0.0015 \times 24 + 0.25 \times 0 = 0.036$，则：

$$\sigma_{l2} = \sigma_{con} \left(1 - \frac{1}{e^{\kappa x + \mu\theta}}\right) = 1204 \times \left(1 - \frac{1}{e^{0.036}}\right) \approx 42.57 (\text{N/mm}^2)$$

第一批损失为：

$$\sigma_{lI} = \sigma_{l1} + \sigma_{l2} = 40.63 + 42.57 = 83.20 (\text{N/mm}^2)$$

c. 预应力钢筋应力松弛损失：采用普通松弛预应力钢筋，使用超张拉工艺，则：

$$\sigma_{l4} = 0.4\psi \left(\frac{\sigma_{con}}{f_{ptk}} - 0.5\right)\sigma_{con} = 0.4 \times 0.9 \times \left(\frac{1204}{1720} - 0.5\right) \times 1204 \approx 86.69 (\text{N/mm}^2)$$

d. 混凝土的收缩和徐变损失：

$$\sigma_{pcI} = \frac{(\sigma_{con} - \sigma_{lI}) A_p}{A_n} = \frac{(1204 - 83.20) \times 712}{48272} \approx 16.53 (\text{N/mm}^2)$$

$$\frac{\sigma_{pcI}}{f'_{cu}} = \frac{16.53}{40} \approx 0.41 < 0.5$$

$$\rho = \frac{0.5 \times (A_p + A_s)}{A_n} = \frac{0.5 \times (712 + 452)}{48272} \approx 0.012$$

$$\sigma_{l5} = \frac{35 + 280 \dfrac{\sigma_{pcI}}{f'_{cu}}}{1 + 15\rho} = \frac{35 + 280 \times 0.41}{1 + 15 \times 0.012} \approx 126.95 (\text{N/mm}^2)$$

第二批预应力损失为：

$$\sigma_{lII} = \sigma_{l4} + \sigma_{l5} = 86.69 + 126.95 = 213.64(\text{N/mm}^2)$$

总预应力损失为：

$$\sigma_l = \sigma_{lI} + \sigma_{lII} = 83.20 + 213.64 = 296.84(\text{N/mm}^2) > 80(\text{N/mm}^2)$$

③验算抗裂度。计算混凝土有效预应力：

$$\sigma_{pcII} = \frac{(\sigma_{con} - \sigma_l)A_p - \sigma_{l5}A_s}{A_n} = \frac{(1204 - 296.84) \times 712 - 126.95 \times 452}{48272} \approx 12.19(\text{N/mm}^2)$$

a. 在荷载效应的标准组合下：

$$N_k = N_{Gk} + N_{Qk} = 530 + 210 = 740(\text{kN})$$

$$\sigma_{ck} = \frac{N_k}{A_0} = \frac{740 \times 10^3}{52295} \approx 14.15(\text{N/mm}^2)$$

$$\sigma_{ck} - \sigma_{pcII} = 14.15 - 12.19 = 1.96(\text{N/mm}^2) < f_{tk} = 2.64(\text{N/mm}^2)(\text{满足要求})$$

b. 在荷载效应的准永久组合下：

$$N_q = N_{Gk} + \psi_q N_{Qk} = 530 + 0.5 \times 210 = 635(\text{kN})$$

$$\sigma_{cq} = \frac{N_q}{A_0} = \frac{635 \times 10^3}{52295} \approx 12.14(\text{N/mm}^2)$$

$$\sigma_{cq} - \sigma_{pcII} = 12.14 - 12.19 = -0.05 < 0(\text{满足要求})$$

（3）施工阶段混凝土压应力验算

$$\sigma_{cc} = \frac{\sigma_{con}A_p}{A_n} = \frac{1204 \times 712}{48272} \approx 17.76(\text{N/mm}^2) < 0.8f'_{ck}$$

$$= 0.8 \times 32.4 = 25.92(\text{N/mm}^2)(\text{满足要求})$$

（4）锚具下局部受压验算

①端部受压区截面尺寸验算。OVM 锚具直径为 120 mm，锚具下垫板厚 20 mm，局部受压面积可按压力 F_l 从锚具边缘在垫板中按 45° 扩散的面积计算。在计算局部受压计算底面积时，近似地可按图 8.3(a) 两实线所围的矩形面积代替两个圆面积。

$$A_l = 280 \times (120 + 2 \times 20) = 44800(\text{mm}^2)$$

锚具下局部受压计算底面积：

$$A_b = 280 \times (160 + 2 \times 60) = 78400(\text{mm}^2)$$

混凝土局部受压净面积：

$$A_{ln} \approx 44800 - 2 \times \frac{3.14}{4} \times 55^2 \approx 40051(\text{mm}^2)$$

$$\beta_l = \sqrt{\frac{A_b}{A_l}} = \sqrt{\frac{78400}{44800}} \approx 1.323$$

因为混凝土确定等级不超过 C50，所以取 $\beta_c = 1.0$。

$$F_l = 1.2\sigma_{con}A_p = 1.2 \times 1204 \times 712 = 1028697.6(\text{N}) \approx 1028.7(\text{kN}) < 1.35\beta_c\beta_l f_c A_{ln}$$

$$= 1.35 \times 1.0 \times 1.323 \times 23.1 \times 40051 \approx 1652414(\text{N}) \approx 1652.4(\text{kN})(\text{满足要求})$$

②局部受压承载力计算。屋架端部配置 HPB235 级钢筋焊接间接方格网片，钢筋直径为 $\phi 8$，网片间距 $s = 50$ mm，共 4 片，如图 8.3(b) 所示；网片尺寸为 $l_1 = l_2 = 250$ mm，如图 8.3(d) 所示；$n_1 = n_2 = 4$，$A_{s1} = A_{s2} = 50.3$ mm^2。

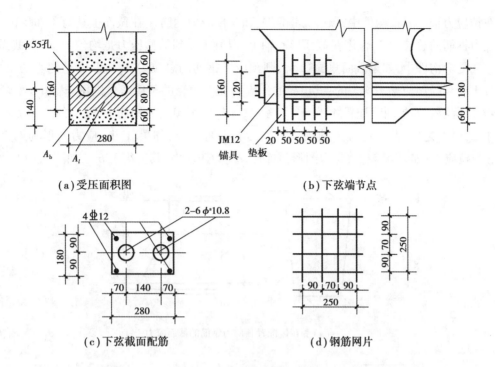

（a）受压面积图　　　　　　　　　　（b）下弦端节点

（c）下弦截面配筋　　　　　　　　　（d）钢筋网片

图 8.3　屋架下弦示意图

$$A_{cor} = 250 \times 250 = 62500(\text{mm}^2)$$

间接钢筋的体积配筋率：

$$\rho_v = \frac{n_1 A_{s1} l_1 + n_2 A_{s2} l_2}{A_{cor} s} = \frac{4 \times 50.3 \times 250 + 4 \times 50.3 \times 250}{62500 \times 50} \approx 0.032$$

$$\beta_{cor} = \sqrt{\frac{A_{cor}}{A_l}} = \sqrt{\frac{62500}{44800}} \approx 1.181$$

$$0.9(\beta_c \beta_l f_c + 2\alpha \rho_v \beta_{cor} f_y) A_{ln}$$
$$= 0.9 \times (1.0 \times 1.323 \times 23.1 + 2 \times 1.0 \times 0.032 \times 1.181 \times 360) \times 40051$$
$$\approx 2082427(\text{N}) \approx 2082.4(\text{kN}) > F_l = 1028.7(\text{kN})$$

故满足要求。

8.5　预应力混凝土受弯构件计算

8.5.1　预应力混凝土受弯构件应力分析

与预应力轴心受拉构件类似，预应力混凝土受弯构件的受力过程也分两个阶段：施工阶段和使用阶段。每个阶段又包括若干不同的应力过程。

预应力混凝土受弯构件中，预应力钢筋 A_p 一般都放置在使用阶段的截面受拉区。但是对于梁底受拉区需配置较多预应力钢筋的大型构件，当梁自重在梁顶产生的压力不足以抵消偏心预压力在梁顶受拉区所产生的预拉应力时，往往在梁顶部也需要配置预应力钢筋 A'_p。对在预压力作用下允许预拉区出现裂缝的中小型构件，可不配置 A'_p，但需控制其裂缝宽度。为了防止在制作、运输和吊装等施工阶段出现裂缝，在梁的受拉区和受压区通常也配置一些非预应力钢筋 A_s 和 A'_s。

在预应力轴心受拉构件中，预应力钢筋 A_p 和非预应力钢筋 A_s 在截面上是对称布置的，可认为预应力钢筋的总拉力 N_p 作用在截面形心轴上，混凝土受到的预压力是均匀的，即全截面均匀受压。在受弯构件中，如果截面只配置 A_p，则预应力钢筋的总拉力 N_p 对截面是偏心的压力，所以混凝土受到的预应是不均匀的，上边缘的预应力和下边缘的预应力分别用 σ'_{pc} 和 σ_{pc} 表示，如图 8.4(a) 所示。如果同时配置 A_p 和 A'_p（一般 $A_p > A'_p$），则预应力钢筋 A_p 和 A'_p 的张拉力的合力 N_p 位于 A_p 和 A'_p 之间，此时混凝土的预应力图形有两种可能：如果 A'_p 少，应力图形为两个三角形，σ'_{pc} 为拉应力；如果 A'_p 较多，应力图形为梯形，σ'_{pc} 为压应力，其值小于 σ_{pc}，如图 8.4(b) 所示。

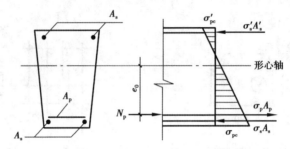

(a)受拉区配置预应力钢筋的截面应力

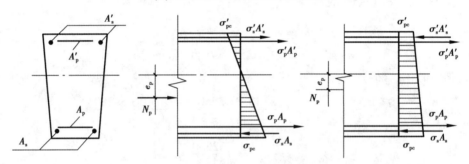

(b)受拉区、受压区都配置预应力钢筋的截面应力

图 8.4　预应力混凝土受弯构件截面混凝土应力

由于对混凝土施加预应力，构件在使用阶段截面不产生拉应力或不开裂。因此，不论哪种应力图形，都可以把预应力钢筋的合力视为作用在换算截面上的偏心压力，并把混凝土看作理想弹性体，按材料力学公式计算混凝土的预应力。

表 8.8、表 8.9 给出了仅在截面受拉区配置预应力钢筋的先张法和后张法预应力混凝土受弯构件在各个受力阶段的应力分析。

表 8.8　先张法预应力混凝土受弯构件各阶段的应力状态

受力阶段		简　图	预应力钢筋应力 σ_p	混凝土应力 σ_{pc}（截面下边缘）	说　明
施工阶段	a. 张拉预应力钢筋		σ_{con}	—	钢筋被拉长，钢筋拉应力等于张拉控制应力
	b. 完成第一批预应力损失		$\sigma_{con} - \sigma_{l1}$	0	钢筋拉应力降低，减小了 σ_{l1}，混凝土尚未受力

受力阶段		简 图	预应力钢筋应力 σ_p	混凝土应力 σ_{pc}(截面下边缘)	说 明
施工阶段	c. 放松预应力钢筋,预压混凝土	σ'_{peI} / σ_{peI}(压)	$\sigma_{peI} = \sigma_{com} - \sigma_{lI} - \alpha_{E_p}\sigma_{pcI}$	$\sigma_{pcI} = \dfrac{N_{p0I}}{A_0} + \dfrac{N_{p0I}e_{p0I}}{I_0}y_0$ $N_{p0I} = (\sigma_{con} - \sigma_{lI})A_p$	混凝土上边缘受拉伸长,下边缘受压缩短,构件产生反拱,混凝土下边缘压应力为 σ_{pcI},钢筋拉应力减小了 $\alpha_{E_p}\sigma_{pcI}$
	d. 完成第二批预应力损失	σ'_{peII} / σ_{peII}(压)	$\sigma_{peII} = \sigma_{con} - \sigma_l - \alpha_{E_p}\sigma_{pcII}$	$\sigma_{pcII} = \dfrac{N_{p0II}}{A_0} + \dfrac{N_{p0II}e_{p0II}}{I_0}y_0$ $N_{p0II} = (\sigma_{con} - \sigma_l)A_p - \sigma_{l5}A_s$	混凝土下边缘压应力降低到 σ_{pcII},钢筋拉应力继续减小
使用阶段	e. 加载至受拉区混凝土应力为零	P_0 P_0 / 0	$\sigma_{p0} = \sigma_{con} - \sigma_l$	0	混凝土上边缘由拉变压,下边缘压应力减小到零,钢筋拉应力增加了 $\alpha_E\sigma_{pcII}$,构件反拱减小,并略有挠度
	f. 加载至受拉区混凝土即将开裂	P_{cr} P_{cr} / f_{tk}(拉)	$\sigma_{pcr} = \sigma_{con} - \sigma_l + 2\alpha_{E_p}f_{tk}$	f_{tk}	混凝土上边缘压应力增加,下边缘拉应力到达 f_{tk},钢筋拉应力增加了 $2\alpha_{E_p}f_{tk}$。这里的 $2\alpha_{E_p}$ 是考虑到混凝土受拉开裂时,其弹性模量降低了一半,构件挠度增加
	g. 加载至破坏	P_u P_u	f_{py}	0	截面下部裂缝开展,构件挠度剧增,钢筋拉应力增加到 f_{py},混凝土上边缘压应力增加到 $\alpha_1 f_c$

表 8.9　后张法预应力混凝土受弯构件各阶段的应力状态

受力阶段		简　图	预应力钢筋应力 σ_p	混凝土应力 σ_{pc}（截面下边缘）	说　明
施工阶段	a. 穿钢筋		0	0	—
	b. 张拉预应力钢筋	σ'_{pc} σ_p（压）	$\sigma_{con} - \sigma_{l2}$	$\sigma_{pc} = \dfrac{N_p}{A_n} + \dfrac{N_p e_{pn}}{I_n} y_n$ $N_p = (\sigma_{con} - \sigma_{l2}) A_p$	钢筋被拉长，摩擦损失同时产生，钢筋拉应力比张拉控制应力减小了 σ_{l2}，混凝土上边缘受拉伸长，下边缘受压缩短，构件产生反拱
	c. 完成第一批预应力损失	$\sigma'_{pcⅠ}$ $\sigma_{pcⅠ}$（压）	$\sigma_{peⅠ} = \sigma_{con} - \sigma_{lⅠ}$	$\sigma_{pcⅠ} = \dfrac{N_{pⅠ}}{A_n} + \dfrac{N_{pⅠ} e_{pnⅠ}}{I_n} y_n$ $N_{pⅠ} = (\sigma_{con} - \sigma_{lⅠ}) A_p$	混凝土下边缘压应力到 $\sigma_{pcⅠ}$，钢筋拉应力减小了 $\sigma_{Ⅱ}$
	d. 完成第二批预应力损失	$\sigma'_{pcⅡ}$ $\sigma_{pcⅡ}$（压）	$\sigma_{peⅡ} = \sigma_{con} - \sigma_l$	$\sigma_{pcⅡ} = \dfrac{N_{pⅡ}}{A_n} + \dfrac{N_{pⅡ} e_{pnⅡ}}{I_n} y_n$ $N_{pⅡ} = (\sigma_{con} - \sigma_l) A_p$	混凝土下边缘压应力降低到 $\sigma_{pcⅡ}$，钢筋拉应力继续减小
使用阶段	e. 加载至受拉区混凝土应力为零	P_0　P_0 0	$\sigma_{p0} = \sigma_{con} - \sigma_l + \alpha_{E_p}\sigma_{pcⅡ}$	0	混凝土上边缘由拉变压，下边缘压应力减小到零，钢筋拉应力增加了 $\alpha_{E_p}\sigma_{pcⅡ}$，构件反拱减小，并略有挠度
	f. 加载至受拉区混凝土即将开裂	P_{cr}　P_{cr} f_{tk}（拉）	$\sigma_{con} - \sigma_l + \alpha_{E_p}\sigma_{pcⅡ} + 2\alpha_{E_p}f_{tk}$	f_{tk}	混凝土上边缘压应力增加，下边缘拉应力到达 f_{tk}，钢筋拉应力增加了 $2\alpha_{E_p}f_{tk}$，构件挠度增加
	g. 加载至破坏	P_u　P_u	f_{py}	0	截面下部裂缝开展，构件挠度剧增，钢筋拉应力增加到 f_{py}，混凝土上边缘压应力增加到 $\alpha_1 f_c$

图 8.5 所示为配有预应力钢筋 A_p、A'_p 和非预应力钢筋 A_s、A'_s 的不对称截面受弯构件。对照预应力混凝土轴心受拉构件相应各受力阶段的截面应力分析,同理,可得出预应力混凝土受弯构件截面上混凝土法向预应力 σ_{pc}、预应力钢筋的应力 σ_{pe}、预应力钢筋和非预应力钢筋的合力 $N_{p0}(N_p)$ 及其偏心距 $e_{p0}(e_{pn})$ 等的计算公式。

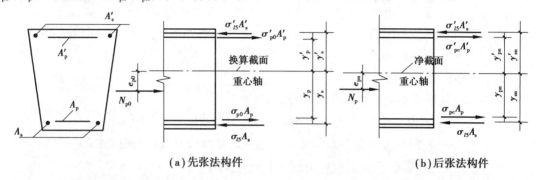

(a) 先张法构件　　　　　　　　**(b) 后张法构件**

图 8.5　配有预应力钢筋和非预应力钢筋的预应力混凝土受弯构件截面

1) 施工阶段

(1) 先张法构件[图 8.5(a)]

按式(8.29)计算求得的 σ_{pc} 值,正号为压应力,负号为拉应力。

$$\sigma_{pc} = \frac{N_{p0}}{A_0} \pm \frac{N_{p0}e_{p0}}{I_0}y_0 \tag{8.29}$$

$$N_{p0} = \sigma_{p0}A_p + \sigma'_{p0}A'_p - \sigma_s A_s - \sigma'_s A'_s \tag{8.30}$$

$$= (\sigma_{con} - \sigma_l)A_p + (\sigma'_{con} - \sigma'_l)A'_p - \sigma_{l5}A_s - \sigma'_{l5}A'_s$$

$$e_{p0} = \frac{(\sigma_{con} - \sigma_l)A_p y_p - (\sigma'_{con} - \sigma'_l)A'_p y'_p - \sigma_{l5}A_s y_s + \sigma'_{l5}A'_s y'_s}{(\sigma_{con} - \sigma_l)A_p + (\sigma'_{con} - \sigma'_l)A'_p - \sigma_{l5}A_s - \sigma'_{l5}A'_s} \tag{8.31}$$

式中　A_0——换算截面面积(包括扣除孔道、凹槽等削弱部分以后的混凝土全部截面面积以及全部纵向预应力钢筋和非预应力钢筋截面面积换算成混凝土的截面面积;对由不同混凝土强度等级组成的截面,应根据混凝土弹性模量比值换算成同一混凝土强度等级的截面面积);

　　　　I_0——换算截面惯性矩;

　　　　y_0——换算截面重心至所计算纤维处的距离;

　　　　y_p、y'_p——受拉区、受压区的预应力钢筋合力点至换算截面重心的距离;

　　　　y_s、y'_s——受拉区、受压区的非预应力钢筋重心至换算截面重心的距离;

　　　　σ_{p0}、σ'_{p0}——受拉区、受压区的预应力钢筋合力点处混凝土法向应力等于零时的预应力钢筋应力。

相应阶段应力钢筋及非预应力钢筋的应力分别为:

$$\sigma_{pe} = \sigma_{con} - \sigma_l - \alpha_{E_p}\sigma_{pc}, \sigma'_{pe} = \sigma'_{con} - \sigma'_l - \alpha_{E_p}\sigma'_{pc} \tag{8.32}$$

$$\sigma_s = \alpha_E \sigma_{pc} + \sigma_{l5}, \sigma'_s = \alpha_E \sigma'_{pc} + \sigma'_{l5} \tag{8.33}$$

$$\sigma_{p0} = \sigma_{con} - \sigma_l, \sigma'_{p0} = \sigma'_{con} - \sigma'_l \tag{8.34}$$

(2) 后张法构件[图 8.5(b)]

按式(8.35)计算求得的 σ_{pc} 值,正号为压应力,负号为拉应力。

$$\sigma_{pc} = \frac{N_p}{A_n} \pm \frac{N_p e_{pn}}{I_n} y_n \tag{8.35}$$

$$N_p = \sigma_{pe} A_p + \sigma'_{pe} A'_p - \sigma_s A_s - \sigma'_s A'_s \tag{8.36}$$

$$e_{pn} = \frac{(\sigma_{con} - \sigma_l) A_p y_{pn} - (\sigma'_{con} - \sigma'_l) A'_p y'_{pn} - \sigma_{l5} A_s y_{sn} + \sigma'_{l5} A'_s y'_{sn}}{(\sigma_{con} - \sigma_l) A_p + (\sigma'_{con} - \sigma'_l) A'_p - \sigma_{l5} A_s - \sigma'_{l5} A'_s} \tag{8.37}$$

式中　A_n——混凝土净截面面积(换算截面面积减去全部纵向预应力钢筋截面换算成混凝土的截面面积),即 $A_n = A_0 - \alpha_{E_p} A_p$ 或 $A_n = A_c + \alpha_E A_s$;

　　　I_n——净截面惯性矩;

　　　y_n——净截面重心至所计算纤维处的距离;

　　　y_{pn}、y'_{pn}——受拉区、受压区预应力钢筋合力点至净截面重心的距离;

　　　y_{sn}、y'_{sn}——受拉区、受压区的非预应力钢筋重心至净截面重心的距离;

　　　σ_{pe}、σ'_{pe}——受拉区、受压区预应力钢筋有效预应力。

相应预应力钢筋及非预应力钢筋的应力分别为:

$$\sigma_{pe} = \sigma_{con} - \sigma_l, \sigma'_{pe} = \sigma'_{con} - \sigma'_l \tag{8.38}$$

$$\sigma_s = \alpha_E \sigma_{pc} + \sigma_{l5}, \sigma'_s = \alpha_E \sigma'_{pc} + \sigma'_{l5} \tag{8.39}$$

如构件截面中的 $A'_p = 0$,则式(8.29)—式(8.39)中取 $\sigma'_{l5} = 0$。

需要说明的是,在利用上列公式计算时,均需用施工阶段的有关数值。

2)使用阶段

(1)加载至受拉边缘混凝土应力为零

设在荷载作用下,截面承受弯矩 M_0[图8.6(c)],则截面下边缘混凝土的法向拉应力:

$$\sigma = \frac{M_0}{W_0} \tag{8.40}$$

欲使这一拉应力抵消混凝土的预压应力 σ_{pcII},即 $\sigma - \sigma_{pcII} = 0$,则有:

$$M_0 = \sigma_{pcII} W_0 \tag{8.41}$$

式中　M_0——由外荷载引起的恰好使截面受拉边缘混凝土预压应力为零时的弯矩;

　　　W_0——换算截面受拉边缘的弹性抵抗矩。

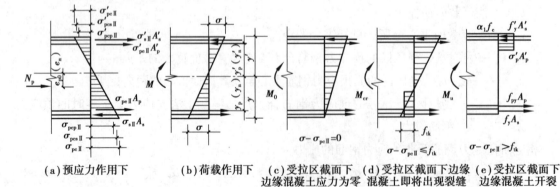

(a)预应力作用下　(b)荷载作用下　(c)受拉区截面下　(d)受拉区截面下边缘　(e)受拉区截面下
　　　　　　　　　　　　　　　　　　边缘混凝土应力为零　混凝土即将出现裂缝　边缘混凝土开裂

图8.6　受弯构件截面的应力变化

同理,预应力钢筋合力点处混凝土法向应力等于零时,受拉区及受压区的预应力钢筋的应力 σ_{p0}、σ'_{p0} 分别为:

先张法：

$$\sigma_{p0} = \sigma_{con} - \sigma_l - \alpha_{E_p}\sigma_{pcpII} + \alpha_{E_p}\frac{M_0}{W_0} \approx \sigma_{con} - \sigma_l \tag{8.42}$$

$$\sigma'_{p0} = \sigma'_{con} - \sigma'_l \tag{8.43}$$

后张法：

$$\sigma_{p0} = \sigma_{con} - \sigma_l + \alpha_{E_p}\frac{M_0}{W_0} \approx \sigma_{con} - \sigma_l + \alpha_{E_p}\sigma_{pcII} \tag{8.44}$$

$$\sigma'_{p0} = \sigma'_{con} - \sigma'_l + \alpha_{E_p}\sigma_{pcII} \tag{8.45}$$

式中　σ_{pcpII}——在 M_0 作用下，受拉区预应力钢筋合力处的混凝土法向应力，可近似取等于混凝土截面下边缘的预压应力 σ_{pcII}。

（2）加载到受拉区裂缝即将出现

混凝土受拉区的拉应力达到混凝土抗拉强度标准值 f_{tk} 时，截面上受到的弯矩为 M_{cr}，相当于截面在承受弯矩 $M_0 = \sigma_{pcII}W_0$ 后，再增加了钢筋混凝土构件的开裂弯矩 $\overline{M}_{cr}(\overline{M}_{cr} = \gamma f_{tk}W_0)$。

因此，预应力混凝土受弯构件的开裂弯矩为：

$$M_{cr} = M_0 + \overline{M}_{cr} = \sigma_{pcII}W_0 = (\sigma_{pcII} + \gamma f_{tk})W_0$$

即

$$\sigma = \frac{M_{cr}}{W_0} = \sigma_{pcII} + \gamma f_{tk} \tag{8.46}$$

（3）加载至破坏

当受拉区出现垂直裂缝时，裂缝截面上受拉区混凝土退出工作，拉力全部由钢筋承受。当截面进入第Ⅲ阶段后，受拉钢筋屈服直至破坏。正截面上的应力状态与第 4 章讲述的钢筋混凝土受弯构件正截面承载力相似，计算方法也基本相同。

8.5.2　预应力混凝土受弯构件计算

1）计算简图

仅在受拉区配置预应力钢筋的预应力混凝土受弯构件，当达到正截面承载力极限状态时，其截面应力状态和钢筋混凝土受弯构件相同。因此，其计算简图也相同。

在受压区也配置预应力钢筋时，由于预拉应力（应变）的影响，受压区预应力钢筋的应力 σ'_{pe} 与钢筋混凝土受弯构件中的受压钢筋不同，其状态较复杂。随着荷载的不断增大，在预应力钢筋 A'_p 重心处的混凝土压应力和压应变都有所增加，预应力钢筋 A'_p 的拉应力随之减小。故截面到达破坏时，A'_p 的应力可能仍为拉应力，也可能变为压应力，但其应力值 σ'_{pe} 却达不到抗压强度设计值 f'_{py}，其值可以按平截面假定确定。可按下式计算：

先张法构件：

$$\sigma'_{pe} = (\sigma'_{con} - \sigma'_l) - f'_{py} = \sigma'_{p0} - f'_{py} \tag{8.47}$$

后张法构件：

$$\sigma'_{pe} = (\sigma'_{con} - \sigma'_l) + \alpha_{E_p}\sigma'_{pcpII} - f'_{py} = \sigma'_{p0} - f'_{py} \tag{8.48}$$

预应力混凝土受弯构件正截面受弯破坏时，受拉区预应力钢筋先达到屈服，然后受压区边缘混凝土达到极限压应变而破坏。如果在截面上还有非预应力钢筋 A_s、A'_s，破坏时，其应力也都能达到屈服强度。图 8.7 为矩形截面预应力混凝土受弯构件正截面受弯承载力计算简图。

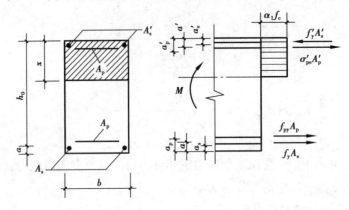

图 8.7 矩形截面预应力混凝土受弯构件正截面受弯承载力计算简图

2) 正截面受弯承载力计算

对于矩形截面或翼缘位于受拉区的倒 T 形截面预应力混凝土受弯构件,其正截面受弯承载力计算的基本公式为:

$$\alpha_1 f_c bx = f_y A_s - f'_y A'_s + f_{py} A_p + (\sigma'_{p0} - f'_{py}) A'_p \tag{8.49}$$

$$M \leqslant \alpha_1 f_c bx \left(h_0 - \frac{x}{2} \right) + f'_y A'_s (h_0 - a'_s) - (\sigma'_{p0} - f'_{py}) A'_p (h_0 - a'_p) \tag{8.50}$$

混凝土受压区高度应符合下列条件:

$$x \leqslant \xi_b h_0 \tag{8.51}$$

$$x \geqslant 2a' \tag{8.52}$$

式中　M——弯矩设计值;

　A_s、A'_s——受拉区、受压区纵向非预应力钢筋的截面面积;

　A_p、A'_p——受拉区、受压区纵向预应力钢筋的截面面积;

　h_0——截面的有效高度;

　b——矩形截面的宽度或倒 T 形截面的腹板宽度;

　α_1——系数:当混凝土强度等级不超过 C50 时,$\alpha_1 = 1.0$,当混凝土强度等级为 C80 时,

　　　　$\alpha_1 = 0.94$,其间按直线内插法确定;

　a'——受压区全部纵向钢筋合力点至截面受压边缘的距离,当受压区未配置纵向预应力钢筋或受压区纵向预应力钢筋应力($\sigma'_{p0} - f'_{py}$)为拉应力时,则式(8.52)中的 a' 用 a'_s 代替;

　a'_s、a'_p——受压区纵向非预应力钢筋合力点、受压区纵向预应力钢筋合力点至截面受压边缘的距离;

　σ'_{p0}——受压区纵向预应力钢筋合力点处混凝土法向应力等于零时的预应力钢筋应力。

当 $x < 2a'$ 时,正截面受弯承载力可按下列公式计算:

$$M \leqslant f_{py} A_p (h - a_p - a'_s) + f_y A_s (h - a_s - a'_s) + (\sigma'_{p0} - f'_{py}) A'_p (a'_p - a'_s) \tag{8.53}$$

式中　a_s、a_p——受拉区纵向非预应力钢筋、受拉区纵向预应力钢筋至受拉边缘的距离。

当 σ'_{pe} 为拉应力时,取 $x < 2a'_s$,如图 8.8 所示。

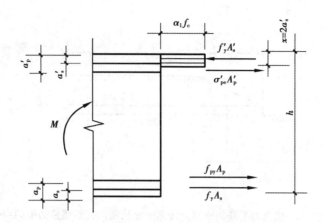

图 8.8 矩形截面预应力混凝土受弯构件

($x < 2a'$ 时的正截面受弯承载力计算简图)

3)受弯构件斜截面受剪承载力计算

预应力混凝土梁的斜截面受剪承载力比钢筋混凝土梁大些,主要是由于预应力抑制了斜裂缝的出现和发展,增加了混凝土剪压区高度,从而提高了混凝土剪压区的受剪承载力。

因此,计算预应力混凝土梁的斜截面受剪承载力可在钢筋混凝土梁计算公式的基础上增加一项由预应力而提高的斜截面受剪承载力设计值 V_p。根据矩形截面有箍筋预应力混凝土梁的试验结果,V_p 的计算公式为:

$$V_p = 0.05N_{p0} \tag{8.54}$$

为此,对矩形、T 形及工形截面的预应力混凝土受弯构件,当仅配置箍筋时,其斜截面的受剪承载力按下列公式计算:

$$V = V_{cs} + V_p$$

$$V_{cs} = 0.7f_t bh_0 + 1.25f_{yv}\frac{A_{sv}}{s}h_0$$

$$V_p = 0.05N_{p0} \tag{8.55}$$

式中　A_{sv}——配置在同一截面内箍筋各肢的全部截面面积:$A_{sv} = nA_{sv1}$,其中,n 为同一截面内箍筋的肢数,A_{sv1} 为单肢箍筋的截面面积;

　　　f_t——混凝土抗拉强度设计值;

　　　f_{yv}——箍筋抗拉强度设计值;

　　　N_{p0}——计算截面上混凝土法向应力等于零时的预应力钢筋及非预应力钢筋的合力,按式(8.30)、式(8.37)计算;当 $N_{p0} > 0.3f_c A_0$ 时,取 $N_{p0} = 0.3f_c A_0$。

对于刻痕钢丝及钢绞线配筋的先张法预应力混凝土构件,如果斜截面受拉区始端在预应力传递长度 l_{tr} 范围内,则预应力钢筋的合力取 $\sigma_{p0}\dfrac{l_a}{l_{tr}}A_p$,如图 8.9 所示。$l_a$ 为斜裂缝与预应力钢筋交点至构件端部的距离。

当混凝土法向预应力等于零时,预应力钢筋及非预应力钢筋的合力 N_{p0} 引起的截面弯矩与由荷载产生的截面弯矩方向相同时,以及对于预应力混凝土连续梁和允许出现裂缝的预应力混凝土简支梁,均取 $V_p = 0$。

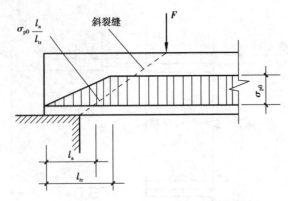

图 8.9 预应力钢筋的预应力传递长度范围内有效预应力值的变化

当配有箍筋和预应力弯起钢筋时,其斜截面受剪承载力按下列公式计算:

$$V = V_{cs} + V_p + 0.8 f_y A_{sb} \sin \alpha_s + 0.8 f_{py} A_{pb} \sin \alpha_p \tag{8.56}$$

式中 V——配置弯起钢筋处的剪力设计值,当计算第一排(对支座而言)弯起钢筋时,取用支座边缘处的剪力设计值;当计算以后的每一排弯起钢筋时,取用前一排(对支座而言)弯起钢筋弯起点处的剪力设计值;

V_{cs}——构件斜截面上混凝土和箍筋的受剪承载力设计值,按式(8.47)计算;

V_p——按式(8.55)计算的由施加预应力所提高的截面的受剪承载力设计值,但在计算 N_{p0} 时不考虑预应力弯起钢筋的作用;

A_{sb}、A_{pb}——同一弯起平面内非预应力弯起钢筋、预应力弯起钢筋的截面面积;

α_s、α_p——斜截面上非预应力弯起钢筋、预应力弯起钢筋的切线与构件纵向轴线的夹角。

对集中荷载作用下的独立梁(包括作用有多种荷载,且其中集中荷载对支座截面或节点边缘所产生的剪力值占总剪力的 75% 以上的情况),其斜截面受剪承载力按下式计算:

$$V_{cs} = \frac{1.75}{\lambda + 1.0} f_t b h_0 + f_{yv} \frac{A_{sv}}{s} h_0 \tag{8.57}$$

式中 λ——计算截面的剪跨比,可取 $\lambda = \dfrac{a}{h_0}$,a 为计算截面至支座截面或节点边缘距离,计算截面取集中荷载作用点处的截面;当 $\lambda < 1.5$ 时,取 $\lambda = 1.5$;当 $\lambda > 3$ 时,取 $\lambda = 3$;计算截面至支座之间的箍筋应均匀配置。

为了防止斜压破坏,受剪截面应符合下列条件:

当 $\dfrac{h_w}{b} \leq 4$ 时:

$$V \leq 0.25 \beta_c f_c b h_0 \tag{8.58}$$

当 $\dfrac{h_w}{b} \geq 6$ 时:

$$V \leq 0.2 \beta_c f_c b h_0 \tag{8.59}$$

当 $4 < \dfrac{h_w}{b} < 6$ 时,按直线内插法取用。

式中 V——剪力设计值;

b——矩形截面宽度、T 形截面或工形截面的腹板宽度；

h_w——截面的腹板高度，矩形截面取有效高度 h_0，T 形截面取有效高度扣除翼缘高度，工形截面取腹板净高；

β_c——混凝土强度影响系数，当混凝土强度等级不超过 C50 时，取 $\beta_c = 1.0$；当混凝土强度等级为 C80 时，取 $\beta_c = 0.8$；其间按直线内插法取用。

对于矩形、T 形、工形截面的一般预应力混凝土受弯构件，当符合下列公式的要求时，则可不进行斜截面受剪承载力计算，仅需按构造要求配置箍筋。

$$V \leqslant 0.7 f_t b h_0 + 0.05 N_{p0} \tag{8.60}$$

或

$$V \leqslant \frac{1.75}{\lambda + 1.0} f_t b h_0 + 0.05 N_{p0} \tag{8.61}$$

前述斜截面受剪承载力计算公式的适用范围和计算位置与钢筋混凝土弯构件的相同。

4)受弯构件使用阶段正截面裂缝控制验算

预应力混凝土受弯构件，在使用阶段按其所处环境类别和结构类别确定相应的裂缝控制等级及最大裂缝宽度限值，并按下列规定进行受拉边缘应力或正截面裂缝宽度验算。

(1)一级——严格要求不出现裂缝的构件

在荷载效应的标准组合下，应符合下列规定：

$$\sigma_{ck} - \sigma_{pc} \leqslant 0 \tag{8.62}$$

(2)二级——一般要求不出现裂缝的构件

在荷载效应的标准组合下，应符合下列规定：

$$\sigma_{ck} - \sigma_{pc} \leqslant f_{tk} \tag{8.63}$$

在荷载效应的准永久组合下，宜符合下列规定：

$$\sigma_{cq} - \sigma_{pc} \leqslant 0 \tag{8.64}$$

式中　σ_{ck}、σ_{cq}——荷载效应的标准组合、准永久组合下抗裂验算边缘混凝土的法向应力：

$$\sigma_{ck} = \frac{M_k}{W_0} \tag{8.65}$$

$$\sigma_{cq} = \frac{M_q}{W_0} \tag{8.66}$$

M_k、M_q——按荷载效应的标准组合、准永久组合计算的弯矩值；

σ_{pc}——扣除全部预应力损失后在抗裂验算边缘混凝土的预压应力，按式(8.29)和式(8.35)计算；

W_0——换算截面受拉边缘的弹性抵抗矩；

f_{tk}——混凝土抗拉强度标准值。

在施工阶段预拉区出现裂缝的区段，公式(8.62)至式(8.64)中的 σ_{pc} 应乘以系数 0.9。

(3)三级——允许出现裂缝的构件

按荷载效应的标准组合并考虑长期作用的影响计算的最大裂缝宽度 ω_{max} 按(8.46)式计算，但此时应取 $\alpha_{cr} = 1.7$，$A_{te} = 0.5bh + (b_f - b)h_f$。按荷载效应的标准组合计算的预应力混凝土构件纵向受拉钢筋的等效应力 σ_{sk} 按下列公式计算：

$$\sigma_{sk} = \frac{M_k - N_{p0}(z - e_p)}{(A_p + A_s)z} \tag{8.67}$$

式中　z——受拉区纵向预应力钢筋和非预应力钢筋合力点至受压区压力合力点的距离,如图
8.10所示:

$$z = \left[0.87 - 0.12(1 - \gamma_f')\left(\frac{h_0}{e}\right)^2\right]h_0 \tag{8.68}$$

$$e = \frac{M_k}{N_{p0}} + e_p \tag{8.69}$$

γ_f'——受压翼缘截面面积与腹板有效截面面积的比值,$\gamma_f' = \dfrac{(b_f' - b)h_f'}{bh_0}$,其中 b_f'、h_f' 为受

压区翼缘的宽度、高度,当 $h_f' > 0.2h_0$ 时,取 $h_f' = 0.2h_0$;

e_p——混凝土法向预应等于零时,全部纵向预应力和非预应力钢筋的合力 N_{p0} 作用点至
受拉区纵向预应力和非预应力受拉钢筋合力点的距离。

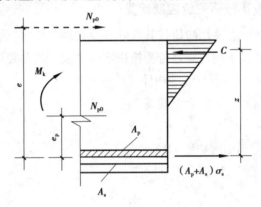

图8.10　预应力钢筋和非预应力钢筋合力点至受压区压力合力点的距离

5)受弯构件斜截面抗裂度验算

《混凝土结构设计规范》(GB 50010—2010)规定,预应力混凝土弯构件斜截面的抗裂度验
算,主要是验算截面上的主拉应力 σ_{tp} 和主压应力 σ_{cp} 不超过一定的限值。

(1)斜截面抗裂度验算的规定

①混凝土主拉应力。对严格要求不出现裂缝的构件,应符合下列规定:

$$\sigma_{tp} \leqslant 0.85f_{tk} \tag{8.70}$$

对一般要求不出现裂缝的构件,应符合下列规定:

$$\sigma_{tp} \leqslant 0.95f_{tk} \tag{8.71}$$

②混凝土主压应力。对严格要求和一般要求不出现裂缝的构件,均应符合下列规定:

$$\sigma_{tp} \leqslant 0.6f_{ck} \tag{8.72}$$

式中　σ_{tp}、σ_{cp}——混凝土的主拉应力和主压应力;

0.85、0.95——考虑张拉时的不准确性和构件质量变异影响的经验系数;

0.6——主要防止腹板在预应力和荷载作用下压坏,并考虑到主压应力过大会导致斜截
面抗裂能力降低的经验系数。

（2）混凝土主拉应力 σ_{tp} 和主压应力 σ_{cp} 的计算

预应力混凝土构件在斜截面开裂前，基本上处于弹性工作状态，所以主应力可按材料力学方法计算。图 8.11 所示为一预应力混凝土简支梁，构件中各混凝土微元体除了承受由荷载产生的正应力和剪应力外，还承受由预应力钢筋所引起的预应力。

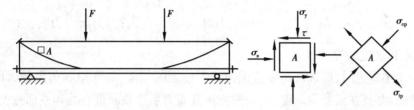

图 8.11　配置预应力弯起钢筋 A_{pb} 的受弯构件中微元件 A 的应力情况

荷载作用下载面上任一点的正应力和剪应力分别为：

$$\sigma_q = \frac{M_k y_0}{I_0}, \tau_q = \frac{V_k S_0}{b I_0} \tag{8.73}$$

如果梁中仅配置预应力纵向钢筋，则将产生预应力 $\sigma_{pcⅡ}$。在预应力和荷载的联合作用下，计算纤维处产生沿 x 方向的混凝土法向应力为：

$$\sigma_x = \sigma_{pc} + \sigma_q = \sigma_{pc} + \frac{M_k y_0}{I_0} \tag{8.74}$$

如果梁中还配有预应力弯起钢筋，则不仅产生平行于梁纵轴方向（x 方向）的预应力 $\sigma_{pcⅡ}$，而且还要产生垂直于梁纵轴方向（y 方向）的预应力 σ_y 以及预剪应力 τ_{pc}，其值分别按下式确定：

$$\sigma_y = \frac{0.6 F_k}{bh} \tag{8.75}$$

$$\tau_{pc} = \frac{\left(\sum \sigma_{pe} A_{pb} \sin \alpha_p \right) S_0}{b I_0} \tag{8.76}$$

所以，计算纤维处的剪应力为：

$$\tau = \tau_q + \tau_{pc} = \frac{\left(V_k - \sum \sigma_{pe} A_{pb} \sin \alpha_p \right) S_0}{b I_0} \tag{8.77}$$

混凝土主拉应力 σ_{tp} 和主压应力 σ_{cp} 按下列公式计算：

$$\begin{cases} \sigma_{tp} \\ \sigma_{cp} \end{cases} = \frac{\sigma_x + \sigma_y}{2} \pm \sqrt{\left(\frac{\sigma_x - \sigma_y}{2} \right)^2 + \tau^2} \tag{8.78}$$

式中　σ_x——由预应力和弯矩值 M_k 在计算纤维处产生的混凝土法向应力；

　　　σ_y——由集中荷载标准值 F_k 产生的混凝土竖向压应力；

　　　τ——由剪力值 V_k 和预应力弯起钢筋的预应力在计算纤维处产生的混凝土剪应力；

　　　F_k——集中荷载标准值；

　　　M_k——按荷载标准组合计算的弯矩值；

　　　V_k——按荷载标准组合计算的剪力值；

　　　σ_{pe}——预应力弯起钢筋的有效预应力；

　　　S_0——计算纤维以上部分的换算截面面积对构件换算截面重心的面积矩；

　　　σ_{pc}——扣除全部预应力损失后，在计算纤维处由于预应力产生的混凝土法向应力，按式

（8.29）、式（8.35）计算；

y_0、I_0——换算截面重心到所计算纤维处的距离和换算截面惯性矩；

A_{pb}——计算截面上同一弯起平面内的预应力弯起钢筋的截面面积；

α_p——计算截面上预应力弯起钢筋的切线与构件纵向轴线的夹角。

前述公式中 σ_x、σ_y、σ_{pc} 和 $\dfrac{M_k y_0}{I_0}$，当为拉应力时，以正号代入；当为压应力时，以负号代入。

（3）斜截面抗裂度验算位置

计算混凝土主应力时，应选择跨度范围内不利位置的截面，如弯矩和剪力较大的截面或外形有突变的截面，并且在沿截面高度上，应选择该截面的换算截面重心处和截面宽度有突变处，如工形截面上、下翼缘与腹板交接处等主应力较大的部位。

对先张法预应力混凝土构件端部进行斜截面受剪承载力计算以及正截面、斜截面抗裂验算时，应考虑预应力钢筋在其预应力传递长度 l_{tr} 范围内实际应力值的变化，如图8.9所示。预应力钢筋的实际预应力按线性规律增大，在构件端部为零，在其传递长度的末端取有效预应力值 σ_{pe}。

6）受弯构件的挠度与反拱验算

预应力受弯构件的挠度由两部分叠加而成：一部分是由荷载产生的挠度 f_{1l}，另一部分是预加应力产生的反拱 f_{2l}。

（1）荷载作用下构件的挠度 f_{1l}

挠度 f_{1l} 可按一般材料力学的方法计算，即：

$$f_{1l} = S \frac{M l^2}{B} \tag{8.79}$$

其中截面弯曲刚度 B 应分别按下列情况计算：

①按荷载效应的标准组合下的短期刚度，可由下列公式计算：

对于使用阶段要求不出现裂缝的构件：

$$B_s = 0.85 E_c I_0 \tag{8.80}$$

式中　E_c——混凝土的弹性模量；

I_0——换算截面惯性矩；

0.85——刚度折减系数，考虑混凝土受拉区开裂前出现的塑性变形。

对于使用阶段允许出现裂缝的构件：

$$B_s = \frac{0.85 E_c I_0}{\kappa_{cr} + (1 - \kappa_{cr})\omega} \tag{8.81}$$

$$\kappa_{cr} = \frac{M_{cr}}{M_k} \tag{8.82}$$

$$\omega = \left(1 + \frac{0.21}{\alpha_E \rho}\right)(1 + 0.45\gamma_f) - 0.7 \tag{8.83}$$

$$M_{cr} = (\sigma_{pcII} + \gamma f_{tk}) W_0 \tag{8.84}$$

式中　κ_{cr}——预应力混凝土受弯构件正截面的开裂弯矩 M_{cr} 与荷载标准组合弯矩 M_k 的比值，当 $\kappa_{cr} > 1.0$ 时，取 $\kappa_{cr} = 1.0$；

γ ——混凝土构件的截面抵抗矩塑性影响系数，$\gamma = \left(0.7 + \dfrac{120}{h}\right)\gamma_m$，$\gamma_m$ 按附录取用，对矩

形截面 $\gamma_m = 1.55$；

σ_{pcII}——扣除全部预应力损失后在抗裂验算边缘的混凝土预压应力；

α_E——钢筋弹性模量与混凝土性模量的比值，$\alpha_E = \dfrac{E_s}{E_c}$；

ρ——纵向受拉钢筋配筋率，$\rho = \dfrac{A_p + A_s}{bh_0}$；

γ_f——受拉翼缘面积与腹板有效截面面积的比值，$\gamma_f = \dfrac{(b_f - b)h_f}{bh_0}$，其中 b_f、h_f 为受拉区翼缘的宽度、高度。

对预压时预拉区出现裂缝的构件，B_s 应降低 10%。

②按荷载效应标准组合并考虑预加应力长期作用影响的刚度，其中 B_s 按式（8.80）或式（8.81）计算。

（2）预加应力产生的反拱 f_{2l}

预应力混凝土构件在偏心距为 e_p 的总预压力 N_p 作用下将产生反拱 f_{2l}，其值可按结构力学公式计算，即按两端有弯矩（等于 $N_p e_p$）作用的简支梁计算。设梁的跨度为 l，截面弯曲刚度为 B，则：

$$f_{2l} = \frac{N_p e_p l^2}{8B} \tag{8.85}$$

式中的 N_p、e_p 及 B 等按下列不同的情况取用不同的数值，具体规定如下：

①荷载标准组合下的反拱值。荷载标准组合时的反拱值由构件施加预应力引起，按 $B = 0.85 E_c I_0$ 计算，此时的 N_p 及 e_p 均按扣除第一批预应力损失值后的情况计算，先张法构件为 N_{p0I}、e_{p0I}，后张法构件为 N_{pI}、e_{pnI}。

②考虑预加应力长期影响下的反拱值。预加应力长期影响下的反拱值是由在使用阶段预应力的长期作用引起的，预压区混凝土的徐变变形使梁的反拱值增大，故使用阶段的反拱值可按刚度 $B = 0.425 E_c I_0$ 计算，此时 N_p 及 e_p 应按扣除全部预应力损失后的情况计算，先张法构件为 N_{p0II}、e_{p0II}，后张法构件为 N_{pII}、e_{pnII}。

（3）挠度计算

由荷载标准组合下构件产生的挠度扣除预应力产生的反拱，即为预应力受弯构件的挠度：

$$f = f_{1l} - f_{2l} \leqslant [f] \tag{8.86}$$

式中　$[f]$——允许挠度值，参见《混凝土结构设计规范》（GB 50010—2010）表 3.3.2。

7）受弯构件施工阶段验算

预应力受弯构件在制作、运输及安装等施工阶段的受力状态，与使用阶段是不相同的。在制作时，截面上受到了偏心压力，截面下边缘受压，上边缘受拉，如图 8.12（a）所示。而在运输、安装时，搁置点或吊点通常离梁端有一段距离，两端悬臂部分因自重引起负弯矩，与偏心预压力引起的负弯矩相叠加，如图 8.12（b）所示。

在截面上边缘（或称预拉区），或混凝土的拉应力超过了混凝土的抗拉强度时，预拉区将出现裂缝，并随时间的增长裂缝不断开展。在截面下边缘（预压区），若混凝土的压应力过大，也会产生纵向裂缝。试验表明，预拉区的裂缝虽可在使用荷载下闭合，对构件的影响不大，但会使构件在使用阶段的正截面抗裂度和刚度降低。因此，必须对构件制作阶段的抗裂度进行验算。

《混凝土结构设计规范》(GB 50010—2010)采用限制边缘纤维混凝土应力值的方法,来满足预拉区不允许或允许出现裂缝的要求,同时保证预压区的高压强度。

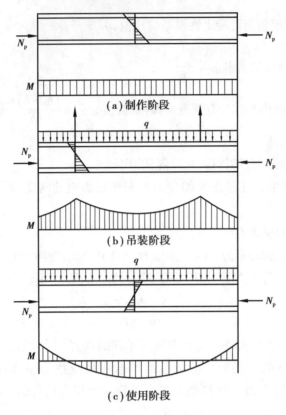

图 8.12   预应力混凝土受弯构件

(1)制作、运输及安装等施工阶段

除进行承载能力极限状态验算外,对不允许出许裂缝的构件或预压时全截面受压的构件,在预加应力、自重及施工荷载作用下(必要时应考虑动力系数)截面边缘的混凝土法向应力应符合下列规定(图 8.13):

$$\sigma_{ct} \leqslant 1.0 f'_{tk} \tag{8.87}$$

$$\sigma_{cc} \leqslant 0.8 f'_{ck} \tag{8.88}$$

式中 σ_{ct}、σ_{cc}——相应施工阶段计算截面边缘纤维的混凝土拉应力和压应力;

f'_{tk}、f'_{ck}——与各施工阶段混凝土立方体抗压强度 f'_{cu} 相应的抗拉强度标准值、抗压强度标准值,用直线内插法取用。

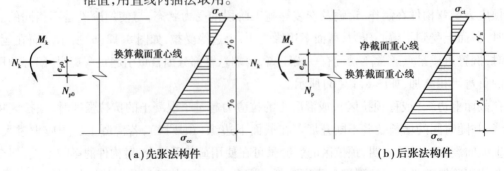

图 8.13   预应力混凝土受弯构件施工阶段验算

（2）制作、运输及安装等施工阶段

除进行承载能力极限状态验算外，对预拉区允许出现裂缝的构件，预拉区不配置预应力钢筋时，截面边缘的混凝土法向应力应符合下列条件：

$$\sigma_{ct} \leqslant 2.0f'_{tk} \tag{8.89}$$

$$\sigma_{cc} \leqslant 0.8f'_{ck} \tag{8.90}$$

截面边缘的混凝土法向应力 σ_{ct}、σ_{cc} 可按下式计算：

$$\left\{ \begin{array}{l} \sigma_{cc} \\ \sigma_{ct} \end{array} \right. = \sigma_{pc} + \frac{N_k}{A_0} \pm \frac{M_k}{W_0} \tag{8.91}$$

式中　σ_{pc}——由预加应力产生的混凝土法向应力，当 σ_{pc} 为压应力时，取正值；当 σ_{pc} 为拉应力时，取负值；

　　　N_k、M_k——构件自重及施工荷载的标准组合在计算截面产生的轴向力值、弯矩值，当 N_k 为轴向压力时，取正值；当 N_k 为轴向拉力时，取负值；对由 M_k 产生的边缘纤维应力，压应力取正号，拉应力取正号，拉应力取负号；

　　　W_0——验算边缘的换算截面弹性抵抗矩。

其余符号都按先张法或后张法构件的截面几何特征代入。

8.6　预应力混凝土构件的构造要求

预应力混凝土构件的构造要求，除应满足钢筋混凝土结构的有关规定外，还应根据预应力张拉工艺、锚固措施及预应力钢筋种类的不同，满足有关的构造要求。

8.6.1　一般规定

1）截面形式和尺寸

预应力轴心受拉构件通常采用正方形或矩形截面。预应力受弯构件可采用 T 形、工形及箱形等截面。为了便于布置预应力钢筋以及预压区在施工阶段有足够的抗压能力，可设计成上、下翼缘不对称的工形截面，其下部受拉翼缘的宽度可比上翼缘小些，但高度比上翼缘大。

截面形式沿构件纵轴也可以变化，如跨中为工形。近支座处为了承受较大的剪力并能有足够位置布置锚具，在两端往往做成矩形。

由于预应力构件的抗裂度和刚度较大，其截面尺寸可比钢筋混凝土构件小一些。对预应力混凝土受弯构件，其截面高度 $h = \left(\frac{1}{20} \sim \frac{1}{14}\right)l$，最小可为 $\frac{l}{35}$（l 为跨度），大致可取为普通钢筋混凝土梁高的 70% 左右。翼缘宽度一般可取 $\frac{h}{3} \sim \frac{h}{2}$，翼缘厚度一般可取 $\frac{h}{10} \sim \frac{h}{6}$；腹板宽度尽可能小些，可取 $\frac{h}{15} \sim \frac{h}{8}$。

2）预应力纵向钢筋

①直线布置：当荷载和跨度不大时，直线布置最为简单，如图 8.14（a）所示，施工时用先张法或后张法均可。

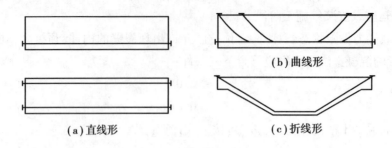

图 8.14　预应力钢筋布置

②曲线布置、折线布置：当荷载和跨度较大时，可布置成曲线形［图 8.14（b）］或折线形［图 8.14（c）］。施工时一般用后张法，如预应力混凝土屋面梁、吊车梁等构件。为了承受支座附近区段的主拉应力及防止由于施加预应力而在预拉区产生裂缝和在构件端部产生沿截面中部的纵向水平裂缝，在靠近支座部位，宜将一部分预应力钢筋弯起，弯起的预应力钢筋沿构件端部均匀布置。

《混凝土结构设计规范》（GB 50010—2010）规定，预应力混凝土受弯构件中的纵向钢筋最小配筋率应符合下列要求：

$$M_u \geqslant M_{cr} \tag{8.92}$$

式中　M_u——构件的正截面受弯承载力设计值；

　　　M_{cr}——构件的正截面开裂弯矩值。

3）非预应力纵向钢筋的布置

预应力构件中，除配置预应力钢筋外，为了防止施工阶段因混凝土收缩和温差及施加预应力过程中引起预拉区裂缝以及防止构件在制作、堆放、运输、吊装时出现裂缝或减小裂缝宽度，可在构件截面（即预拉区）设置足够的非预应力钢筋。

在后张法预应力混凝土构件的预拉区和预压区，应设置纵向非预应力构造钢筋。在预应力钢筋弯折处，应加密箍筋或沿弯折处内侧布置非预应力钢筋网片，以加强在钢筋弯折区段的混凝土。

对预应力钢筋在构件端部全部弯起的受弯构件或直线配筋的先张法构件，当构件端部与下部支承结构焊接时，应考虑混凝土的收缩、徐变及温度变化所产生的不利影响，宜在构件端部可能产生裂缝的部位设置足够的非预应力纵向构造钢筋。

8.6.2　先张法构件的构造要求

1）钢筋、钢丝、钢绞线净间距

先张法预应力钢筋之间的净间距应根据浇筑混凝土、施加预应力及钢筋锚固要求确定。预应力钢筋之间的净距不应小于其公称直径或有效直径的 1.5 倍，且应符合下列规定：

①对热处理钢筋和钢丝，不应小于 15 mm；

②对 3 股钢绞线，不应小于 20 mm；

③对 7 股钢绞线，不应小于 25 mm。

当先张法预应力钢丝按单根方式配筋困难时，可采用相同直径钢丝并筋的配筋方式。对并筋的等效直径，双并筋应取为单筋直径的 1.4 倍，三并筋应取为单筋直径的 1.7 倍。

并筋的保护层厚度、锚固长度、预应力传递长度及正常使用极限状态验算均应按等效直径考虑。等效直径为与钢丝束截面面积相同的等效圆截面直径。

当预应力钢绞线、热处理钢筋采用并筋方式时,应有可靠的构造措施。

2)构件端部加强措施

对先张法构件,在放松预应力钢筋时,端部有时会产生裂缝,因此,对端部预应力钢筋周围的混凝土应采取下列加强措施:

①对单根配置的预应力钢筋,其端部宜设置长度不小于150 mm且不少于4圈螺旋筋;当有可靠经验时,也可利用支座垫板的插筋代替螺旋筋,但插筋数量不应少于4根,其长度不宜小于120 mm,如图8.15所示。

②对分散配置的多根预应力钢筋,在构件端部10d(d为预应力钢筋的公称直径或等效直径)范围内应设置3~5片与预应力钢筋垂直的钢筋网。

③对采用预应力钢丝配筋的薄板,在板端100 mm范围内应适当加密横向钢筋。

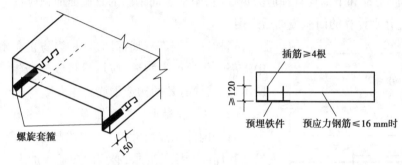

图 8.15 端部附加钢筋的插筋

8.6.3 后张法构件的构造要求

1)预留孔道

孔道的布置应考虑张拉设备和锚具的尺寸以及端部混凝土局部受压承载力等要求。后张法预应力钢丝束、钢绞线束的预留孔道应符合下列规定:

①对预制构件,孔道之间的水平净间距不宜小于50 mm,孔道至构件边缘的净间距不宜小于30 mm,且不宜小于孔道直径的一半。

②在框架梁中,预留孔道在竖直方向的净间距不应小于孔道外径,水平方向的净间距不应小于1.5倍孔道外径;从孔壁算起的混凝土保护层厚度,梁底不宜小于50 mm,梁侧不宜小于40 mm。

③预留孔道的内径应比预应力钢丝束或钢绞线束外径及需穿过孔道的连接器外径大10~15 mm。

④在构件两端及跨中应设置灌浆孔或排气孔,其孔距不宜大于12 m。

⑤凡制作时需要起拱的构件,预留孔道宜随构件同时起拱。

2)构件端部加强措施

(1)端部附加竖向钢筋

当构件端部的预应力钢筋需集中布置在截面的下部或集中布置在上部和下部时,则应在构件端部0.2h(h为构件端部的截面高度)范围内设置附加竖向焊接钢筋网、封闭式箍筋或其他

形式的构造钢筋。其中,附加竖向钢筋宜采用带肋钢筋,其截面面积应符合下列规定:

当 $e \leqslant 0.1h$ 时:

$$A_{sv} \geqslant 0.3 \frac{N_p}{f_y} \tag{8.93}$$

当 $0.1h < e \leqslant 0.2h$ 时:

$$A_{sv} \geqslant 0.15 \frac{N_p}{f_y} \tag{8.94}$$

当 $e > 0.2h$ 时,可根据实际情况适当配置构造钢筋。

式中　N_p——作用在构件端部截面重心线上部或下部预应力钢筋的合力,可按式(8.38)计算,但应乘以预应力分项系数 1.2,此时,仅考虑混凝土预压前的预应力损失值;

　　　　e——截面重心线上部或下部预应力钢筋的合力点至截面近边缘的距离;

　　　　f_y——竖向附加钢筋的抗拉强度设计值。

当端部截面上部和下部均有预应力钢筋时,附加竖向钢筋的总截面面积应按上部和下部的预应力合力 N_p 分别计算的面积叠加后采用。

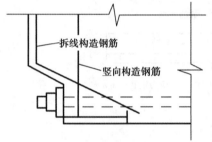

图 8.16　端部转折处构造

当构件在端部有局部凹进时,为防止在预加应力过程中端部转折处产生裂缝,应增设折线构造钢筋,如图 8.16 所示,或其他有效的构造钢筋。

(2)端部混凝土的局部加强

对于构件端部尺寸,应考虑锚具的布置、张拉设备的尺寸和局部受压的要求,必要时应适当加大。

在预应力钢筋锚具下及张拉设备的支承处,应设置预埋垫板及构造横向钢筋网片或螺旋式钢筋等局部加强措施。

对外露金属锚具应采取可靠的防锈措施。

后张法预应力混凝土构件的曲线预应力钢丝束、钢绞线束的曲率半径不宜小于 4 m。

对折线配筋的构件,在预应力钢筋弯折处的曲率半径可适当减小。

在局部受压间接配筋配置区以外,在构件端部长度 l 不小于 $3e$(e 为截面重心线上部或下部预应力钢筋的合力点至邻近边缘的距离),但不大于 $1.2h$(h 为构件端部截面高度)。在高度为 $2e$ 的附加配筋区范围内,应均匀配置附加箍筋或网片,其体积配筋率不小于 0.5%,如图 8.17 所示。

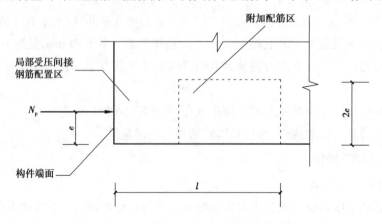

图 8.17　防止沿孔道劈裂的配筋范围

8.7　无黏结预应力混凝土简介

8.7.1　基本概念

前面讲述的预应力混凝土构件中,预应力钢筋与混凝土之间是有黏结的。对先张法,预应力筋张拉后直接浇筑在混凝土内;对后张法,在张拉之后要预留孔道中压入水泥浆,以使预应力筋与混凝土黏结在一起。这类预应力混凝土构件称为有黏结预应力混凝土构件。与之对应,无黏结预应力混凝土构件是指预应力钢筋与混凝土之间不存在黏结的预应力混凝土构件。

无黏结预应力钢筋一般由钢绞线、高强钢丝或粗钢筋外涂防腐油脂并设外包层组成。目前使用较多的是钢绞线外涂油脂并外包 PE 层的无黏结预应力钢筋。

8.7.2　特点及分类

无黏结预应力混凝土最显著的特点是施工简便。施工时,可将无黏结预应力钢筋像普通钢筋那样埋设在混凝土中,混凝土硬结后即可进行预应力筋的张拉和锚固。由于在钢筋和混凝土之间有涂层和外包层隔离,因此两者之间能产生相对滑移。省去了后张法有黏结预应力混凝土的预留通道、穿预应力钢筋、压浆等工艺,有利于节约设备和缩短工期。但是,在无黏结预应力混凝土中,预应力筋完全依靠锚具来锚固,一旦锚具失效,整个结构将会发生严重破坏,因此对锚具的要求较高。

无黏结预应力混凝土也分为两类:一类是纯无黏结预应力混凝土构件,另一类是混合配筋无黏结部分预应力混凝土构件。前者指受力主筋全部采用无黏结预应力钢筋;而后者指受力主筋既采用无黏结预应力钢筋,也采用有黏结预应力钢筋,两者混合配筋。

无黏结预应力混凝土的特点是:钢筋与混凝土之间允许相对滑移。如果忽略摩擦的影响,则无黏结筋中的应力沿全长是相等的。外荷载在任一截面处产生的应变将分布在预应力筋的整个长度上。因此,无黏结预应力筋中的应力比有黏结预应力筋的应力要低。构件受弯破坏时,无黏结筋中的极限应力小于最大弯矩截面处有黏结筋中的极限应力,所以无黏结预应力混凝土梁的极限强度低于有黏结预应力混凝土梁。试验表明,前者一般比后者低 10% ~ 30% 。

无黏结预应力混凝土的计算方法与有黏结的预应力混凝土不同。在设计无黏结预应力混凝土构件时,可参照有关规范进行。

本章小结

1. 预应力混凝土构件是指在结构承受外荷载之前,预先对外荷载作用下的受拉区混凝土施加压应力的构件。采用预应力混凝土构件的主要原因在于它既能很好地满足裂缝控制的要求,又能充分地利用高强度材料,减小了截面尺寸与自重,同时还能提高构件的刚度、减小构件的变形,使得其应用场合广泛。

2. 预加应力的方法一般有两种,即先张法和后张法,差别在于张拉钢筋与浇筑混凝土的先后次序不同。先张法是通过放张后钢筋的回弹对混凝土施加预压应力的,后张法是在张拉钢筋的同时对混凝土施加预压应力的。

3. 张拉控制应力是张拉预应力钢筋时钢筋所达到的最大应力,其取值既不能过高,又不能过低,应按规范要求取值。

4. 预应力损失是指由于张拉工艺和材料特性等,预应力钢筋从张拉开始直至使用的整个过程中,预应力钢筋的应力逐渐降低的现象。同时,混凝土的预压应力也随之而降低。构件中预应力损失的存在,会使构件达不到预期的效果。因此,应采取各种有效措施来减少各项预应力损失。

5. 预应力混凝土轴心受拉构件的计算,包括使用阶段和施工阶段两部分。在使用阶段应进行承载力计算和抗裂度验算或裂缝宽度验算,在施工阶段应进行承载力验算和后张法局部受压承载力验算。预应力混凝土受弯构件的计算与其类似。

6. 构造要求是保证设计意图顺利实现的重要措施,必须按规定执行。预应力构件中,非预应力钢筋的作用应得到高度重视。

思考练习题

8.1 对长线台座张拉好的钢丝怎么检验其预应力?对于先张法预应力混凝土来说,为什么需要达到一定强度后才能放松钢筋?

8.2 什么是后张法?

8.3 什么是应力损失?为什么要超拉和重复张拉?

8.4 为什么要进行孔道灌注?对水泥浆有何要求?应如何进行?

8.5 试述预应力钢筋混凝土电热法的施工特点及其优缺点。

8.6 什么是预应力混凝土?简述预应力混凝土的优点、缺点及应用范围。

8.7 预应力筋张拉时,主要应注意哪些问题?

8.8 某先张法预应力混凝土简支梁,梁按直线配筋,混凝土强度等级为 C50,$f_c = 36.5$ MPa,$n = E_s/E_c = 6$。经计算使用阶段有效预压力 $N_p^* = 670$ kN(扣除 σ_{l4} 之外的全部预应力损失后)。梁跨中截面荷载效应为梁自重产生的弯矩 $M_g = 50.75$ kN·m,其他恒载与活载产生的弯矩 $M_d + M_h = 145.25$ kN·m。跨中截面的截面特性如下:$A_0 = 114000$ mm^2,$I_0 = 4.99 \times 10^9$ mm^4,预加应力合力作用点至换算截面重心轴距离 $e_0 = 132$ mm,换算截面重心轴至梁上、下缘距离 $y_0' = 350$ mm,$y_0 = 250$ mm。试计算消压弯矩和预应力度 λ。

第9章 圬工结构

【本章导读】

通过本章的学习,应掌握圬工结构的概念,熟悉圬工结构的特点、圬工材料的分类,熟悉砌体受压破坏特征、应力状态以及抗压强度的主要因素,了解砌体的抗拉、抗弯、抗剪的破坏模式。

【重点】

砌体受压破坏特征、应力状态以及抗压强度的主要因素。

9.1 概　述

9.1.1 基本概念

圬工结构是用砂浆砌筑混凝土预制块、整体浇筑的混凝土结构或片石混凝土等构成的结构。

9.1.2 圬工结构特点

圬工结构抗压强度高,而抗拉和抗剪强度低。

9.2 圬工结构的材料

9.2.1 石材

石材是指无明显风化的天然岩石经过人工开采和加工后的外形规则的建筑用材。其优点是强度高、抗冻与抗气性能好。它广泛用于建造桥梁基础、墩台、挡土墙等。桥涵结构所用石材应选择质地坚硬、均匀、无裂纹且不易风化的石料。

根据开采方法、形状、尺寸及表面粗糙度的不同,石材可分为5类(表9.1):

①片石:由爆破或楔劈法开采的不规则石块。

②块石:一般是按岩石层理放炮或楔劈而成的石材。

③细料石:由岩层或大块石材开劈并经修凿而成。要求外形方正,成六面体,表面凹陷深度不大于10 mm。

④半细料石:同细料石,但表面凹陷深度不大于15 mm。

⑤粗料石:同细料石,但表面凹陷深度不大于20 mm。

（桥涵）石材强度等级包括 MU30、MU40、MU50、MU60、MU80、MU100 和 MU120。其中符号 MU 表示石材强度等级。后面的数字是边长为 70 mm 的含水饱和试件立方体的抗压强度，以 MPa 为计量单位。

表9.1　不同类型石材对比

类　　型	开采方法	技术要求
片石	由爆破或楔劈法开采的不规则石块	1. 形状不受限制； 2. 刃厚度不得小于 150 mm； 3. 卵形和薄片不得采用
块石	按岩石层理放炮或楔劈而成的石材	1. 形状大致方正，上下面大致平整； 2. 厚度为 200～300 mm，宽度为厚度的 1.5～1.5 倍，长度为厚度的 1.5～3.0 倍； 3. 块石一般不修凿，但应敲去尖角突出部分
细料石	由岩层或大块石材开劈并经修凿而成形状规则的石材	1. 要求外形方正，成六面体，表面凹陷深度不大于 10 mm； 2. 厚度为 200～300 mm，宽度为厚度的 1.0～1.5 倍，长度为厚度的 2.5～4.0 倍
半细料石	同细料石	同细料石，表面凹陷深度不大于 15 mm
粗料石	同细料石	同细料石，表面凹陷深度不大于 20 mm

注：①抗压强度取 3 块的平均值。
　　②试件采用规定的其他尺寸时，应乘以规定的换算系数。强度换算系数详见有关规范。

9.2.2　混凝土

1）混凝土强度

混凝土强度等级有 C15、C20、C25、C30、C35 和 C40。

2）混凝土类型

（1）混凝土预制块

①节省石料的开采加工工作，加快施工进度。

②由于混凝土预制块形状和尺寸统一，砌体表面整齐美观。

（2）整体浇筑的混凝土

①混凝土收缩变形较大，施工期间容易产生混凝土收缩裂缝或温度收缩裂缝。

②浇筑时耗费木材较多，工期长，质量较难控制。

（3）小石子混凝土

小石子混凝土是由胶结料（水泥）、粗骨料（细卵石或碎石，粒径不大于 20 mm）、细粒料（砂）加水拌和而成。

特点：同强度等级砂浆砌筑的片石和块石砌体的抗压极限强度高，可以节省水泥和砂，在一定条件下是水泥砂浆的代用品。

9.2.3　砂浆

1) 定义

砂浆是由一定比例的胶结料(水泥、石灰等)、细骨料(砂)及水配制而成的砌筑材料。

2) 作用

① 将块材黏结成整体。

② 铺砌时抹平块材不平的表面,使块材在砌体受压时能比较均匀地受力。

③ 砂浆填满了块材间隙,减少了砌体的透气性,提高密实度、保温性与抗冻性。

3) 类型

① 无塑性掺料的(纯)水泥砂浆:由一定比例的水泥和砂加水配制而成的砂浆,强度较高(桥涵中应用较广)。

② 有塑性掺料的混合砂浆:由一定比例的水泥、石灰和砂加水配制而成的砂浆,又称水泥石灰砂浆。

③ 石灰(石膏、黏土)砂浆:胶结料为石灰(石膏、黏土)的砂浆,强度较低。

4) 强度等级

(桥涵)砂浆强度等级有 M5、M7.5、M10、M15 和 M20,其中符号 M 表示砂浆强度等级,后面的数字是边长为 70.7 mm 的标准立方体试块的抗压强度,以 MPa 为计量单位。

5) 基本要求

① 砂浆应满足砌体强度、耐久性的要求,并与块材间有良好的黏结力。

② 砂浆的可塑性应保证砂浆在砌筑时能很容易且较均匀地铺开,以提高砌体强度和施工效率。

③ 砂浆应具有足够的保水性。

注意:提高水泥砂浆的强度,抗渗透提高,但砌筑质量却有所下降,故可掺入塑化剂,保证砌筑质量。

9.2.4　砌体

根据选材的不同,常用砌体有片石砌体、块石砌体、粗料石砌体、半细料石砌体、细料石砌体、混凝土预制块砌体等 6 类。

9.3　砌体的强度与变形

9.3.1　砌体的抗压强度

1) 受压破坏特征

砌体轴心受压从荷载作用开始受压到破坏大致分为 3 个阶段:

①第Ⅰ阶段为整体工作阶段:从砌体开始加载到个别单块块材内第一批裂缝出现的阶段。作用荷载大致为砌体极限荷载的50%~70%,此时,如外荷载作用不增加,裂缝也不再发展。

②第Ⅱ阶段为带裂缝工作阶段:砌体随荷载再继续增大,单块块材内裂缝不断发展,并逐渐连接起来形成连续的裂缝。此时,外荷载不增加,而已有裂缝会缓慢继续发展。

③第Ⅲ阶段为破坏阶段:当荷载再稍微增加,裂缝急剧发展,并连成几条贯通的裂缝,将砌体分成若干压柱,各压柱受力极不均匀,最后柱被压碎或丧失稳定导致砌体的破坏。

2)受压时的应力状态

砌体受压的一个重要的特征是单块材料先开裂,在受压破坏时,砌体的抗压强度低于所使用块材的抗压强度。这主要是因为砌体即使承受轴向均匀压力,砌体中的块材实际上不是均匀受压,而是处于复杂应力状态。

3)影响砌体抗压强度的因素

①块材的强度:这是主要因素。

②块材形状和尺寸:块材形状规则,砌体抗压强度高;砌体强度随块材厚度的增大而增加。

③砂浆的物理力学性能:砂浆的强度等级、砂浆的可塑性和流动性、砂浆的弹性模量。

④砌缝厚度:砂浆水平砌缝越厚,砌体强度越低,以10~12 mm为宜。

⑤砌筑质量。

9.3.2 砌体的抗拉、抗弯与抗剪强度

试验表明,在多数情况下,砌体的受拉、受弯及受剪破坏一般发生于砂浆与块材的连接面上。砌体的抗拉、抗弯与抗剪强度取决于砌缝强度,即取决于砌缝间块材与砂浆的黏结强度。因此,只有在砂浆与块材间的黏结强度很大时,才可能产生沿块材本身的破坏。

1)轴向受拉的破坏形式

①在平行于水平灰缝的轴心拉力作用下,砌体可能沿齿缝截面发生破坏,强度取决于灰缝的法向及切向黏结强度[图9.1(a)]。

②当拉力作用方向与水平灰缝垂直时,砌体可能沿截面发生破坏,强度取决于灰缝法向黏结强度[图9.1(b)、(c)]。

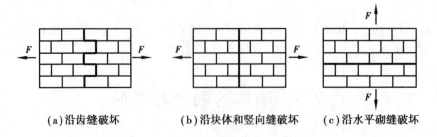

(a)沿齿缝破坏　　　　(b)沿块体和竖向缝破坏　　　　(c)沿水平砌缝破坏

图9.1 轴心受拉墙体的破坏形式

2)弯曲抗拉的破坏形式

弯曲抗拉的破坏形式如图9.2所示。

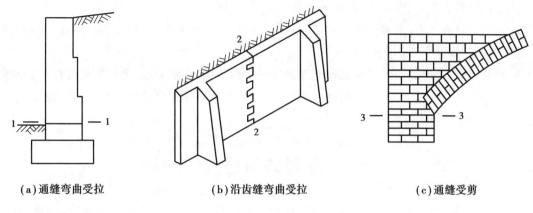

| (a)通缝弯曲受拉 | (b)沿齿缝弯曲受拉 | (c)通缝受剪 |

图9.2　弯曲抗拉的破坏形式

3)抗剪

砌体受剪破坏形式如图9.3所示。

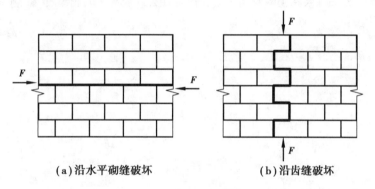

| (a)沿水平砌缝破坏 | (b)沿齿缝破坏 |

图9.3　受剪破坏形式

9.3.3　圬工结构的温度变形和弹性模量

1)圬工结构的温度变形

①线膨胀系数:温度每升高1℃单位长度砌体的线形伸长称为该砌体的温度膨胀系数。

②收缩变形:一般通过砌体收缩试验确定干缩变形的大小。

③摩擦系数:砌体摩擦系数的大小取决于接触砌体摩擦面的材料种类和干湿情况等。

2)圬工结构的弹性模量

①弹性模量取值:受压应力上限为抗压强度平均值的40%～50%时,此时的割线模量简称为弹性模量。

②设计中取值:取应力为0.43倍的砌体抗压强度的割线模量。

③《公路桥规》取值:按不同等级的砂浆,以砌体弹性模量与砌体抗压强度成正比的关系确定。

本章小结

1.圬工结构是用砂浆砌筑混凝土预制块、整体浇筑的混凝土结构或片石混凝土等构成的结构。常用的材料有石材、混凝土、砂浆及砌体。

2.根据选材的不同,常用砌体有片石砌体、块石砌体、粗料石砌体、半细料石砌体、细料石砌体、混凝预制块砌体。

3.砌体结构以抗压为主,抗压强度主要取决于块材的强度;而受拉、受弯及受剪破坏一般发生于砂浆与块材的连接面上。因此,砌体的抗拉、抗弯与抗剪强度取决于砌缝强度,即取决于砌缝间块材与砂浆的黏结强度。

思考练习题

9.1   什么是圬工结构?

9.2   什么是砌体? 根据选用块材的不同,常用的砌体有哪几类?

9.3   石材是如何分类的? 有哪几类?

9.4   什么是砂浆? 砂浆在砌体结构中的作用是什么? 砂浆按其胶结材料的不同分为哪几类?

参考文献

[1] 中华人民共和国交通运输部. 公路桥涵通用设计规范:JTG D60—2015[S].北京:人民交通出版社,2015.

[2] 中华人民共和国交通运输部. 公路圬工桥涵设计规范:JTG D61—2018[S].北京:人民交通出版社,2005.

[3] 中华人民共和国交通运输部. 公路钢筋混凝土及预应力混凝土桥涵设计规范:JTG 3362—2018[S].北京:人民交通出版社,2018.

[4] 叶见曙.结构设计原理[M].3版.北京:人民交通出版社,2014.

[5] 李九宏.混凝土结构[M].2版.北京:化学工业出版社,2013.

[6] 李乔.混凝土结构设计原理[M].3版.北京:中国铁道出版社,2013.

[7] 梁兴文,史庆轩.混凝土结构设计原理[M].4版.北京:中国建筑工业出版社,2019.

[8] 黄平明,梅葵花,王蒂.混凝土结构设计原理[M].北京:人民交通出版社,2006.

[9] 王海彦,刘训臣.混凝土结构设计原理习题集[M].成都:西南交通大学出版社,2018.

[10] 邵永健,夏敏,翁晓红.混凝土结构设计原理习题集[M].北京:北京大学出版社,2019.

[11] 李冬松,徐刚,王东.桥梁工程技术[M].北京:人民交通出版社,2019.

[12] 中华人民共和国住房和城乡建设部.预应力混凝土结构设计规范:JGJ 369—2016[S].北京:中国建筑工业出版社,2016.

[13] 中华人民共和国住房和城乡建设部.混凝土结构设计规范:GB 50010—2010[S].北京:中国建筑工业出版社,2010.